华章图书

一本打开的书，
一扇开启的门，
通向科学殿堂的阶梯，
托起一流人才的基石。

DEEP INTO DDD

Driving Complex Software Development by DSL

深入实践DDD

以DSL驱动复杂软件开发

杨捷锋 著

图书在版编目（CIP）数据

深入实践 DDD：以 DSL 驱动复杂软件开发 / 杨捷锋著. -- 北京：机械工业出版社，2021.4（2021.9 重印）
（架构师书库）
ISBN 978-7-111-67771-0

I. ①深… II. ①杨… III. ①程序语言 - 程序设计 IV. ① TP311.52

中国版本图书馆 CIP 数据核字（2021）第 052479 号

深入实践 DDD：以 DSL 驱动复杂软件开发

出版发行：机械工业出版社（北京市西城区百万庄大街 22 号 邮政编码：100037）
责任编辑：杨绣国　　责任校对：马荣敏
印　　刷：北京诚信伟业印刷有限公司　　版　　次：2021 年 9 月第 1 版第 2 次印刷
开　　本：186mm×240mm 1/16　　印　　张：24.75
书　　号：ISBN 978-7-111-67771-0　　定　　价：99.00 元

客服电话：（010）88361066 88379833 68326294　　投稿热线：（010）88379604
华章网站：www.hzbook.com　　读者信箱：hzit@hzbook.com

Preface 前　言

为什么要写这本书

2004 年，DDD（领域驱动设计）这一软件开发的方法与愿景经由建模专家 Eric Evans 的经典著作 *Domain-Driven Design: Tackling Complexity in the Heart of Software* 正式面世，当即获得了广泛关注和高度评价。16 年过去了，我在网上看到越来越多关于 DDD 的文章和讨论。为什么我们现在还不停地讨论 DDD？为什么 DDD 仍然如此重要？

在商业组织中，主张“技术为业务服务”的人总可以在理论上立于不败之地。诚然，DDD 主张在软件项目中把领域本身作为关注的焦点（换句话说就是技术人员要懂业务）符合这种思想，但真正难能可贵的是，DDD 提供了切实可行的应对软件核心复杂性的方法。

实践证明，DDD 提出的方法不仅行之有效，而且历久弥新。关于这一点，我想从当今 IT 业界的热词“云原生”“中台”“产业互联网”说起。

什么是云原生？云原生计算基金会（Cloud Native Computing Foundation，CNCF）对云原生的定义[⊖]是：

云原生技术有利于各组织在公有云、私有云和混合云等新型动态环境中构建和运行可弹性扩展的应用。云原生的代表技术包括容器、服务网格、微服务、不可变基础设施和声明式 API。

这些技术能够构建容错性好、易于管理和便于观察的松耦合系统。结合可靠的自动化手段，云原生技术使工程师能够轻松地对系统做出频繁和可预测的重大变更。

而阿里云发布的《云原生架构白皮书》[⊜]对云原生架构的定义是：

从技术的角度看，云原生架构是基于云原生技术的一组架构原则和设计模式的集合，旨在将云应用中的非业务代码部分进行最大化剥离，从而让云设施接管应用中原有的大量非功

⊖ 见 https://github.com/cncf/toc/blob/master/DEFINITION.md。

⊜ 见 https://developer.aliyun.com/topic/cn-architecture-paper。

能特性（如弹性、韧性、安全、可观测性、灰度等），使业务不再有非功能性业务中断困扰的同时，具备轻量、敏捷、高度自动化的特点。

看了这些定义，你是否还是觉得迷惑？打开CNCF的“landscape”页面[⊖]——里面有很多的项目和成员，难怪有人说云原生是一个“营销词语”。在这个页面中，在Members（成员）这个标签页的左边，Serverless独占了一个标签页，十分显眼。

广泛认同的Serverless架构是指这样的应用设计：与第三方的后端即服务（Backend as a Service，BaaS）交互；在函数即服务（Function as a Service，FaaS）平台上运行函数式业务代码，一般来说，它们是在受管理的、临时性的容器中执行的。

虽然新出现的基于容器的Serverless平台，比如Knative[⊜]，可以运行开发人员使用传统方式开发的应用，但FaaS仍然是Serverless中最重要、最具代表性的产品形态，因为它让我们以一种不同于传统的方式思考技术架构。

FaaS中的“Function”就是不依赖特定框架和类库的最纯粹的业务代码——这是真正为业务带来价值的东西。可以说，FaaS在将云应用中的非业务代码部分进行最大化剥离方面做到了极致。我认为它是云原生“皇冠上的明珠”。

不过，大家普遍认为当前FaaS更适合开发事件驱动风格的、处理少数几个事件类型的应用组件，而不适合开发传统的具有很多入口的同步请求/响应风格的应用组件。也就是说，如果你想问：“能不能基于FaaS做出一个SAP ERP？”目前可能大多数人给你的答案会是“NO”。

但是我想给你的答案是“YES”！因为要想达到这个目标，我们需要克服的所有障碍都不属于FaaS的固有缺点，而是当前FaaS的实现缺陷，比如启动延迟、集成测试、调试、交付、监控与观测等方面的问题。

我认为，以DDD方法实现的应用可以极大地降低FaaS处理这些问题的难度，甚至可以直接忽视某些问题（因为它们对以DDD方法实现的应用来说不是问题）。具体而言，我们可以使用DDD的聚合概念来切分应用组件，每个聚合一个小组件，它们可以很快地被FaaS平台“拉起”。这些高度内聚的小组件是更复杂的应用组件（比如说领域服务）的构造块。我们可以使用兴起于DDD社区的Event Sourcing（事件溯源，ES）模式，保证应用状态的每一次变更都会发布领域事件，并以富含业务语义的事件驱动其他应用组件运行。比如，命令查询职责分离（Command Query Responsibility Segregation，CQRS）模式中的Denormalizer（去规范化器）组件就可以订阅、消费这些事件，为前端应用构建友好的查询视图——这些都是DDD社区在开发严肃的商业软件时一直在做的事情。如果之前你没有接触过聚合、ES、CQRS，也

⊖ 见 https://landscape.cncf.io/。

⊜ 见 https://knative.dev。

许难以理解上面所说的内容，不过没关系，读完本书，我相信你就清楚了。

再说“中台”这个热词。以我的理解，中台是将可复用的代码抽取到一个平台中，作为大家共用的软件组件，它服务于前台的规模化创新。中台（这里主要指业务中台）想要好用，必须具备“反映对领域的深度认知”的软件模型，甚至在某种程度上需要“过度设计”，并且绝对有必要维护良好的概念完整性，构建所谓的企业级业务架构——这些都是 DDD 可以大展身手的地方。

关于“产业互联网即将进入黄金时代”的说法，不过是众多传统企业希望借力最新的信息化，特别是互联网工具（即所谓“互联网 +”），提升内部效率和对外服务的能力。传统产业中的很多领域概念和业务流程并不一定为普通的开发者所熟知——这与“消费互联网”不同，显然人人都是消费者。所以，传统产业的信息化急需可以快速梳理并深刻地认知领域，以及能构建高质量领域模型的技术人才。DDD 可以说是技术人员升职加薪的“神兵利器”。

我在工作中看到的情况是，越来越多的技术人员在自己的求职简历上写上了“熟悉（或精通）DDD”的描述。确实，Eric Evans 的经典著作以抽象、凝练著称，可谓字字珠玑，甚至很多资深技术人员都不能领悟其中玄妙。所以，我也认同掌握 DDD 是一件足以让技术人员引以为傲的事情。

可以说，DDD 是公认的解决软件核心复杂性的“大杀器”。但是，在软件开发中实践 DDD 是需要付出相当大的成本的。也就是说，大家的普遍看法是：实践 DDD 是一个先苦后甜的过程，一个项目要不要采用 DDD，最好先看看它值不值得。

但是一个项目值不值得使用 DDD 有时不好判断。大项目往往是由小项目发展而来的，很多从小项目演化而来的大系统最终变成开发团队的噩梦，噩梦的根源几乎无一例外地在于软件的概念完整性遭到了破坏。而 DDD 正是维护软件概念完整性的良药。如果在项目中实践 DDD 的成本不高，那么即使是小项目，从一开始就使用 DDD 不是一件很美好的事情吗？

在软件开发项目中实践 DDD 到底有何难处？ 16 年了，难道在 DDD 实践中碰到的问题我们不能从书本中寻得答案？

目前国内已经出版的 DDD 相关图书中，除了 Eric Evans 的经典著作之外，还有《实现领域驱动设计》《领域驱动设计精粹》《领域驱动设计模式、原理与实践》等，不过寥寥数本。这与 DDD 的巨大声望很不匹配，这也许说明了一些问题。

实践 DDD 首先需要面对的一个（也许是最大的）难题是：难以描述的领域模型。

DDD 想要构建的领域模型是什么？按照 Eric Evans 的观点，领域模型不是一幅具体的图，而是那幅图想要传达的思想；不是一个领域专家头脑中的知识，而是那些经过严格组织并进行选择性抽象的知识。

听起来是不是有点玄奥？系统分析师、产品经理到底要拿出什么样的领域模型才能说

“我的工作已经做到位了”？这个模型到底是不是可以实现的？开发人员、测试人员到底有没有理解这个模型？大家的理解是不是一致的？

说到底，一个领域模型要想有用，它必须足够严格。如何使用一种严格的方式描述经过严格组织并进行选择性抽象的知识呢？

问题的答案很自然地指向了 DSL。

其实，Eric Evans 早就意识到了这一点。他曾经在访谈[⊖]中说：

更多前沿的话题发生在领域专用语言（DSL）领域，我一直深信 DSL 会是领域驱动设计发展的下一大步。现在，还没有一个工具可以真正给我们想要的东西。但是人们在这一领域比过去做了更多的实验，这使我对未来充满了希望。

通过本书，我想要告诉大家的是：在项目中运用 DDD 可以不像大家想象的那么痛苦，DDD 并不是只适用于大项目，使用 DDD 并不一定需要牺牲敏捷性，一切的关键在于 DSL 的运用。

我和我工作过的团队曾经在多个项目中使用 DSL 实现了 DDD 的真正落地。独乐乐不如众乐乐！现在，我想把这些实践经验分享给大家。

读者对象

领域模型是一种“思想”，它可以为软件开发的全过程提供指导，所以我相信本书可以为很多人提供帮助：

- 产品经理与系统分析师。产品经理不仅仅需要保证团队开发的是“正确的软件”，也不应该只是关注软件的界面原型、用户体验，更应该让软件有内涵。迷人的产品不仅需要漂亮的界面和交互，更需要逻辑自洽，功能处处传达出一个思想——优美而深刻的领域模型。在有的团队中，产品经理同时也是系统分析师。作为近十几年来最有影响力的软件分析和设计的方法论，系统分析师有必要了解 DDD，从中汲取营养。
- 架构师。架构师需要根据业务需求提供技术解决方案。DDD 想要构建的领域模型不仅仅是领域业务知识的提炼总结，也包含了对软件设计的考量，可以用于直接指导软件的编码实现。构建这样的模型，需要架构师的积极参与。
- 开发工程师。开发工程师应该理解领域模型，领域模型应该被忠实地映射到代码实现中。代码中对象的命名、对象之间的关系，都应该与领域模型一致。唯有如此，代码才能具备良好的可读性、可维护性，敏捷 XP 方法的狂热爱好者们所言的“代码即文档”才可能实现。

⊖ Eric Evans on why DDD Matters Today, https://www.infoq.com/articles/eric-evans-ddd-matters-today/。

- 测试工程师。如今很多测试工程师已经被称为“测试开发工程师”，他们也应该理解领域模型。测试工程师应该像产品经理一样了解软件的设计，甚至应该比产品经理更深刻地理解领域模型面向软件设计所做的考量。实例化需求的自动化测试（或者说行为驱动测试）应该基于领域模型，而非基于 UI/UE 来构建，因为用户界面以及用户交互是易变的，而领域模型相对来说稳定得多。
- 项目经理。项目经理是负责“正确地开发软件”的人。如果不深刻理解领域，不知道如何抓住领域模型中的关键点，会很难评估任务工作量的大小以及应该在何处投入足够的资源，甚至无法判断项目的实际进度。
- 高校研究生以及其他有志于从事 IT 行业的人。

如何阅读本书

本书的第一部分会带领读者从战术层面以及战略层面重温领域驱动设计的重要概念，然后进一步阐述 Eric Evans 经典著作中没有显式提出的或者被太多人忽略的但我认为对 DDD 落地非常重要的若干概念，同时简要介绍从 DDD 社区兴起的一些软件架构模式。通过第一部分，读者可以更完整、更深刻地掌握 DDD 的知识体系。

第二部分阐述如何设计一种 DDD 的 DSL，包括这个 DSL 的规范（Specification）支持哪些特性、如何帮助团队描述领域模型的方方面面、这些特性的选择基于何种考量等。

这种领域专用语言需要一个名字，我总不能一直说“我设计的 DDD 的 DSL”吧，于是我给它起了一个名字：DDDML。我认为这是一个很棒的名字。其实这种语言叫什么并不太重要，重要的是它可以用一种足够严格的方式描述领域模型。我认为目前它在简单与复杂之间取得了不错的平衡。当然，其中还有不小改进的空间。比如，我很乐意让它支持更多像“账务模式”这样的分析模式。

第三部分介绍如何将“思想照进实现”——通过使用工具将描述领域模型的 DSL 文档变成可以运行的软件。这个过程涉及大量的技术工具（工具链）的设计与实现。只有将这些技术工具——比如从 DSL 自动生成应用的源代码的模板——实现出来，才能减轻开发人员实践 DDD 的负担，进而提升而不是降低软件团队的生产效率。本部分会介绍这些技术工具设计与实现的细节。

我和我的同事把自制的 DDDML 工具链称为 DDDML Tools。出于商业原因，我无法展示这些工具的源代码，但是会详尽地展示这些工具运行的结果——主要是由工具生成的应用的源代码。这些源代码可能经过一些简化，但是与我们在生产系统上运行的代码十分接近，完全可以说明问题。

读完全书，你将发现其实我们已经全无秘密。你会熟知 DDDML 的规范，见到工具运行的结果，你几乎可以马上动手制造自己的 DDDML 工具。其实设计 DDDML 的规范才是整件事情（使用 DSL 实现领域驱动设计）中最难的部分，制作工具不是。虽然想要复刻我们已经做过的所有工具确实需要相当大的工作量，但也仅仅是工作量而已。

幸运的是，你并不需要制造整条 DDDML 的工具链才可以享受使用 DSL 的乐趣。比如，你可以先写一些模板，生成一些持久对象（Persistant Object），它们无非是一些简单的 Java 对象（Plain Ordinary Java Object，POJO），然后再生成一些 O/R Mapping XML，就可以马上使用 JPA/Hibernate 来实现应用的 DAL（数据访问层）了。如果你再生成 Repository，那就更漂亮啦！

第四部分讲述的是一些建模案例以及其他与 DDD 相关的话题。领域模型是一种思想，DSL 是一种工具，但是如何运用、结果如何，因人而异。我希望通过轻松的漫谈和随想，将我的一点 DDD 应用经验分享给大家。

勘误和支持

由于作者水平有限，编写时间仓促，书中难免会出现一些错误或者不准确的地方，恳请读者批评指正。为此，我特意创建了一个微博账号“@领域驱动设计”，不管你遇到什么问题，都可以到该微博账号上咨询，我将尽量在线上为读者提供满意的解答。本书的勘误信息也会在这个微博账号发布。如果你有更多宝贵的意见，欢迎发送邮件至我的邮箱 lingyuqudong@163.com，很期待听到你们的真挚反馈。

致谢

首先要感谢 Eric Evans，是他将伟大的 DDD 带到世间。

感谢我的朋友何李石，他在百忙之中抽出时间审阅了本书的第一部分和第二部分，并提出了宝贵的修改意见。感谢我的挚友李永春，他仔细通读了全书，为我挑出了许多错别字、病句以及行文不流畅之处，当然更提了不少内容上的改进建议。

感谢机械工业出版社华章公司的编辑杨绣国老师，感谢她的魄力和远见，并在这一年多的时间中始终支持我写作，是她的鼓励和帮助引导我顺利完成了全部书稿。

特别要感谢我的爱人张丽君，感谢她的陪伴和支持。

杨捷锋

于上海

Contents 目　　录

第二部分　设计

第三部分　实践

第四部分　建模漫谈与 DDD 随想

第一部分 *Part 1*

概　　念

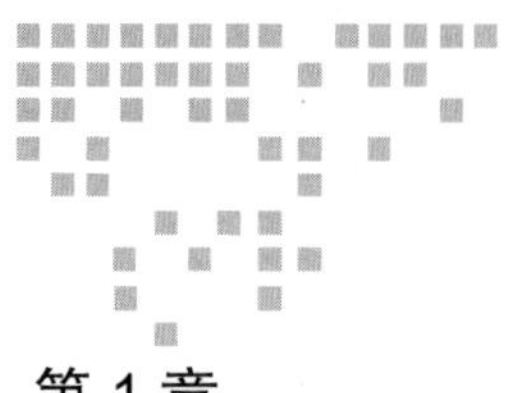

Chapter 1 第1章

DDD的关键概念

开发大型软件最难的部分并不是实现，而是要深刻理解它所服务的现实世界的领域。领域驱动设计（Domain-Driven Design，DDD）是一种处理高度复杂领域的愿景（Vision）和方法，它主张在软件项目中把领域本身作为关注的焦点，维护一个对领域有深度认知的软件模型。这个愿景和方法，经由建模专家 Eric Evans 于 2004 年出版的其最具影响力的著名图书 *Domain-Driven Design: Tackling Complexity in the Heart of Software*[1]（简称 DDD）正式面世。

部分开发人员是不是觉得这段话不太好理解？

也许大家可以先思考一个问题：为什么命名是程序员公认的软件开发中最艰巨的任务？Quora 网站曾进行"最挑战程序员的任务"的投票，半数程序员认为最难的事情是"Naming things"。排在第二位的是"Explaining what I do(or don't do)"，其得票数大约只是前者的一半。

其实命名的困难只是表象，构建领域模型的困难才是根本。比如说，"对象"的名字代表着它的职责，你只有把一个对象应该干什么想清楚了，才能给它起一个恰当的名字。"对象应该干什么"，这是一个领域建模问题。

我们可以在网上免费获取该书的缩写精简版 *Domain-Driven Design Quickly*[2]，在 InfoQ

---

[1] Eric Evans. *Domain-Driven Design: Tackling Complexity in the Heart of Software*. Addison Wesley, 2003. 见 https://www.amazon.com/exec/obidos/ASIN/0321125215/domainlanguag-20。

[2] Floyd Marinescu & Abel Avram. *Domain-Driven Design Quickly*. C4Media, 2007. 见 https://www.infoq.com/minibooks/domain-driven-design-quickly。

中文站中，有这个英文精简版对应的中文翻译版本[1]。

关于 DDD 的关键概念，还可以参考维基百科的相关词条[2]。

领域驱动设计（DDD），其实就是以领域模型驱动软件设计。要理解 DDD，关键是理解什么是 DDD 所指的领域模型，但在此之前，还是应该先认识一下软件开发的过程。然后，基于此认识重温一下 DDD 在战术以及战略层面的若干关键概念。

本章的最后会简单探讨一下软件开发团队经常接触到的几种模型范式，帮助理解 DDD 模型和它们的关系。

1.1 自顶而下、逐步求精

我第一次接触计算机程序设计是在上大学的时候，当时学习的第一门编程语言是 Fortran。记得就是在这门课上，老师告诉我们，开发程序应该“自顶而下、逐步求精”。也就是说，不要求一步就编写出可执行的程序，我们可以面向问题的总体目标，抽象低层的细节，先构造程序的高层结构，然后再一层一层地向下分解和细化，最后一步编写出来的程序才是可执行程序。这实际上是一种分而治之的思想。

打个比喻，写程序应该像建造大楼一样，一开始要有设计任务书（甲方的需求），然后设计单位根据任务书做概念设计、方案设计、初步设计，可能还要进行所谓的扩大初步设计，之后是施工图设计，最后施工单位拿着施工图纸才能造出真正的建筑。

当时我就有醍醐灌顶之感，“自顶而下、逐步求精”，何其妙哉！

后来我才知道，这句话其实来自瑞士计算机科学家尼古拉斯·沃斯在 1971 年发表的论文《通过逐步求精方式开发程序》（*Program Development by Stepwise Refinement*）。这篇论文首次提出了结构化程序设计（Structure Programming）的概念。1983 年 1 月，ACM 在纪念 Communications of the ACM 创刊 25 周年时，从其 1/4 个世纪发表的论文中评选出了其中具有“里程碑意义的研究论文”25 篇（每年一篇），沃斯的这篇论文就是其中之一。

1.1.1 DDD 开创全新分析流派

虽然到了 20 世纪 80 年代，面向对象的程序设计方法已经开始大行其道，但是自顶而下、逐步求精的程序开发方法并没有过时。就像建筑材料再怎么变化，想要建造一个伟大的建筑，需求分析、概念设计、方案设计、施工图设计这些工作恐怕难以避免。那么，DDD 做的到底是哪个阶段的事情呢？笔者认为 DDD 的领域建模阶段大致相当于建筑设计的需求分析与概念设计阶段。

相信任何经历过大型软件开发项目的人都会赞成，想要提升软件开发效率和软件质量、

[1] 领域驱动设计精简版（全新修订），https://www.infoq.cn/article/domain-driven-design-quickly-new。

[2] *Domain-Driven Design*, https://en.wikipedia.org/wiki/Domain-driven_design。

避免返工浪费，关键是要有高质量的分析。高质量的分析是需要有方法论的。软件的分析也是一个“领域”，那么基于构建一个“关于分析的模型”的方法，就产生了不同的流派。可以说，Eric Evans 的 DDD 开创了一个全新的分析流派。那么，这个流派有什么特点呢?

首先，DDD 是一种面向对象分析（Object-Oriented Analysis，OOA）与设计的方法论，可以很好地与现代的面向对象的程序设计（Object-Oriented Programming，OOP）方法相结合，实现软件的编程方法会反过来影响分析方法。DDD 所使用的术语，如对象（DDD 将对象分为实体 / 引用对象、值对象）、属性等，了解 OOP 的开发人员会感觉很熟悉。

其次，DDD 抛弃了分裂业务分析与软件设计的做法，使用单一的领域模型来同时满足这两方面的要求。可以说，DDD 致力于构造一个易于编程实现（特别是使用 OO 语言）的概念模型。

提示 这里说 DDD 是 OOA 的一种，可能会引起争议。有人也许会坚持认为 DDD 只是面向对象设计（Object-Oriented Design，OOD）。但是，既然 DDD 是反对分裂业务分析与软件设计的，那么，我们就可以说 DDD 既是 OOA 也是 OOD。我甚至认为，DDD 从诞生之日起就是最有分量的 OOA 方法论。

1.1.2 什么是软件的核心复杂性

我们知道，*Domain-Driven Design: Tackling Complexity in the Heart of Software* 一书的副标题翻译过来是“软件核心复杂性应对之道”，那么，这个软件的核心复杂性（Complexity）是怎么来的呢?

Complexity 有繁杂之意。它的解释之一是：因为存在很多相互关联的部分而导致的状况。

对于大多数软件系统，它们的核心复杂性是由其服务的领域涉及的范围带来的。比如说，随着领域内的名词概念增多，概念以及概念之间发生关系的可能性也会呈几何级数增长，于是我们想要全面地理解领域就会变得越来越困难。

所以，解决核心复杂性的关键还是在于切分（分而治之），也就是说希望可以缩减每次要解决的领域问题的范围，简化概念和概念之间的关系。DDD 正是这么做的。

那么，DDD 要构建的领域模型到底是什么东西? 它有哪些关键概念可以帮助我们实现“分而治之”呢?

1.2 什么是领域模型

本书在提到领域模型的时候，一般特指 DDD 的领域模型，也就是 Eric Evans 在 *Domain-Driven Design: Tackling Complexity in the Heart of Software* 一书中阐述的那种领域

模型。DDD 要求领域模型既能反映对领域的深度认知，又能直接用于指导软件的设计与实现。

我们可以说领域模型是系统化的领域知识。不系统化的知识是难以传授、掌握和应用的。想象一下，一个会计专业的学生如果不去学习《会计基础》课本，直接上岗记账会出现什么样的状况，恐怕会记得一塌糊涂吧？

为了将领域知识系统化，我们需要做领域分析，而分析得到的结果是一个体现我们对领域认知的概念模型。

那么，我们做领域分析的时候，是不是可以只专注于做好业务领域的分析，构建一个只是反映业务知识的分析模型呢？《领域驱动设计精简版》第 13 页中对这个问题有论述：

一个推荐的设计技术是创建分析模型，它被认为是与代码设计相互分离、通常是由不同的人完成的。分析模型是业务领域分析的结果，此模型不需要考虑软件如何实现。这样的一个模型可用来理解领域，它建立了特定级别的知识，模型在分析层面是正确的。软件实现不是这个阶段要考虑的，因为这会被看作一个导致混乱的因素。这个模型到达开发人员那里后，由他们来做设计的工作。因为这个模型中没有包含设计原则，它可能无法很好地为目标服务。因此开发人员不得不修改它，或者创建分离的设计，在模型和代码之间也不再存在映射关系，最终的结果是分析模型在编码开始后就被抛弃了。

为什么“分析模型在编码开始后就被抛弃”是一个大问题？为什么领域模型与代码之间应该存在映射关系？

是时候重温这句经典名言了：

程序是写来给人读的，只会偶尔让机器执行一下。

——Abelson 和 Sussman

与建筑不同，软件具有易变性，在软件开发出来之后，可能还需要经常修改。只有反映高层结构的代码才是易于阅读和理解的。我们都知道，开发人员阅读代码的时间远远多于编写代码的时间。Google 的工程师每人每天大约只产出 100 行新代码！

所以，Evans 给出了他认为的更好的分析建模——创建软件高层结构——的建议：

一种更好的方法是将领域建模和设计紧密关联起来。模型在构建时就考虑到软件的实现和设计。开发人员应该被加入到建模的过程中。主要的想法是选择一个能够在软件实现中恰当地表达的模型，这样设计过程会很顺畅并且是基于模型的。将代码与其所基于的模型紧密关联，将会使得代码更有意义，并且与模型保持相关。

——《领域驱动设计精简版》，第 14 页

那么，DDD 的领域模型到底是什么？还是听听 Eric Evans 的“官方”说法吧：

领域模型不是一幅具体的图，它是那幅图想要去传达的那个思想。它也不是一个领域专家头脑中的知识，而是一个经过严格组织并进行选择性抽象的知识。一幅图能够描绘和传达一个模型，同样，经过精心编写的代码和一段英语句子都能达到这个目的。

——《领域驱动设计精简版》，第 3 页

1.3 战术层面的关键概念

由于本书并不是 DDD 的入门书，所以未对 DDD 在战术层面的一些关键概念进行详细解释，读者可以查阅 DDD 相关图书或网上文章进行了解。比如《领域驱动设计精简版》在第 3 章中详细介绍了模型驱动设计的基本构成要素，也就是 DDD 战术层面的关键概念。

本书只结合笔者自身的理解，强调一些笔者认为最重要的概念。

1.3.1 实体

有一类对象拥有标识符（简称 ID），不管对象的状态如何变化，它的 ID 总是不变的，这样的对象称为实体。

比如说，我们的银行账户（Account）总是有一个编号（账号）。我们存钱、取钱时账户里面的钱会发生变化，但是账号不变。我们通过这个账号，能够查询账户的余额。所以，我们可以把银行账户建模为一个实体，选择它的编号作为这个实体的 ID。

对于很多开发人员来说，实体是他们非常熟悉的概念。特别是对于使用过 ORM[⊖] 框架的开发人员来说，当你提到“实体”，他们可能马上就会想到“就是需要映射为数据表（Table）的那些对象”。

1.3.2 值对象

下面这几句话是从 *Domain-Driven Design: Tackling Complexity in the Heart of Software* 一书中摘录的（有少量改写），是笔者认为理解 DDD 值对象的关键点：

- 用来描述领域的特定方面的、没有标识符的对象，叫作值对象。
- 忽略其他类型的对象（如 Service、Repository、Factory 等），假设对象只有实体和值对象两种，若将那些符合实体定义的对象作为实体，那么剩下的对象就是值对象。
- 推荐将值对象实现为“不可变的”（Immutable）。也就是说，值对象由一个构造器创建，并且在它们的生命周期内永远不会被修改。实现为不可变的，并且不具有标识符后，值对象就能够被安全地共享，并且能维持一致性。

对于程序员来说，还可以这么理解：如果你熟悉的语言中存在所谓的基本类型（Primitive Type），那么一般来说，它们都可以被理解为值对象。比如 Java 中的 byte、int、long、float、boolean 等，都是值对象。

Java 基础类库的很多类都是值对象。比如对金额进行计算时，在 Java 代码中一般会使用 BigDecimal 来实现，而 BigDecimal 就是一个表示大十进制数的值对象。

BigDecimal 的实现使用了两个关键的私有字段（private field），其中字段 intVal 的类型是 BigInteger，表示“大整数”，另外一个字段 scale 的类型是 int（整数），用来表示小数的

⊖ Object-relational Mapping (ORM), http://en.wikipedia.org/wiki/Object-relational_mapping。

位数。比如，一个 BigDecimal 对象字段 intVal 的值为 10011，字段 scale 的值为 2，那么这个 BigDecimal 对象表示的就是“100.11”。

BigInteger 的实现主要依赖一个 int[]（整数的数组）类型的字段，通过使用这个数组可以表示任意大的整数。BigInteger 也是一个值对象。

如果我们使用 Java 语言实现一个表示“钱”的 Money 值对象，内部可以用一个私有的 BigDecimal 类型的字段来表示金额，然后用一个 String 类型的字段来表示货币单位的缩写。它的构造器可能像这样：

```
public Money(BigDecimal amount, String currency);
```

当我们需要“人民币 10 元钱”的时候，可以按如下方式实例化一个对象：

```
Money tenCny = new Money(BigDecimal.valueOf(10), "CNY");
```

一旦这笔钱构造出来，就是一个不可变的整体。Money 的加、减、乘、除，以及（按汇率）转换为以另一种货币单位表示的“钱”，都需要调用相应的方法来完成，这些方法返回的结果会是一个新的不可变的 Money 对象。

在 Java 开源社区有一个 Joda Money[⊖] 类库，其中 Money 类的实现就类似上面描述的形式。

我们应该尽可能地多用不可变的对象，而不是随意地为每个字段创建相应的 getter / setter 方法（也就是可读可写的属性）。

其实在很多领域中都需要这样的封装。举例来说，我们可能希望在开发应用时按如下方式使用值对象：

- 可以声明一个属性的类型是 Email，而不是 String。
- 可以声明一个属性的类型是手机号（MobileNumber），而不是 String。
- 可以声明一个属性的类型是邮政编码（PostalCode），而不是长整数（Long）。

使用过 Hibernate ORM 的开发人员可能会注意到在 Hibernate 中有一个概念是 Dependent Objects（非独立的对象），可以认为它所指的就是值对象。Dependent Objects 是不会被映射为数据库中的表的，它们会被映射为表中的列。

1.3.3 聚合与聚合根、聚合内部实体

在笔者看来，聚合（Aggregate）是 DDD 在战术层面最为重要的一个概念。它是 DDD 可以在战术层面应对软件核心复杂性的关键。

什么是聚合？聚合在对象之间，特别是实体与实体之间划出边界。聚合内的实体分为两种：聚合根（Aggregate Root）与聚合内部实体（或称非聚合根实体）。

⊖ 见 https://www.joda.org/joda-money/。

> 提示　在本书的行文中可能会使用以下几种说法：
> - 聚合内实体，指聚合内包括聚合根的那些实体，一般不会把聚合根排除在外。具体含义读者可以根据上下文判断。
> - 聚合内部实体，把聚合根排除在外的聚合内部的实体。
> - 非聚合根实体，非常明确地把聚合根排除在外的聚合内部的实体。需要避免产生歧义时会使用这个说法。

一个聚合只能包含一个聚合根。当客户端需要访问一个聚合内部实体的状态时，最先能得到的只有聚合根，然后通过这个聚合根，才能进一步访问到聚合内的其他实体。

从一个聚合根出发能够访问到的实体可以认为是一个整体。聚合内部实体的生命周期由它们所属的聚合根控制。如果聚合根不存在，那么在它控制下的聚合内部实体也就不存在了。

很多时候，一个聚合内只有聚合根这一个实体。有人声称，从经验上判断，大约有70%的聚合只有一个实体。

> 提示　实体又被称为引用对象，这个名称与值对象的概念相对。
>
> 本书中提到聚合根、实体、值对象的时候，多数情况下并不会特别说明是指这些对象的“类型”还是指它们的“实例”，请读者自行根据上下文判断。
>
> 我们应该把一个聚合根的实例以及生命周期完全受它控制的那些聚合内部实体的实例作为一个整体来看待，对于这样一个整体，有时候书中会使用“聚合实例”这个说法。

为了更好地理解什么是聚合、聚合根、聚合内部实体，下面举例说明。这个例子包含订单（Order）、订单头（OrderHeader）、订单行项（OrderItem）三个互相关联的概念。

想象我们在给一个电商系统构建订单相关的模型，我们可能会得到：

- 一个叫作 Order 的聚合。
- 这个订单聚合的聚合根是一个叫作 OrderHeader 的实体。实体 OrderHeader 的 ID 叫作 OrderId（订单号）。
- 通过 OrderHeader 实体，我们可以访问 OrderItem 实体的一个集合。OrderItem 这个实体的局部 ID 叫作 ProductId（产品 ID）。因为业务逻辑可能已经明确不允许在同一个订单的不同订单行项内出现同一个产品，所以我们可以选择产品 ID 作为订单行项的局部 ID（Local ID）。

显然，在这里，Order 聚合与 OrderHeader 聚合根的名字并不相同，这体现了聚合与聚合根这两个概念的微妙区别。但是确实在大多数时候，聚合和它的聚合根拥有同样的名字，甚至在大多数时候，一个聚合内就只有聚合根这一个实体。

1.3.4　聚合的整体与局部

聚合内的实体，从聚合根到其他实体，往往是一个强烈的整体与局部的关系。这意味着对聚合内部的非聚合根实体而言，它的 ID（全局 ID）极有可能最少由两个部分组成：一部分是聚合根的 ID，另一部分是它在聚合内的局部 ID。

比如说，OrderItem 的局部 ID 可能是 ProductId。如果允许同一个订单的不同行项出现相同的产品，那么最少你还可以创造一个叫作“行号（Sequence Id.）”的概念作为订单行项的局部 ID。

再比如，人（作为聚合根）有左手和右手，那么，“左”或“右”就是“手”（作为聚合内部实体）的局部 ID。

关于全局 ID 与局部 ID 的问题，后文还会进一步探讨。

1.3.5　聚合是数据修改的单元

可以从这个角度考虑聚合的边界：如果两个实体之间的状态出现不一致（即使只有非常短暂的一瞬间我们能看到它们的不一致）就让人难以接受的话，那么这两个实体属于同一个聚合；否则它们就不属于一个聚合。

比如，也许我们不能接受一个订单的所有订单行项的金额之和不等于订单头的总金额。那么，我们可以把订单头与订单行项这两个实体划归到一个聚合内。

对于一个聚合内的对象状态（数据）的修改，我们需要保证它们总是一致的，也就是说我们要实现它们的强一致性。

聚合是数据修改的单元，这个观点其实已经被广泛接受，所以有人说大多数 NoSQL 数据库都是聚合型数据库。因为主流的 NoSQL 数据库，不管是文档型的 MongoDB，还是 KV 型的 Redis，它们最少都能保证一个聚合内的数据的强一致性，不管它们把这个聚合叫作文档还是叫作 Value。

你可能听说过所谓“聚合内强一致，聚合外最终一致”的建议。它的意思是，对于同一个聚合内实体的数据（状态）的一致性，开发人员可以使用数据库系统提供的 ACID 事务来实现强一致性；对于不同聚合之间的数据，开发人员应该优先考虑自己编码来实现最终一致性。DDD 社区中很多人都赞同这个实践。

提示　强一致性模型与最终一致性模型是两种不同的数据一致性模型，这里的模型可以理解为数据库系统与开发者之间的契约（Contract）。强一致性模型是指，开发者只要按照数据库系统的某些规则来做，就可以保证数据绝对不会不一致。最终一致性模型是指，开发者按照一定的规则来做，数据库中的数据项在处理“过程中”可能会出现不一致，但是在处理过程结束后，它们最终可以达到一致。

1.3.6 聚合分析是“拆分”的基础

分布式系统设计原则的第一条：不要“分布”。确切地说，如果没有足够的理由就不要做分布式设计，开发和运维分布式系统往往需要更高的成本。

为什么要分布？常见的理由是为了解决系统的水平扩展问题。这往往意味着我们需要给系统中的软件元素（构造块）划分出边界，这样我们就可以更有针对性地对每个构造块进行独立的优化。此外，我们可能还需要对同一类型的数据（比如说订单数据）进行横向切分（也就是所谓的 Sharding），让每个分布式系统的结点只负责处理其中的一部分数据。

那么，到底什么东西能分、什么东西不能分，它们之间的边界如何表述呢？这就是聚合这个概念发挥作用的地方。有些东西互相关联、密不可分，那么它们可能应该建模成一个“聚合”。如果从一开始，在软件设计中就使用了“聚合”这个概念的话，实际上表明我们已经纵向地给其中的软件元素划分了边界，也给数据的横向切分（Sharding）提供了标准。

比如说，如果我们通过聚合分析已经把 OrderHeader 和 OrderItem 划分到一个聚合内，将它们与其他聚合（比如 Product、Payment 等）区分开来，我们可能会考虑开发一个叫作 Order Service 的可独立部署的微服务。如果要做订单——OrderHeader 以及它关联的 OrderItem——数据的横向切分，我们只要根据聚合根的 ID（可能我们把这个 ID 叫作 OrderId）来进行 SQL 数据库的分库分表操作就行了。必要的时候，我们可以直接把某些聚合的数据存储到 NoSQL 数据库中。

遗憾的是，有一些 DDD 的框架和工具，仅仅满足于使用“一个聚合只有一个实体”的例子来展示它们的“强大”。我们认为，一个 DDD 工具如果不支持聚合概念，那它就是一个“有残疾”的 DDD 工具。虽然据说按照经验估计，使用 DDD 方法建模，70% 的聚合都只有一个实体（即只有聚合根这个实体），但是这并不等于聚合分析不重要。领域中真正复杂的业务逻辑，可能大部分都集中在另外 30% 的聚合以及需要处理不同聚合之间的数据一致性的领域服务内，而聚合分析尤其能为数据一致性的处理提供帮助。

如果一个 DDD 工具不能真正地支持聚合概念，那么使用它的产品人员、系统分析师、开发人员在分析阶段很可能也就不会认真去做聚合分析，因为“即便分析了，大家也未必真的按照这个来做”。

如果一个 DDD 框架不允许聚合内存在多个“实体”，那么实际上就没有了聚合这个概念（当然，若只剩下大部分开发人员都耳熟能详的“实体”这一概念，确实很“方便”大家理解），如此一来我们采用强一致性模型的边界在哪里？如果没有明确的标准，“哪几个实体的数据需要保证强一致”这样的决定应该如何做出？

可能有人觉得可以做二选一的设计决策：

- 要么是当要改变状态时，都先开始一个数据库事务，操作完若干实体 / 表后提交数据库事务，让数据库事务来保证强一致性。这其实是我们常见的传统做法。
- 要么是认为每个实体就构成了一个聚合，当要改变系统状态的时候，都自己写代码来实现“最终一致性”。如果系统的最终用户（业务部门）能接受所有实体的状态只要最终一致就可以，那么这么做至少理论上是可行的。

但是现实中这两种（极端）做法在开发大型应用，特别是互联网应用时，往往都不太现实。

前者除了很容易导致代码层面的紧密耦合以外，往往还会造成严重的性能和扩展性问题，为了解决这些问题可能需要大规模地重构代码甚至要重写整个系统。

可能有人会想：那就不要那么极端，我们可以不只是“聚合内强一致”，也“适当”地多用数据库事务来做“聚合外强一致性”。特别是在软件开发的初始阶段，软件往往还是个单体应用，数据库可能还是一个单点，一时半会儿也不会分库分表，可以让开发人员“便宜行事”，自行控制数据库事务来保证在必要范围内的“强一致性”。

现实情况是，“便宜行事”的开发人员很有可能“做过头”，因为根本没有清晰的“边界”。极端的情况就是臭名昭著的“ Open Session In View”，也就是服务端收到客户端请求时立即开启一个数据库事务，在将请求的处理结果返回客户端前的那一刻才提交数据库事务，这样所有对系统状态的查询和修改操作都会放到同一个数据库事务中完成——可以说是非常“方便”了。但是，这样做的结果往往是灾难级的系统性能表现，以及剪不断理还乱的面条式代码。

后一种做法，可能有人觉得不是问题。他们可能会说：“我们就是应该坚持原则，一个实体一个聚合，所有实体之间都最终一致。业务部门要的是结果，他们才不管什么强一致还是最终一致，银行转账这么重要的事情，大家还不是普遍接受‘最终一致’？所以，经过精心设计的业务逻辑都是可以绕过大多数对强一致性的‘伪需求’的。”

提示　这里所谓接受“最终一致”，意味着要接受“有时候数据就是不一致的”。比如，我们大多数时候都能接受出现这样的情况：我们执行了一个转账操作，源账户减少了500 块钱，目标账户没有马上增加 500 块钱。

首先，我们认为实体之间的强一致性需求一定是存在的，我们不能寄希望于“最终一致性”能满足所有的业务需要。就算退一万步，业务部门确认“最终一致性”真的能满足他们的所有需求，这种做法也会极大地增加软件开发的工作量与成本。如果大量处理“最终一致性”的代码都需要程序员来“手动”编码实现的话，即使有一些框架和工具能提供一定的帮助，程序员也会不堪重负，产出的可能是 Bug 满满的低质量代码。

所以软件开发团队几乎总是会混合使用强一致性和最终一致性模型。如果开发团队想就这个问题——什么时候选择强一致性模型、什么时候选择最终一致性模型——确定标准，那么即使不使用“聚合”这个术语，迟早也会发明一个相似的概念。

总之，聚合分析的意义就是让开发人员一开始就在强一致性和最终一致性的选择上进行足够的思考和权衡，而不是没有想清楚就匆忙进入编码阶段。如果先做了聚合分析，即使因为项目工期的要求，没有完全按照“聚合内强一致，聚合外最终一致”的原则来编写代码，至少开发人员也清楚地知道自己在哪些实现代码上是做了妥协的。也许有人会认为既然要妥协，那就没有必要做预先的分析和设计。但是笔者认为，就现状而言，对软件进行预先设计的价值已经被太多人低估了。

顺便说一下，做聚合分析还有其他好处。一个好处是可以根据聚合分析的结果自动生成UI层的代码——最少是可以生成脚手架代码。想一想订单头和订单行项同属一个订单聚合的情况，与分属不同聚合的两个实体各自独立、毫不相干的情况比起来，用户界面显然应该是不一样的吧？这个问题后面可以进一步探讨。此外，聚合分析有助于自动生成CQRS的“读模型”（后面会讨论CQRS模式，这里的读模型可以先理解为数据库的视图），因为我们知道聚合内的实体关系密切，需要一起查询的可能性很高。比如，因为订单聚合的存在，我们可以自动生成联接（Join）了订单头和订单行项两个表（实体）的视图（读模型）。

1.3.7 服务

系统中有一些行为是不适合“归属于”哪个对象的，DDD建议把这样的行为定义为服务（Service）。或者说，当有一个操作需要修改多个聚合实例的状态时，这个操作就很有可能应该被定义为服务。

> 注意 “服务”这个名词在软件开发过程中实在是被用“滥”了。当需要与其他“服务”进行区分时，会称这里所说的“服务”为“领域服务”。

举个例子，我们开发一个账务系统的时候，可能需要支持转账功能。所谓的转账，就是在一个账目（Account）上扣减一定金额的钱，在另外一个账目上增加相应金额的钱。

那么这个转账行为作为账目的一个方法来定义是不是合适呢？如果是作为账目的方法，那么它是应该这样定义（Java代码）：

```
public class Account {
    public void transferFrom(Account sourceAccount, Money amount) {
        //…
    }
}
```

还是应该这样定义：

```
public class Account {
    public void transferTo(Account destinationAccount, Money amount) {
        //…
    }
}
```

我相信，上面两种做法都会引起（不必要的）争议。何不按如下形式定义一个转账服务呢（Java代码）：

```
public interface TransferService {
    void transfer(Account sourceAccount, Account destinationAccount, Money
```

```
        amount);
}
```

对于这个转账服务来说，它要改变的是两个 Account 聚合实例的状态，虽然这两个实例的类型都是 Account，但是仍然属于所谓的“跨聚合（实例）”的操作，在这种情况下，将其定义为服务比较合适。

在 DDD 中，还有其他 Repository（存储库）、Factory（工厂）等战术层面的概念，建议读者自行阅读 DDD 相关图书或者到 Google 上查询资料。

1.4　战略层面的关键概念

相信很多人都见过这样的情形：从小项目演化而来的大系统最终变成开发团队的噩梦。这些噩梦几乎无一例外地源于软件的概念完整性（Conceptual Integrity）遭到了破坏（很少是因为单纯的技术原因）。代码可能是一代又一代的开发人员各行其是地堆叠起来的（所谓的“祖传代码”），在这个过程中没有人意识到有必要去维护软件的概念完整性。而 DDD，特别是 DDD 在战略层面提供的概念，是维护软件概念完整性的良药。

提示　概念完整性对软件开发的重要性在弗雷德里克·布鲁克斯（Frederick P. Brooks Jr.）的经典著作《人月神话》一书中被重点提出。

什么叫作概念完整性？通俗地讲，就是所有人对领域内的所有事物持相同的看法。举例来说，我们把“张三”这个“对象”叫作张三后，就不会再把他叫作李四。我们不会把张三的儿子也叫作张三，我们可以把他叫作“张小三”。大家都知道张三和张小三之间存在父子关系，不会刚才有人说他们是父子，转脸又有人说他们是兄弟。

在《领域驱动设计精简版》的第 5 章中，介绍了 DDD 在战略层面维护模型的概念完整性的方法。笔者个人认为其中最重要的两个概念是限界上下文（Bounded Context）与防腐层（Anti-Corruption Layer），下文打算针对它们以及“统一语言”进行阐述。其他战略层面的概念读者可自行阅读《领域驱动设计精简版》或搜索其他文章以深入了解，在此不再赘述。

1.4.1　限界上下文

为了开发软件，我们需要分析应用要解决的领域问题的范围，捕获那些重要的概念，给它们明确的定义——通俗地说，一个“说法”（概念）不要指两个“东西”，当然一个“东西”也不要有两个“说法”。我们使用这些概念来构建模型，反映我们对领域的认知。

限界上下文（Bounded Context），顾名思义就是限定了边界的上下文，它定义了每个模型的应用范围。在本书的行文中，经常会把限界上下文简称为“上下文”。

怎么理解“上下文”这个说法？为什么不叫作“子系统”“模块”？

这么说吧，很多词语都可能存在多个含义，它到底是哪个意思，往往需要联系上下文才能判断。比如，当我们说起“Good”这个单词时，它到底是“货物”，还是“好的东西”“好的品质”呢？它到底是名词，还是形容词呢？如果它不是出现在一个上下文中——比如某篇文章的某一段的某个句子中，我们其实无从判断。

限界上下文就是这样的一个上下文、一个边界，在这个边界内，所有重要的术语、词语都有一个明确的解释。你看，上下文这个说法是不是比“子系统”“模块”之类的说法要贴切？

有人可能会提出这样的问题：限界上下文多大才合适，划分上下文有没有什么可以遵循的规则？

划分上下文的规则，无非还是放之四海而皆准的“高内聚，低耦合”，这么说估计大家都会觉得太虚。其实真正让大家感到纠结、不知如何切分的那些东西之间一定有所关联，那就干脆都纳入一个上下文中！与其关注上下文的“大小”，不如关注模型的“质量”——概念完整性有没有被破坏。笔者认为：判断大小是不是合适，要看应用的开发团队能在一个多大的范围内掌控软件的概念完整性，只要开发团队没有问题，那么这个范围就算再大，作为一个上下文来处理都是可以的。

1.4.2 限界上下文与微服务

那么，限界上下文与微服务架构[⊖]（MSA）中的那个微服务之间有什么关系？有人还使用过“物理限界上下文”这个术语，甚至把一个可独立部署的微服务称为物理限界上下文，这个叫法合理吗？

让我们来设想一下，现在要给一个餐厅开发一个在线外卖（Takeout）应用。我们使用了微服务架构，决定在后端开发两个可以独立部署的微服务：

- Order Service。与订单管理相关的服务，它与前端 App 进行交互，处理消费者的下单请求。
- Kitchen Service。处理后厨相关的业务逻辑。

提示 事实上要创建一个真实的外卖应用，可能要处理的后端业务逻辑远比这里列出的多，比如可能我们还需要用 Consumer Service 来处理消费者的信息，需要用 Accounting Service 来处理支付逻辑等。这里为了简化问题，先忽略它们。

假设这两个微服务是以发布 / 订阅事件的方式——也就是使用所谓的基于协作的 Saga（Choreography-based Saga）——来完成业务事务的，“下单”事务处理的正常路径如下：

1）Order Servcie 接收到客户端 App 的下单请求，创建一个处于 PENDING 状态的订单，

⊖ 见 https://www.martinfowler.com/articles/microservices.html。

然后发布 OrderCreated（订单已创建）事件。

2）Kitchen Service 订阅、消费 OrderCreated 事件，验证订单信息，检查后厨的食材、物料、人员等信息，创建后厨工单（Ticket），并发布 TicketCreated（后厨工单已创建）事件。

3）Order Service 订阅、消费 TicketCreated 事件，将订单状态置为 APPROVED，并发布 OrderApproved 事件。

假设开发人员编写了以上事件（OrderCreated、TicketCreated）以及其他领域对象的静态类型——Java 开发人员称之为 POJO，.NET 开发人员称之为 POCO，PHP 开发人员称之为 POPO——的代码，然后把这些代码都放到一个叫作 common-api 的类库项目中——我们可以构建这个项目，打包出 jar、dll、phar 之类格式的归档包文件，供其他项目使用。另外两个"服务"项目 Order Service 和 Kitchen Service 都依赖这个 common-api 类库项目，它们会直截了当地使用里面的静态类型，使用它们的时候并不会经过什么转换，而且会毫不在意地对其他部分（比如客户端）暴露它们的名字和概念。现在，请问我们是有"一个"限界上下文还是有"两个"限界上下文？

有些讲述在微服务架构中实践 DDD 的文章，对于这样的情形会判断为两个限界上下文，每个微服务对应一个上下文。

从限界上下文原本的概念出发，笔者认为这里只存在一个上下文。在这个例子里，两个服务都依赖同一个领域对象的类库，大家都说统一的语言（Ubiquitous Language），使用同一套术语——OrderCreated、TicketCreated 等——来进行沟通，彼此之间并没有什么隔阂，显然大家都处于同一个限界上下文中。

限界上下文是概念的边界，微服务是物理的软件组件。微服务架构（MSA）在实践中可能会产生很多细粒度的微服务，这些微服务的物理边界与 DDD 的聚合边界或领域服务的边界对齐是比较常见的情况。如果一个微服务与其他微服务共享很多相同的概念，那么虽然它具有独立的物理边界，也很难称得上是一个限界上下文。

1.4.3 防腐层

我们创建的应用总是免不了要与外部的应用发生交互。与外部应用交互时，应该考虑使用六边形架构[1]风格。

在传统的分层架构风格中，上层的软件构造块（元素）依赖于下层的构造块。六边形架构风格摒弃了这种观点。它认为，一个软件构造块如果需要与外部软件元素进行交互来实现功能、完成自己的使命，那么它也只应该依赖于抽象。这个抽象就是它对外部软件元素的期望、设想。这其实也是依赖倒置原则[2]的应用。

扩展一下上面的在线外卖应用的例子。假设为了实现这个应用，我们还需要两个服务参与其中：

[1] Hexagonal architecture (software), https://en.wikipedia.org/wiki/Hexagonalarchitecture(software)。

[2] Dependency Inversion Principle, https://en.wikipedia.org/wiki/Dependencyinversionprinciple。

- Consumer Service（消费者服务），它的职责是处理对消费者信息的查询和验证逻辑。
- Delivery Service（送餐服务），这个服务负责送餐业务流程的管理。

这两个服务真正的业务逻辑可能并不需要外卖应用的开发团队去实现。也许送餐本来就是由第三方公司提供的服务，对方已经有了管理送餐业务的软件（下面假设这个软件叫送餐系统）；也许有些业务是公司内其他部门的团队负责的，并且已经有了“现成的”系统，比如 Consumer Service 需要的信息在公司内的 CRM 系统中本来就存在。不管怎么说，现在“送餐服务”和“消费者服务”的业务逻辑都不需要外卖应用的开发团队去实现了，大家要做的只是把已有的应用与外卖应用进行集成。

总之，不管是外部的送餐系统还是公司已经存在的 CRM 系统，都不在外卖应用开发团队控制的范围之内，它们是另外两个上下文。但是外卖应用仍然可以提出它希望这些外部服务“看起来是什么样子的”，比如：

- 它希望 Consumer Service 有一个 verifyConsumer 方法。调用这个方法可以验证某些消费者的信息是否有效。
- 它希望 Delivery Service 有一个 scheduleDelivery 方法。若使用订单信息作为参数调用这个方法，就可以请求送餐服务的提供者对订单进行派送。
- 它希望送餐服务的提供者“知道”它提供了一个叫作 NoteOrderDelivered 的通知接口。在送餐员把食物送到消费者手中之后，它希望这个接口被调用，且它能收到一个类型为 OrderDelivered（订单已完成派送）的事件，然后根据事件信息做进一步的处理。

外卖应用对外部系统的这些期望都是“单相思”。它才不管外部的 CRM 系统有没有一个名字叫作 verifyConsumer 的方法呢，也许在 CRM 里面根本就没有 Consumer 这个概念，只有 Customer 的概念。它也不管在送餐员完成派送后送餐系统能不能发布一个类型为 OrderDelivered 的事件，也许在送餐系统里面根本没有 Order 的概念，只有 Delivery 的概念，类似的事件叫作 DeliveryCompleted。

外卖应用不管这些，它就要说“Consumer”“OrderDelivered”，而不管外部系统的叫法。它把“想要的东西”都按照自己的想法定义了接口，也就是说，现在 Consumer Service 和 Delivery Service 都是外卖应用定义的接口——这就是所谓的“依赖于抽象，不依赖于实现”。外卖应用的这些抽象，都属于限界上下文的一部分。在自己的上下文内，只要能保证概念完整性即可，外卖应用没有什么理由改变自己，保持纯粹就挺好的。

如果外卖应用未能抵制住诱惑，让外部系统的概念渗透进了内部，比如在代码里面一会儿称客人为 Consumer，一会儿又叫人家 Customer——如此不正经，那就是“腐化”堕落。

如果外部的 CRM 系统和送餐系统也不想改变自己，那么矛盾如何解决？怎样把三观不同的系统“整”到一起？这就需要防腐层（Anti-Corruption Layer）在中间牵线搭桥、互相撮合了。

对于采用六边形架构的应用来说，防腐层一般是作为适配器来实现的（如图 1-1 所示）。

六边形架构的适配器是限界上下文的核心业务逻辑组件与外部系统之间的交互接口（又

称为端口）的实现。适配器分两类：出站适配器与入站适配器。一个是适配器是“出站”还是“入站”是站在核心业务逻辑组件的角度看的。如果交互是请求 / 响应模式的调用，出站适配器实现对外部系统的调用，入站适配器处理外部系统的请求、调用内部的业务逻辑。如果交互是异步消息通信，那么出站适配器实现对外发送消息，而入站适配器接收外部发送过来的消息。

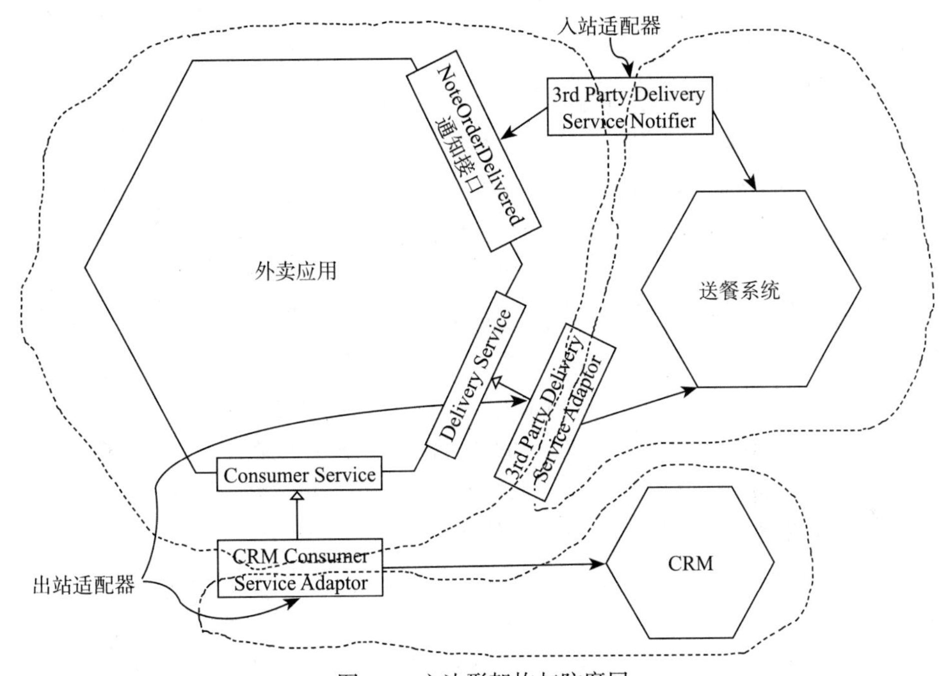

图 1-1 六边形架构与防腐层

假设，外卖应用上下文在使用 CRM 或送餐系统提供的服务时属于“弱势客户”，那么外卖应用的开发团队就需要自己构造防腐层，防止“强势的供应商”（CRM 上下文或送餐系统上下文）一方的概念侵入自己的上下文中。

在图 1-1 中，外卖应用的开发人员最终实现了三个适配器：

- 为 Consumer Service 接口实现了一个出站适配器 CRM Consumer Service Adaptor。
- 为 Delivery Service 接口实现了一个出站适配器 3rd Party Delivery Service Adaptor。
- 为 NoteOrderDelivered 通知接口实现一个入站适配器 3rd Party Delivery Service Notifier。

防腐层的代码就位于这三个适配器的内部。

我们在图 1-1 中用虚线划出了三个限界上下文的边界。只有那些包含防腐层代码的适配器是横跨不同的限界上下文的边界的，它们负责在不同上下文之间对概念进行翻译和转换。虽然外卖应用最终（在运行时）还是需要使用这些适配器才能实现完整的功能，但是就代码的依赖关系而言，是适配器依赖外卖应用定义的那些接口——这些接口又叫抽象，它们属于外卖应用核心业务逻辑组件的一部分。开发人员都知道这一点：当一个类实现一个接口时，依赖关系是类依赖接口，而不是接口依赖类。

总之，限界上下文是需要时刻保护好的概念的边界。需要将某个上下文的概念转换为另一个上下文概念的地方就是防腐层。最好让防腐层的代码和其他软件元素（构造块）之间存在明显的物理边界，倒不是说一定要把防腐层部署为一个个独立的服务或在独立的进程中运行，但是，最少我们还可以考虑将一个防腐层作为独立的类库项目进行构建和维护。

1.4.4 统一语言

领域驱动设计的一个核心原则是使用一种基于模型的语言——统一语言（Ubiquitous Language）。

统一语言使用模型作为语言的主干，团队在进行所有的交流时都应该使用它。在共享知识和推敲模型时，团队在 PPT、文字和图形中使用它。程序员在代码中也要使用它。

为了创建团队的统一语言，我们需要发现领域和模型的那些关键概念（其中有些概念可能很不容易被发现），并找到适合描述它们的词汇，然后开始尽可能多地使用它们。

统一语言为何如此重要？众所周知，在复杂软件系统的开发过程中，大量甚至是大部分的时间和资源都消耗在思想的沟通和确认上了。统一语言基于“模型”，精心构建的模型归纳总结了各方对领域的一致认知，统一的“说法”可避免歧义、减少沟通中的误解。所以，统一语言可以成为各方（业务人员、领域专家、产品人员、开发人员、测试人员）进行高效沟通的基础，从而极大地节约软件开发的成本。

在实践上，我们建议使用一个简洁的词汇表来记录一个上下文的统一语言中的那些关键概念。

比如，表 1-1 是 GitHub.com 的 reactive-streams/reactive-streams-jvm[⊖]代码库中一个词汇表的一部分。

表 1-1 一个英文词汇表的示例

Term	Definition
Signal	As a noun: one of the onSubscribe, onNext, onComplete, onError, request(n) or cancel methods. As a verb: calling/invoking a signal
Synchronous(ly)	Executes on the calling Thread
Return normally	Only ever returns a value of the declared type to the caller. The only legal way to signal failure to a Subscriber is via the onError method
Responsivity	Readiness/ability to respond. In this document used to indicate that the different components should not impair each others ability to respond
Terminal state	For a Publisher: When onComplete or onError has been signalled. For a Subscriber: When an onComplete or onError has been received

对于主要由母语为中文的开发人员组成的团队来说，建议在软件开发项目中使用中英文对照的词汇表，并且建议在词汇表中强调词条的词性（名字、动词、形容词等），甚至名

⊖ Reactive Streams Specification for the JVM, https://github.com/reactive-streams/reactive-streams-jvm。

词的单复数形式等。因为在中文中很多词语的词性都是模糊和多变的，需要根据上下文去辨别，母语为中文的开发人员在文档和代码中使用错误的词性的情况实在太过常见。表 1-2 是中英文对照的词汇表的一个例子，也许可供借鉴。

表 1-2　一个中英文对照词汇表的示例

词语	词性	中文词语	定义
Close(document)	v（动词）	关闭（单据）	关闭单据（订单等）
Reversed(document)	adj（形容词）	反转的（单据）	单据被执行反转（撤销）操作后，处于此状态
Personal name	n（名词）	人名	人名包括两部分，姓（First name）、名（Last name）
Parties	n-plural（名词，复数）	当事人列表	当事人的列表、集合

1.5　ER 模型、OO 模型和关系模型

我们可能有必要先了解一下在软件开发活动中常见的这几种模型，或者说模型范式，如下：

- ER 模型（实体关系模型）。读者如果有兴趣，可以通过 Wikipedia 了解一下 ER 模型[⊖]，以及相关的概念数据模型、逻辑数据模型、物理数据模型等。
- OO 模型（面向对象模型）。这可能是大多数开发人员最熟悉的一种程序设计模型了。
- 关系模型。这是我们常见的关系型数据库系统（RDBS）所采用的模型，大部分应用软件使用的数据库都是关系型数据库。

这几种模型都有一套自己的概念和术语，其中有些概念存在大致的对应关系，我们可以用图 1-2 来大致表示。

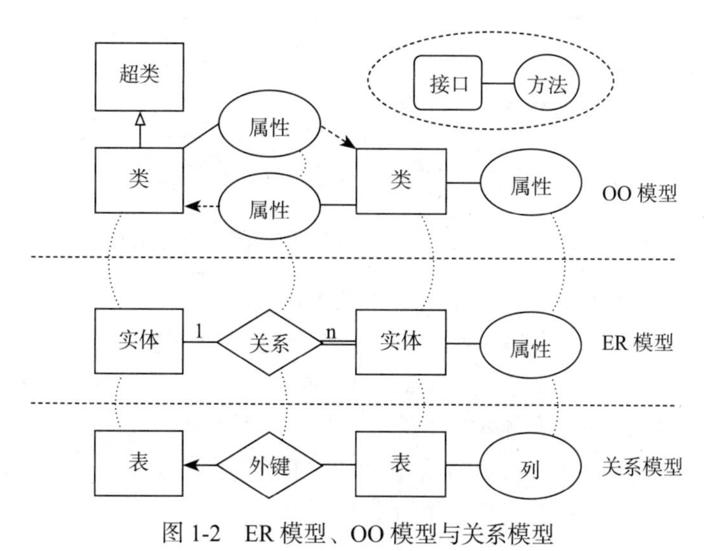

图 1-2　ER 模型、OO 模型与关系模型

⊖ Entity–relationship model (ER model), https://en.wikipedia.org/wiki/Entity%E2%80%93relationship_model。

提示 其实关系模型使用的“原汁原味”的术语是以下形式。

- 关系（Relation）：一个关系对应着一个二维表。
- 元组（Tuple）：在二维表中的一行，称为一个元组。
- 属性（Attribute）：在二维表中的列，称为属性。

为了照顾大多数开发人员的习惯，书中还是采用了“表”“行”“列”这样的术语。

模型是用来反映对领域的认知的，对于同样的认知，我们其实可以使用不同的方式来表述。因为我们的目标是开发软件，所以最好是使用一些有利于后面编码“实现”的表述方式。

还是举个例子吧，假设我们对现实世界（领域）的认知是这样的：

- 宠物（Pet）有性别（Gender），有自己的主人（Owner），假设一只宠物只有一个主人。
- 一个人（Person）可以拥有多只宠物。

我们把这些信息（认知）使用不同范式的模型来描述，结果可能大致如图 1-3 所示。

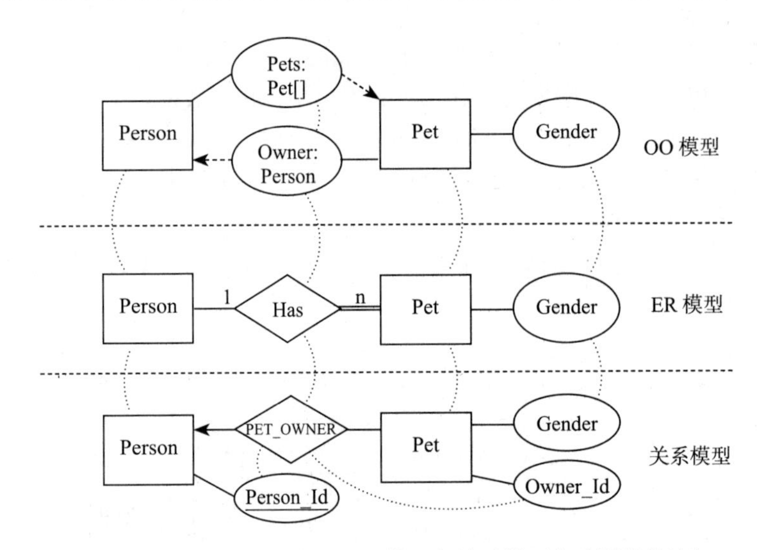

图 1-3 分别使用 ER 模型、OO 模型与关系模型表述同样的认知

- 对于关系模型，Pet 表中存在 Gender 和 Owner_Id 列；Person 表中存在 Person_Id 列，这一列是 Person 表的主键（PK）。Pet 表中存在一个外键，可以把这个外键命名为 PET_OWNER，它从 Pet 表的 Owner_Id 列指向 Person 表的 Person_Id 列。
- 对于 ER 模型，有一个实体叫作 Pet，它有一个属性叫作 Gender；还有一个实体叫作 Person。从 Person 实体到 Pet 存在一个“一对多”的关系，这个关系的名称叫作 Has（有），即一个人可以拥有多只宠物的意思。
- 对于 OO 模型，有个类叫作 Pet，它除了有一个 Gender 属性，还有一个 Owner 属性，后者的类型是 Person，指向宠物的主人。而类 Person 有一个属性叫作 Pets，它的类型是 Pet 的集合（在图 1-3 中记作 Pet[]），指向一个人可以拥有的宠物（Pets）。Person 的 Pets 属性与 Pet 的 Owner 属性其实描述的是同一个关系。看一个通俗的示例，无论是说"张小三的爸爸是张三"，还是说"张三有个儿子叫张小三"，都表示"张三与张小三存在父子关系"。

1.6　概念建模与模型范式

有人认为，在将现实世界映射到信息世界的第一阶段，即概念建模阶段，适宜使用 ER 模型。

对此我们有不同看法。实际上不管是 ER 模型、OO 模型还是关系模型，用来做概念建模都没有问题。所谓的概念建模，主要是选择忽略领域中那些相对不太重要的细节，只留下最关键的部分，这与使用的模型范式无关。

ER 模型和关系模型的一些概念本来就存在较好的对应关系。关系数据库的流行已经证明了关系模型的表述能力。在实践中，在概念建模阶段使用二维表（关系模型）来展示领域中的关键概念以及概念之间的联系，很多时候对非技术人员来说都是可以理解和接受的，甚至对他们来说是很"亲切"的。我们经常看到很多业务人员（软件的最终用户）、业务部门制作的 Excel 极其复杂，我不认为他们理解关系模型有太大的难度。而用于操作关系型数据库的 SQL（结构化查询语言）一开始也并非是专门面向技术人员而设计的。

UML[⊖]（通用建模语言）作为一门"通用"语言，其野心自然是覆盖从概念建模到实现建模的需要。UML 在设计上倾向于满足使用 OO 范式进行建模的需要，大家一直都在使用 UML 进行概念建模（构建概念 OO 模型）。而 DDD 的领域模型就是基于 OO 模型的。它是在 OO 模型的基础上进一步抽象的，它定义了一些更高层次的概念，比如聚合、聚合根、服务、Factory、Repository 等，所以在概念建模阶段使用 DDD 领域模型也毫无问题。

实际上，DDD 关注的重点就是在概念建模阶段产出那个概念上的"领域模型"，只是 DDD 强调在做概念建模的时候要朝着软件的实现方向"睁一只眼"（with an eye open）。如果有一门 DDD 专用的建模语言，估计大家也会期望它能覆盖从概念建模到实现建模的需要吧！

⊖ 见 http://www.baike.com/wiki/UML。

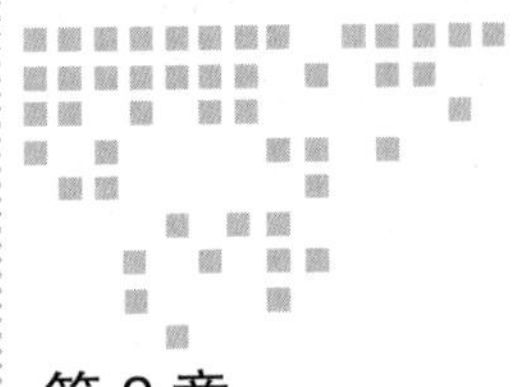

Chapter 2 第2章

其他 DDD 相关概念

在认识或温习了 DDD 在战略以及战术层面的部分关键概念之后，我们还需要进一步了解其他一些相关的概念。因为在实践 DDD 的过程中我们会经常使用这些概念，它们也很重要，而在其他 DDD 图书中对它们强调得可能还不够。这些概念包括领域 ID、Local ID、Global ID、命令、事件、状态等。

2.1 领域 ID

根据 DDD 对实体的定义来看，实体必然存在一个 ID，我们可以把这个 ID 称为实体的领域 ID。

相信很多人都想问以下问题：

- 这个领域 ID 是不是应该映射到关系模型的自然键？如果一个实体的 ID 已经是“自然键”了，那么与之对应的关系数据库的 Table 中还有必要再引入这个 ID 之外的代理键吗？
- 如果领域 ID 可以是代理键，那么它什么时候应该是代理键？
- 在某些软件系统上，开发人员会不分青红皂白地给每个表（实体）设计一个代理主键。那么，在代码中这样重度地使用代理键是合理的做法吗？
- 如果一个实体需要被其他实体引用，其他实体是不是应该尽可能统一地通过持有它的领域 ID 的值来引用（指向）它？

接下来我们讨论一下这些问题。

2.1.1　自然键与代理键

什么是自然键（Natural Key）？先看看维基百科的定义：

在关系模型数据库的设计中，自然键是指由现实世界中已经存在的属性所构成的“键”。举个例子，美国公民的社会保险号码可以用作自然键。换句话来说，自然键是与那一“行”中的属性存在逻辑关系的候选键。自然键有时候也被称为领域键。

从这个定义可知，自然键有时候也被称为领域键，领域键和领域 ID 这两个称呼都带着“领域”，已经很接近了，不是吗？

我们看到，这个定义还依赖于另外一个概念：现实世界（The Real World）。那么，什么是现实世界？如果这个概念没有定义，那么自然键的概念还是“不清不楚”的。

提示　虽然在讨论领域模型的时候，我们更愿意使用实体 ID 这个说法，而不是使用关系数据库中“键”的概念，但是在不太严格的情况下，有时候我们也会混用实体 ID 和（自然）键这两个说法。

笔者曾经在 Google 上搜索到一篇文章 *Choosing a Primary Key: Natural or Surrogate?*[⊖]，也许，我们可以通过文章中的以下描述理解什么是 The Real World（中文翻译版本）：

不要自然化代理键。一旦你向最终用户显示了代理键的值，或者更坏的是允许他们使用该值（例如搜索该值），实际上你已经给它们赋予了业务含义。这实际上是自然化了代理键，从而失去了代理键的优点。

根据这个说法，我们可以认为，使用软件的最终用户所生活的世界就是现实世界，这个世界没有代理键的容身之地。这么说来，代理键只应该活在技术人员的世界里？

总之，能不能见“人”（指的是最终用户），是笔者能找到的用于区别自然键和代理键的最不让人困惑的标准了。

2.1.2　DDD 实体的 ID 需要被最终用户看到

DDD 所说的实体的 ID 应不应该见“人”（最终用户）呢？

显然，实体 ID 有 99.99% 的可能性是需要见“人”的。这个好像已经不需要再展开讨论了吧？因为领域模型应该是由技术人员与领域专家共同参与构建的，而领域专家很可能就是最终用户。实体与值对象最本质的区别就是实体存在 ID，这么至关重要的事情，可不适合对领域专家藏着掖着吧？也许在软件的内部实现中，技术人员确实会使用一些不会被“软件所服务的领域”的最终用户看到的实体，但这些实体是“非主流”，而且对于这些实体来说，“技术领域”就是它服务的领域，技术人员就是它的最终用户，所以它还是被最终用户看到了。

如果实体的 ID 需要被最终用户看到，那么，在将领域模型映射到关系模型时，实体

⊖ 见 http://www.agiledata.org/essays/keys.html。

ID 的对应物就必然是“自然键”。虽然 *Domain-Driven Design: Tackling Complexity in the Heart of Software* 一书中对此有不同的看法，但是笔者仍然坚持自己的观点。

提示 简单总结一下上面的论证过程：根据 DDD 的基本概念可知，有没有 ID 是实体和值对象的本质区别。没有 ID，实体这个概念就不存在了。而没有实体，就无法进行 DDD 领域模型在战术层面的设计。至关重要的是，实体的 ID 要被最终用户看见，所以它在数据库层面对应的东西就是自然键。可见，一个实体只有代理键没有自然键是不对的，代理键不能替代自然键。

上面的论证是从 DDD 的基本概念出发的，那么，不用 DDD 能不能开发出一个系统？答案是可以。但是因为这里的讨论就是以实现 DDD 为前提的，所以让我们暂时先忘掉没有 DDD 的世界……

另外，我想要说的是：不应该把键的生成方式当成区分代理键和自然键的标准。

这样的情形并不罕见，我们部署一个分布式的 ID 生成服务，既可以用它来生成最终用户看不到的代理键，也可以生成最终用户可以看到的自然键。

在给领域建模的时候，完全可以做出这样的表述：订单号是订单实体的 ID，这个 ID 是“任意的”（Arbitrary），也就是说我不关心它的编码规则，只要它是唯一的就好。既然实体的 ID 有时候可以那么“随性”，那么谁规定自然键（领域 ID）就不能使用 GUID、HiLo Table 等方式生成呢？还有，只要最终用户可以接受，领域 ID 当然可以是一个顺序增长的整数。

所以，如果一个 ID 需要被最终用户看到，即使它使用数据库的自增长列来生成，那么也应该被理解为自然键。

既然 DDD 要求实体的领域 ID（也就是自然键）必然存在，那么，大多数时候我们直接使用它就可以了。如果一定要给实体对应的表额外加上一个不能见“人”的代理键（多个“键”必然会加重程序员的选择困难症，所以最好不要），那么我们希望它最好“沦落”为偶一为之的优化技巧（Trick），省得大家经常需要为了选择用哪个键而伤脑筋。

那么，代理键这个 Trick 应该在什么时候使用，它有什么好处和代价呢？

2.1.3 什么时候使用代理键

同样是在文章 *Choosing a Primary Key: Natural or Surrogate?* 中，这样举例说明了使用代理键的好处（中文翻译版本）：

> 自然键的缺点是由于具有业务含义，因此它们与业务直接耦合。于是，你可能在业务需求变更时需要重新指定键。例如，当你的用户决定将 CustomerNumber 列从数字型改为字母数字型时，除了更新表 Customer 的模式（这个是不可避免的），还需要修改每一个使用 CustomerNumber 作为外键的表。

我们几乎可以非常肯定，在这个例子中，即使在 Customer 表引入一个代理键（假设列名为 ID)，CustomerNumber（客户编号）仍然是被广泛使用的备用键（即大家都知道它具有唯一性约束，并且会利用这一点）。也就是说，在现实世界里，CustomerNumber 可能会被很多最终用户看见，公司内部的各个部门，比如客服、订单处理、技术等部门，都可能使用客户编号来查询客户的信息。如果这个客户编号没有唯一性，只会带来没有必要的麻烦。

假设 Customer 表使用了一个代理键，当你在数据库中将 CustomerNumber 列从数字型改为字母数字型的时候，可能仅仅是修改数据库模式的工作量会小一些。但是，不管怎么样，你仍然需要仔细地检查代码，确认所有使用了 Customer Number 这个概念的地方，都正确地处理了“CustomerNumber 类型的变更”，你可能还要知会通过 API 使用了 Customer Number 的其他应用的开发团队。

1. 不应让实体总是使用代理主键

有人主张“让实体总是使用代理主键”的原因之一是：假设某个实体 / 表一开始使用的是自然主键，一段时间之后，可能会发现开始作为自然主键的那个属性 / 列在现实中并不具备唯一性，这时候修改数据库的模式和程序代码会比较麻烦。如果一开始这个表就使用了代理主键，那么修改会更容易。

问题是：

- 如果一开始这个表既使用了代理主键又使用了自然键作为备用键，那么，难道我们只需要把备用键那一列或几列的唯一约束去掉就可以了吗？
- 如果一开始这个表只使用了代理主键，没有其他备用键，这个设计是不是就没有问题了？

对于第一种情况，与上面修改 CustomerNumber 的类型的问题一样，这些让“修改数据库模式更容易”的做法可能会诱惑开发人员放弃对领域更深层次的思考，草率地进入编码阶段。当我们需要移除一个备用自然键时，也许应该重新思考一些问题，比如到底是什么原因导致了当初的认知偏差？难道我们不需要检查其他代码，也不需要“告知”其他与当前应用存在交互的软件开发团队吗？如果去掉了某一列或几列的唯一约束之后，这个实体 / 表除了代理主键，没有其他备用键，那么应用的最终用户是不是只能使用代理主键去追踪实体的状态，从而自然化了代理键（让代理键实际上变成了自然键）呢？

对于第二种情况，一个实体 / 表只有代理主键（没有备用键），大多数时候笔者都会反对这么做。

2. 关注领域 ID，忘掉代理主键

在设计领域模型的时候，建议先关注领域 ID，忘掉代理主键。

来看一个真实的案例，某个电商系统的会员等级表只有一个自增长列代理主键，这个代理键是最终用户看不到的。这个系统曾经出现这样一个 Bug：部分客户在前端 APP 上明明看着自己是“二星会员”，在购买商品的时候却没有享受到二星会员应该享受的折扣价。出现这个问题的时候用户和运营人员完全摸不着头脑。其实引发问题的原因是：数据库中

存在两个名为“二星会员”的会员等级记录，其中一个被运营人员设置为“弃用”了，但是在客户表中，仍然有客户记录通过外键指向它。

虽然对于这个例子而言，当时开发人员编写的业务逻辑层代码确实存在问题，但是，如果当初会员等级表除了存在一个代理键之外，还存在备用键，比如将表示等级高低的“等级序号”或“等级名称”作为备用键，那么这个问题就可以避免。因为运营人员将无法往表中添加具有同样等级序号或等级名称的多条记录。

部分开发人员实现代理主键的方式是使用数据库的“自增长列”，也就是说在将记录数据插入数据库之前，我们并不知道记录的 ID。大多数时候，这种代理主键都是没有存在的必要的。一个实体 / 表只使用自增长列代理主键（没有其他备用键）往往会给数据库初始化、单元测试编写、系统集成、Bug 重现、数据分区（Sharding）、灰度发布等带来各种麻烦。

比如，当表中只存在一个自增长列代理键的时候，会给实现保证“幂等”的接口带来额外的复杂性。使用不幂等的接口来“导入数据”会导致表中出现大批量重复的数据——这种情况笔者在工作中看到过很多次，有时候处理这些重复数据的代价极大。

我们使用的关系型数据库擅长保存数据，但不擅长实现“业务逻辑”，业务逻辑一般存在于数据库之外的应用代码中（我可不会考虑把业务逻辑放在存储过程之类的“代码”中）。我们经常会使用在代码中定义的一些表示实体 ID 的“常量”，然后使用它们在数据库中查找某些特定的记录，并使用这些记录数据来实现某些业务逻辑。如果数据表只存在一个自增长列代理主键，会给这类业务逻辑的实现和测试带来不必要的麻烦。

所以，强烈建议在将领域模型的实体映射到关系模型的数据表时，如果一定要使用代理键，那么在代理键之外，务必设计备用的自然键，这个自然键对应着实体的领域 ID。也就是说，一个表就算使用了代理键，我们还是需要告诉大家：存在其他具有业务含义的一个列或多个列的组合的键，你们可以放心地使用这些键的唯一性，我们不会轻易地“取消”这些自然键。

大多数人抗拒使用自然主键的原因主要是基于性能的考量。比如，如果仅使用代理主键，在插入记录前则不用生成主键的值；如果使用自然主键，插入前可能需要先调用一个 ID Generator Service（ID 生成服务）。又比如，使用顺序增长的代理主键可以更有效地利用存储空间；使用一个整数型的代理主键来查找数据库记录，比起使用（可能根据最终用户的要求必须是）字符型的自然主键，速度可能快不少。但是，“对软件的过早优化是万恶之源”，建议不要在一开始就给每个实体对应的表添加一个代理键，可以在后期有绝对必要的时候再考虑作为技术优化的手段来引入代理键。

2.2 ID、Local ID 与 Global ID

当我们谈到一个聚合内部（非聚合根）实体的 ID 时，默认指的是这个实体的 Local ID（局部 ID）。所谓的 Local ID，指的是对于这个实体（类型）来说，只要保证在同一个外部实体的实例内、该实体（类型）的不同实例之间，这个 ID 的值具备唯一性就可以了。

在这个局部 ID 的基础上，我们认为这个实体还有一个派生的、可以称为 Global ID（全局 ID）的属性。也就是说，我们可以认为这个派生的 Global ID 属性的值，由实体的 Local ID 的值以及它所有的外部实体的 ID 的值组合而成。

我们可以给这个 Global ID 属性指定一个名称，这个名称会占用属性所属的实体（类型）成员的名称空间。在实践中，我们也经常会给这个 Global ID 创建一个专门的值对象（类型）。

强调 Global ID 这个概念是有意义的。有时候我们可能需要使用一个实体的 Global ID 的信息，以直接定位聚合内部实体的某个实例。

比如，我们定义了一个聚合，聚合根是订单头（订单号是它的 ID），订单行项是这个聚合内部的实体。假设产品 ID 是订单行项的 Local ID。有时候，我们可能会说："订单号 1000567，产品 ID 为 2000765 的那个订单行项。"

像这样的情况并不少见，所以，如果由一个值对象（类型）来清晰地体现某个"聚合内部实体的 Global ID"这个概念不是很好吗？并且，在编码实现、需要做 O-R Mapping（对象关系映射）的时候，这个值对象可能就很有用。

更进一步，我们可以认为一个聚合内部的实体在概念上存在一个或者多个派生的外部 ID 属性，它们指向其外部实体的 ID（通过它们可以获取外部实体的 ID）。

2.3　命令、事件与状态

在后面的讨论中可能会经常使用以下概念。

- 命令：我（客户端）想要系统（服务端）干什么。命令应该使用动词或者动词性短语来命名。比如 CreateOrder（创建订单）、Rename（重命名）等。
- 事件：已经发生的事实。事件应该以动词的过去分词形式命名。比如 OrderCreated(订单已创建)、Renamed（已重命名）。
- 状态：系统现在或者某一刻是什么样子的。状态应该是名词，可以辅以 State 作为后缀。比如 OrderState、PersonState。

举个例子，我到银行去取款：

- "我想要把我这张卡的钱全部取出来"——这是一个命令。
- "先生，这是您的 900 元钱"——这是一个事件（客户已取款 900 元）。
- "现在，您的账户余额为 0 元"——这是状态。

这三者是不同的概念，它们之间并不必然存在一一对应的关系，虽然有时候它们确实"长得很像"：

- 事件是一种描述"发生了什么"的对象，很多时候它是因为命令而产生的，所以它可能与命令对象"长得很像"。

- 命令、事件对象也可能与状态对象长得很像。比如一个 CreateProduct（创建产品）命令和 ProductState（产品状态）的属性列表可能几乎一样。

但是它们仍然是有本质区别的，只要考虑这一点就够了：有些事情（事件）不需要命令也一定会发生，比如时间的流逝。

理解了这几个概念，你会更容易理解 DDD 社区在实践 DDD 时采用的一些架构模式，比如 Event Sourcing（事件溯源）和 CQRS 模式。

这里需要注意聚合的整体性。很多时候，客户端发出的命令只会修改一个聚合实例的状态，对于这样的命令，可以称之为“聚合的命令”。描述这样的命令产生的后果的那个事件，可以称为“聚合的事件”。

有时候，你可能觉得自己是在“面向”一个聚合内部的非聚合根实体发出命令，比如：假设我们把订单头和订单行项定义为一个订单聚合内的实体，那么，“把这个订单行项的数量改为 30”这个命令就应该被理解为针对订单聚合的命令。你应该能想象到这个命令很可能会引起订单头的总金额发生变化，我们需要保证订单头与订单行项之间状态的强一致性。

另外，有时候我们需要区分广义的命令与狭义的命令。广义的命令指的是客户端发出的请求，而狭义的命令是指那些要求改变系统状态的请求。本书提及的“命令”是广义的命令还是狭义的命令，需要根据上下文进行分辨（多数时候指的是狭义的命令）。比如，CRQS（命令查询职责分离）模式所说的命令就是狭义的命令。当我们谈到异步的基于消息的通信（Asynchronous Message-Based Communication）机制时，会把请求 / 异步响应（Request/Asynchronous Response）模式称为命令模式——这里的请求有可能是查询请求，所以这里的命令是广义的命令。

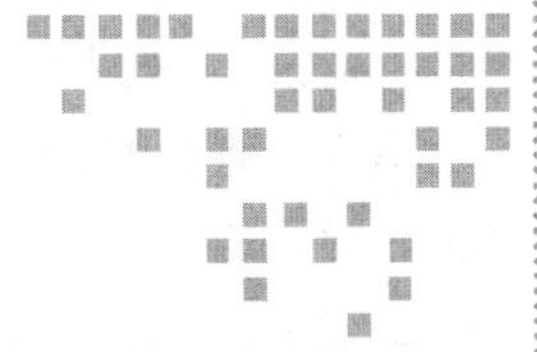

第 3 章 Chapter 3

CQRS 与 Event Sourcing

可能有读者看到，很多讨论 CQRS（命令查询职责分离）模式及事件溯源（Event Sourcing，ES）模式的文章都会提及 DDD。DDD 社区在实践 DDD 的时候，也经常会采用 CQRS 及 ES 模式来解决一些实际的问题。

因此，很多人混淆了 CQRS 与 ES 的概念，认为它们是一回事。但严格来说，并非如此。本章就来说明两者的区别。

“有经验的”程序员可能经常会在数据模型中添加一些所谓的“冗余字段”来优化系统在执行查询时的性能表现。要维护这些字段与核心数据模型之间的一致性是一个苦差事，也许应该使用更系统化的做法，比如 CQRS 模式。

另外，应用的服务化常常导致用户需要查看（查询）的数据分布在不同的数据库中，CQRS 模式可以将这些数据整合起来，提供一个查询模型（视图）以支持查询功能的开发。

如果我们已经事先知道用户对某些数据存在审计或可追溯方面的需求，那么可以设计出相应的数据模型，比如采用后面要介绍的 From-Thru 模式来满足这些需求。但是，我们经常是在软件开发的后期，忽然遭遇一些审计或可追溯方面的要求，如果在一开始就采用了事件溯源模式，可能就会相对轻松不少。

3.1 命令查询职责分离

什么是命令查询职责分离（Command Query Responsibility Segregation，CQRS）模式？网上有 Martin Fowler 对 CQRS 的定义[⊖]，这里不赘述。笔者认为，CQRS 模式的核心是分离

⊖ 见 https://www.martinfowler.com/bliki/CQRS.html。

的概念模型。如图 3-1 所示，CQRS 模式将模型分成两个，一个叫命令模型（或者称为写模型），它是为更新（update）操作构建的；另一个叫查询模型（或者称为读模型），它是特别为查询构建的。这里“分离的概念模型”一般指的是对象模型。至于使用了几个物理数据库，这并非是 CQRS 模式的关键。

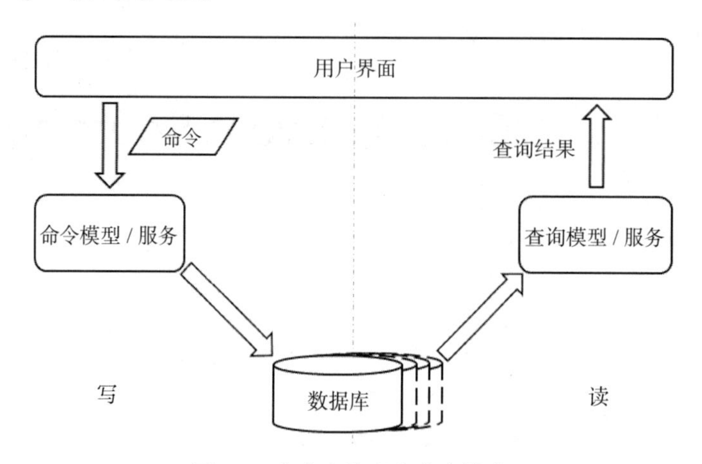

图 3-1 命令查询职责分离模式

简单地说，只要读、写操作是基于不同的概念模型，或者概念模型是基于读和写分别优化过的，那么基本就可以说是采用了 CQRS 模式。

不少开发团队会基于数据库复制机制来构造在数据库层读写分离的应用。这种方式几乎不需要“改造”已有的应用代码，就可以很有效地提高应用的性能表现。有人把这种做法也称为 CQRS，但是笔者难以赞同。CQRS 所做的是在概念模型上清晰地分离读模型与写模型。不过确实可以同时使用“基于数据库复制机制的读写分离”与 CQRS 模式。

使用数据库复制机制的时候，主数据库处理创建、修改、删除（Create、Update、Delete）操作，从数据库处理读取（Retrieve）操作，主从数据库之间通过数据库的复制机制进行同步。在这种方式下，既可以构建分离的命令与查询模型 / 服务（这时候就可以说是 CQRS），也可以只构建单一的后端模型 / 服务，如图 3-2 所示。

如此说来，CQRS 也实在是平平无奇。当我们要构建一个比较复杂的应用时，就算没有分开构建可各自独立部署的命令与查询服务，也很有可能会为查询接口创建一些静态类型（对象）代码（也就是程序员所说的 POJO、POCO、POPO 等），这些对象其实就可以称为“读模型”。这时，其实我们已经有意无意地部分使用了 CQRS 的思想。

CQRS 模式的价值需要在微服务架构（或者其他服务化架构）下，或者与事件溯源模式联合使用时，才能充分体现。

相对于单体应用，微服务架构往往意味着使用更多的数据库。

虽然什么样的架构可以称为微服务架构并没有一个统一的标准，但是，每个微服务使用“自己的数据库”，这是得到广泛认同的微服务架构的应有之义。

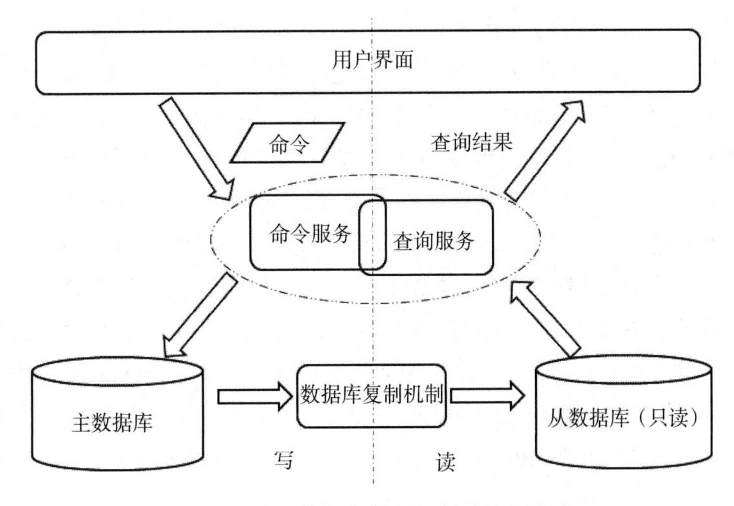

图 3-2 基于数据库复制机制的读写分离

在采用了微服务架构之后，常常需要给前端用户界面提供跨数据库的查询接口。也就是说，往往需要从多个源头——不同微服务的数据库——获取、整合数据，才能满足前端UI的展示需求。

那么，这里数据的整合用什么方法实现呢？一个最简单的方法，就是利用数据库本身提供的视图功能，直接在多个微服务的数据库之上建立视图，如图3-3所示。比如说，对于MySQL来说，Database（数据库）和Schema是指同一个东西，很容易写出跨Schema的SQL语句；对于Microsoft SQL Server来说，除了可以写跨Database的SQL语句，还可以把外部数据库服务器链接进来，然后进行Join查询。

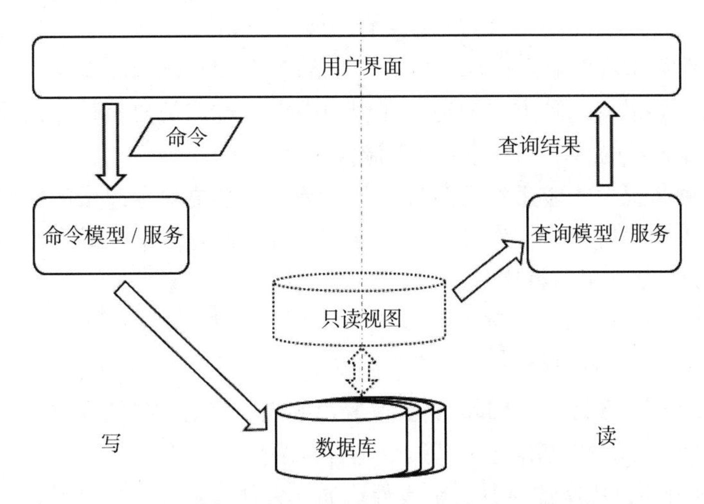

图 3-3 使用数据库提供的视图功能实现CQRS

在这种情况下，程序员在对象模型的层面创建与数据库视图对应的查询模型恐怕是再自然不过的事情了，不这么做反倒略显奇怪了。笔者认为这样的情况可以算是 CQRS。也就是说从不同的数据库整合出来的那个“视图”对应的对象模型，就是 CQRS 中的查询模型。

这样的 CQRS 实现直接依赖数据库提供的功能，很容易保持上层的视图与底层的数据库表的同步，看起来确实很简单，但是也会带来数据库技术选型上的限制以及系统的可移植性、运维复杂度等方面的问题。另外，那些需要 Join 多个表的复杂视图，在大数据量的情况下性能表现恐怕也不会太好。这时候，也许不只是将概念模型拆分为写（命令）模型和读（查询）模型，将它们依赖的底层物理数据模型也拆分到不同的数据库中，为读模型建立相应的物理表（而不是视图）是一个可以考虑的解决方案——这个做法其实才是很多开发人员印象中“正宗”的 CQRS。那么，此时如何把写模型数据库（为写优化的数据库）中的变更同步到读模型数据库（为读优化的数据库）中呢？一个实现方式就是使用事件溯源模式。

要讨论 CQRS 与事件溯源如何结合，应该先了解一下事件溯源是怎么样的一个模式。

3.2 事件溯源

事件溯源简称 ES。在网上可以找到 Martin Fowler 对 ES 模式的定义[⊖]。Martin Fowler 对事件溯源的定义很简单，即将对应用状态的所有变更作为事件的序列捕获下来。

当然，既然是捕获，那么这些事件自然是需要被可靠地存储起来的。存储事件的数据库称为事件存储（Event Store）。

可以想象，既然应用状态的所有变更都已经作为事件被捕获下来，那么不仅当前状态可以从这些事件中派生出来，对于历史上每一个事件发生后应用处于什么样的状态其实都可以重现。也就是说，发生某个事件（En）之后，应用的状态 Sn 可以表示为：

$$Sn = F\ (E1, E2, E3, \cdots, En)$$

函数 F 就是我们常说的业务逻辑，它是“确定的”（determinist）算法。

换句话来说，如果有一种方法能追溯在应用中发生过的历史事件，以及每一个事件发生后应用都处于什么样的状态，就是事件溯源模式。

那么，在这种情况下，应用的当前状态其实是没有必要保存起来的，因为它可以通过重放所有的历史事件派生出来，如果不保存当前状态，那么事件存储其实等同于 CQRS 的写模型数据库（为写优化的数据库）。

在使用 ES 模式的情况下，改变应用状态的过程一般是这样的：

1）客户端（Client）发出命令。

2）服务端收到命令后，一般都需要获取应用的当前状态（可能需要通过重放事件来获得当前状态），在当前状态的基础上确认命令是否合法。

3）如果命令合法，则生成事件，把事件追加到事件存储中。事件被存储就意味着“已

⊖ 见 https://martinfowler.com/eaaDev/EventSourcing.html。

成事实"，接下来的操作都可以认为是"可选项"。

4）应用事件，更新内存中的当前状态，准备接收下一个命令。如果采用了这个方法，那么就是所谓的In-Memory模式。

5）在存储事件的同时在数据库中保存当前状态，或者在某个时机（即检查点）使用数据库保存当时的状态快照，这都是可选的。

使用事件溯源模式给CQRS的实现提供了便利。下面来看看结合使用CQRS与ES的系统架构，如图3-4所示。

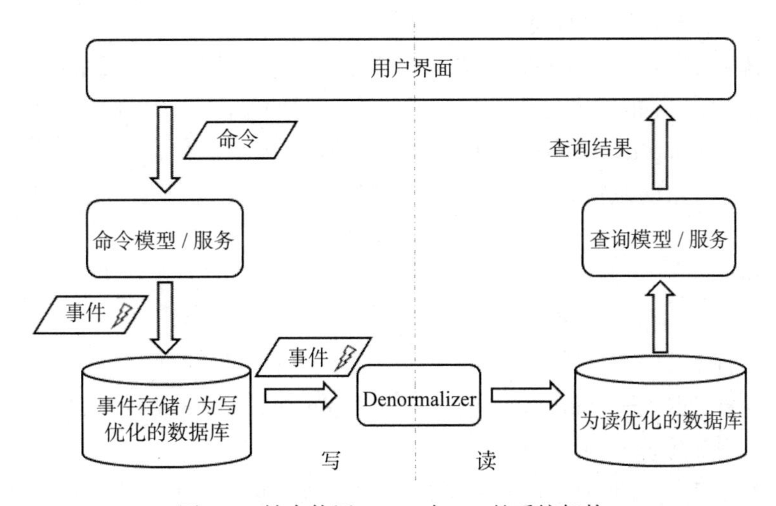

图3-4　结合使用CQRS与ES的系统架构

因为每次状态的变更都产生了事件，所以Denormalizer（去规范化器）这个组件通过订阅、消费这些事件，很容易实现查询模型数据库（为读优化的数据库）的增量更新。这就是ES与CQRS这两个名词总是一起出现的原因。

3.3　From-Thru模式

From-Thru模式来自笔者对开源项目Apache OFBiz[⊖]的数据模型的观察。在OFBiz的数据模型中，它出现了多次。之所以在这里提到它，是因为如果采用特定的方法操作这个模式的数据模型，从某种程度上讲它就是一个显式实现的事件溯源（ES）模式。而为了更好地使用它，我们可能又会使用到CQRS模式。

3.3.1　示例：ProductPrice

以OFBiz中的产品价格（ProductPrice）实体为例，它的主键（PK）包含如下列。

⊖ The Apache OFBiz Project, https://ofbiz.apache.org/。

- productId：产品 ID。
- productPriceTypeId：产品价格类型 ID。比如用于表示这个价格是批发价（WHOLESALE_PRICE）还是标牌价（LIST_PRICE）等。
- productPricePurposeId：产品价格目的 ID。给价格另外一个分类维度，可以用来表示这是用于采购的价格还是用于电商渠道分销的价格等。
- currencyUomId：计价的货币单位 ID。比如人民币（CNY）、美元（USD）等。
- productStoreGroupId：门店组 ID。用于将这个价格应用到一组门店，包括线上商店。
- fromDate：价格的生效时间。

这里值得特别注意的是 fromDate 这一列（属性）。相比没有应用 From-Thru 模式的"常规"实体，ProductPrice 的主键主要是多出了此列（属性）。

除此之外，ProductPrice 实体还包括如下其他重要的列（属性）。

- thruDate：价格的截止时间。即价格在该时间前有效，如果是 null，那么就是没有截止时间（一直有效）。
- price：价格。
- taxInPrice：价格是否含税。
- taxPercentage：税点（百分比）。

这里需要注意的是 thruDate 这个属性。有了 fromDate 和 thruDate，就可以完整地记录产品价格的"历史"了。

当产品价格的重要属性（比如 price）发生变化的时候，并不会修改原有的记录——除了那个 thruDate。我们会把"上一条"价格记录的 thruDate 改为该价格失效的时间，然后新增一条记录，fromDate 是新价格生效的时间。看到这里，是不是觉得它与事件溯源（ES）模式有些相似呢？

这样，我们就可以查询某一个时间点——比如 2019-11-06 17:50:20——的价格信息：

```
SELECT * FROM product_price WHERE '2019-11-06 17:50:20' >= FROM_DATE and (THRU_
    DATE is null or '2019-11-06 17:50:20' < THRU_DATE);
```

这个模式带来一个问题，就是可能我们需要经常查看"当前"有效的价格记录，而要获取这个当前价格的记录，所写查询语句好像还比较烦琐，大致像这样（SQL）：

```
SELECT * FROM product_price WHERE now() >= FROM_DATE and (THRU_DATE is null or
    now() < THRU_DATE);
```

这时，也许需要增加一个表示当前产品价格的实体，我们可以把它命名为 ProductPrice-Master（产品价格主记录）。相对于 ProductPrice，这个实体的主键去掉了 fromDate 这一列，只有如下属性：

- productId
- productPriceTypeId

- productPricePurposeId
- currencyUomId
- productStoreGroupId

那么，这个实体的数据怎么维护呢？也许可以考虑采用以下两种做法之一。

- 把 ProductPriceMaster 和 ProductPrice 建模成一个聚合。ProductPriceMaster 是聚合根，ProductPrice 是聚合内部实体，把对聚合的修改封装成“聚合的方法”，在方法的实现代码中保证它们之间的数据一致性。
- 把 ProductPriceMaster 当作另外一个聚合的聚合根，并且使用 CQRS 模式，将 ProductPriceMaster 看作“读模型”，ProductPrice 看作“写模型”。然后创建一个软件组件（“消费者”）去订阅 ProductPrice 的领域事件，当 ProductPrice 的状态发生变化时，这个组件会接收到事件信息，最后使用事件信息创建或更新 ProductPriceMaster 的实例。

接下来，看看在 OFBiz 中另一个采用了 From-Thru 模式的实体：PartyRelationship。

3.3.2　示例：PartyRelationship

在 OFBiz 中，实体 PartyRelationship（业务实体关系）也使用了 From-Thru 模式。

提示　在 OFBiz 中的 Party 指的是什么？

事实上，在 OFBiz 中，Party 这个概念是一个很强大的抽象。中文有将其翻译成当事人的，有翻译成团体的，也有翻译成会员的。其实它是所有业务流程的参与者的抽象。它的概念子类型包括个人、组织、企事业单位、政府机构，甚至包括非正式的组织，比如家庭等。

个人认为把这个 Party 翻译成业务实体比较贴切。其他的译法感觉都有一些问题，比如，Party 这个概念其实是可以包含“个人”的，翻译成团队感觉就比较奇怪。

PartyRelationship 的主键包含如下列。

- partyIdFrom：“从”业务实体 ID。
- partyIdTo：“到”业务实体 ID。
- roleTypeIdFrom：“从”角色类型 ID。
- roleTypeIdTo：“到”角色类型 ID。
- fromDate：关系的生效时间。

实体的其他属性如下。

- thruDate：关系的结束时间。
- partyRelationshipTypeId：关系类型 ID。

表 3-1 是一个业务实体关系的示例。

表 3-1 业务实体关系示例

partyIdFrom	partyIdTo	roleTypeIdFrom	roleTypeIdTo	fromDate	thruDate	partyRelationshipTypeId
Company1	Developer1	INTERNAL_ORG	EMPLOYEE	2001-05-02		EMPLOYMENT

表 3-1 中第一行的意思是，Company1 作为一个内部组织（INTERNAL_ORG），Developer1 作为一个雇员（EMPLOYEE），它们之间存在一个雇佣（EMPLOYMENT）关系，雇佣关系开始的时间为 2001 年 5 月 2 日。

3.4 CQRS、ES 与流处理

前面提到过，很多人认为 CQRS 就是 ES，甚至还有人认为它们同流处理（Stream Processing）是一回事。这些观点很有意思[⊖]，但是对 CQRS 与 ES 的理解并不准确。

CQRS 和 ES 并不是一回事。CQRS 的核心是概念模型层面的读 / 写分离，CQRS 的实现完全可以不使用 ES 模式，但是采用 ES 模式确实有助于实现 CQRS。因为 ES 模式中事件的存在，为实现从写模型到读模型的数据“同步”提供了便利。这些在前文已有论述。

CQRS 或 ES 也不是流处理的另外一个说法。“流处理是通过对事件的聚合运算得到结果——这就是 ES”，这个说法也有失偏颇。

流处理的结果主要是面向分析的。DDD 社区关注的是“领域的复杂性”，数据分析只是其中一部分。DDD 很大程度上是关于对象生命周期管理的艺术，或者说 DDD 是如何对（复杂的）状态进行有效管理的技巧。ES 和 CQRS 兴起于 DDD 社区，它们的基因与流处理大不相同。它们的关注点不只在于 OLAP（在线分析处理），更在于 OLTP（在线事务处理）。

OLTP 应用关注的是当前状态以及命令。注意，命令和事件不是同一个概念，只有合法的、被系统按照业务规则接受的命令，才会被转变为事件，这是它们之间微妙但是重要的区别。合法的命令（下一个事件）不能违反当前状态与业务规则的约束。

而那些使用流处理进行数据分析的互联网应用很多时候只关注事件，而不关注命令。比如，Google Analytics（谷歌分析）只是被动地记录“点击”事件——那些已经发生的事实，它并不限制你“在点击了链接 A 之后不能点击链接 B”。

我们很可能在开发 OLTP 应用的时候会使用 ES 或 CQRS 模式。

当我们使用 ES 模式时，服务端在接收到命令（请求）之后，做的第一件事情就是获取或恢复相关实体的当前状态——用于表示这个状态的数据结构，在 CQRS 中这一般会被归为命令模型（写模型），并不会认为是查询模型（读模型）的一部分。它极其重要，是领域真正的核心模型，一般来说它应该是高度遵循数据库设计范式的。

ES 模式通过事件的聚合运算得到当前状态，其主要目的不是为了分析，而是为了决定

⊖ Martin Kleppmann. *Making Sense of Stream Processing*, https://www.confluent.io/blog/making-sense-of-stream-processing/。

接下来发生的命令是否合法、能不能转变成事件。比如，某个账户的当前余额（当前状态）决定了能不能从它里面取出钱来，以及能从它里面取出多少钱来。

甚至当我们运用CQRS模式，客户端从读模型一侧获取数据，并将数据呈现出来的时候，用户“看着这些数据”，很多时候并不是为了进行数据分析，而是为了进行事务处理，这时候大家关注的仍然是当前状态。

而进行流处理时，你基本不会想到CQRS模式中写模型（领域的核心模型）和读模型之间的区别和联系，也不会关注命令与事件这两个概念的微妙区别，你想做的可能只是事后的分析。就算CQRS或ES与流处理在技术实现上存在一些表面的相似之处，仅仅是意图不同就足以对它们做出区分。

综上，我们很难接受“CQRS或ES模式只是流处理另外的一个说法”这个观点。

第二部分 Part 2

设 计

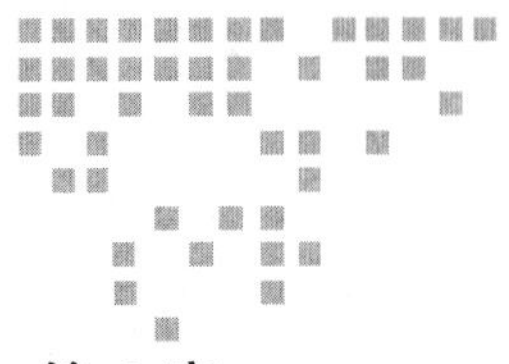

Chapter 4 第4章

DDD 的 DSL 是什么

之前的章节已经阐述了什么是 DDD 的领域模型，以及 DDD 对领域模型的期望：既能反映对领域（业务）的认知，又能直接用于指导软件的设计与实现。

既然按照 Eric Evans 的观点，领域模型不是一幅具体的图，而是那幅图想要传达的某个思想，那么用一幅图、一段精心编写的代码、一段自然语言去描绘和传达一个模型，还不够吗？为什么非得造一个领域专用语言（Domain-Specific Language，DSL[⊖]）出来呢？

什么是 DSL？维基百科上是这么说的：

领域专用语言（DSL）是面向特定的应用领域专门化的计算机语言。它与通用语言（GPL）相对应，后者广泛适用于不同的领域。

本章首先会探讨为什么在实现 DDD（领域驱动设计）时使用 DSL 是有意义的，以及如果要设计一个 DDD 的 DSL 我们需要注意什么问题。然后，正式介绍由笔者设计的一个 DDD 原生的 DSL：领域驱动设计建模语言（Domain-Driven Design Modeling Language，DDDML）。DDDML 的核心是一个文档对象模型（DOM），DDDML 文档可以使用 YAML、JSON 或其他标记语言来编写。为方便读者阅读，本书展示的 DDDML 示例代码默认使用 YAML 这种对人类友好（相对于 JSON 具备更高的可读性）的标记语言来编写。

为了方便后文的叙述，本章会整理一个 DDDML 的词汇表，介绍一下在设计 DSL 及相关工具的过程中使用的一些术语。最后，通过一个 Car 聚合的模型示例，让读者一瞥 DSL 的大致面貌。

⊖ 见 http://en.wikipedia.org/wiki/Domain-specific_language。

4.1 为什么 DDD 需要 DSL

DDD 的创始人 Eric Evans 曾经在一次访谈中说：

更多前沿的话题发生在领域专用语言（DSL）领域，我一直深信 DSL 会是领域驱动设计发展的下一大步。现在，我们还没有一个工具可以真正给我们想要的东西。但是人们在这一领域比过去做了更多的实验，这使我对未来充满了希望。

为什么 DDD 需要 DSL？在回答这个问题之前，先问一个问题：为什么在现实世界中实现 DDD（落地）那么困难？

4.1.1 为什么实现 DDD 那么难

早在 2004 年，Eric Evans 就发表了他最具影响力的经典著作《领域驱动设计：软件核心复杂性应对之道》。时至今日，DDD 在开发领域早已深入人心，它是公认的解决软件核心复杂性的“大杀器”。但是，一直以来，大家都对在软件开发过程中实践 DDD 心存畏惧，认为那是需要付出相当大成本的。

是因为 DDD 的概念过于抽象，所以大多数人对 DDD 理解不深刻吗？是，也不是。

诚然，Eric Evans 的经典著作以抽象、凝练著称，可说是字字珠玑，初次读到就能产生强烈共鸣的恐怕只有少数，更多初读者可能会在心里嘀咕：领域模型这玩意儿有什么用啊？我们在开发过程中好像都没有见过，活不是照样干吗？产品人员交给开发的 PRD（Product Requirement Document）、UI 设计师出的效果图，哪个是“领域模型”？

“按照 Eric Evans 的观点，领域模型不是一幅具体的图，而是那幅图想要去传达的那个思想。”谈思想是不是有点太“玄”了，能不能来点儿实际的东西？

产品经理心里想的可能是：我们做的产品设计，经常被开发人员抱怨“难以理解”“不可实现”。领域模型对我的工作有何帮助？我到底要拿出一个怎样的领域模型，开发人员才能理解？我要做到什么程度，才好意思告诉大家“我的工作已经做到位了”？我怎么判断我做出来的设计到底是不是可以实现？

系统分析师可能会想：理论上，把所谓的分析模型换成领域模型，对分析结果的落地应该有帮助，但是，有了漂亮的模型就够了吗？我觉得关键还是要能将分析结果映射到实现代码中啊！我以前又不是没有出过漂亮的分析结果，但是开发那帮人好像写代码的时候完全不按我想的来……

技术管理者可能会想：这玩意儿看起来好像不错，但是开发人员，特别是那些新手，能不能理解？能不能用得上、玩得转？如果他们玩不转，“擦屁股的”还不是我？

项目经理可能会想：搞这个玩意儿会不会很费劲啊？我们需要多少资源才能把这东西弄好？听说这东西在很多公司都玩不下去呢……

你看，大家的困惑和问题如此之多：

- 作为一种思想，领域模型好像太抽象，难以把握，它能不能更具象化一些？

- 怎么度量系统分析、领域建模的工作做到位了？能不能提供一些清晰的、严格的工作产出结果的标准？
- 能不能图形化展示领域模型？在领域建模之后马上给大家一个可以运行的、带 UI 的软件？
- 怎么保证代码忠实地反映了分析结果（领域模型）？毕竟，如果分析结果不能映射到实现代码中，那么分析有何意义？
- DDD 能不能让各个层次的技术人员各司其职、各展所长？
- 将领域模型忠实地映射到实现代码需要的工作量如何？成本是不是我们团队可以承受的？

所以，现实情况就是，一直以来，领域驱动设计都快成为资深技术人员的“不传之秘”了……是不想传吗？并不是，我觉得还是太难传。

软件工程进化到今天，我们已经拥有如此多的工具，有数百种编程语言，数不清的软件类库、框架，我们熟知 OOP、函数式编程等各种编程范式，我们掌握了“敏捷”的软件开发方法，我们创造了各种管理软件开发过程的应用……在这些工具中，难道我们还找不到一把可以搞定 DDD 的“锤子”？

4.1.2 搞定 DDD 的“锤子”在哪里

曾经有一个 Java DDD 开发框架的 Quickstart Guide 文档是这么说的：

不像很多其他框架，“我们的框架”不是为了“让你快速开始”而构建的，它是为了让你可以长期使用而构建的。

读到这里，你可能心里会想：在大家都追求敏捷的今天，这有点“反动”了吧？再说，软件开发的快速开始和长期使用难道真的是鱼与熊掌——是不可调和的矛盾吗？

目前诸多“现代”Web 应用开发框架的鼻祖是 RoR（Ruby on Rails）。Eric Evans 曾在访谈中对 RoR 赞赏有加。当初正因为 RoR 具有令人惊艳的开发效率，所以极大地推动了 Ruby 语言的流行。虽然随着各个通用编程语言模仿 RoR 的现代 Web 开发框架，Ruby 语言以及 RoR 的热度这几年已经明显下去了，但仍然有很多创业公司会先使用 RoR 来开发一个单体应用，等用户规模上去后再对单体应用进行拆分和重构。虽然 Rails 本身不是不能做松耦合的应用，但是大部分 RoR 单体应用的各个软件构造块之间的耦合关系确实很强。我们可以在网上搜索到一些如何在 RoR 框架下实践 DDD 的文章[⊖]，但是显然大家都已注意到在许多方面 RoR 这样的 Web 开发框架和主张“分而治之”的 DDD 之间存在难以调和的矛盾。

笔者的观点是，想要高效地实践 DDD，不能把希望寄托在 RoR 这样并非基于 DDD 理念设计的开发框架上。试图将 RoR 和 DDD 调和在一起，使用 DDD 的方法论来指导基于

⊖ Victor Savkin. *DDD for Rails Developers*, https://www.sitepoint.com/ddd-for-rails-developers-part-1-layered-architecture/。

RoR 的应用软件开发，事倍功半。网上总结的那些做法并不是不好，也不是绝对不可行，但是基本只能适用于非常“好”的那部分程序员。因为一个框架（比如 RoR）如果不建立约束，想让开发人员（特别是初阶的开发人员）不越过约束（做蠢事）是不可能的。靠传授各种需要注意的编码规范、技巧、最佳实践来实践 DDD，希望初阶的开发人员在开发过程中能时刻保持头脑清醒，将程序一板一眼地执行出来，这实际上非常困难。

除了框架，越来越多原来只知道 OOP 的开发人员已经开始了解和掌握像“函数式编程”这样“新的”编程语言范式。但是 DDD 领域模型其实是基于 OO 模型的，它是关于状态管理的艺术，函数式编程可以给我们在 DDD 的部分实现细节上提供启发和帮助，但是我们不能躲在无状态的“纯函数”的世界里，回避真正复杂的状态管理问题。

归根到底，基于现有的锤子——工具——去实践领域驱动设计的问题，在于它们抽象的层次都偏低。比如，现今大多数开发人员都熟悉 OO 程序设计思想，且掌握了一两门通用 OO 语言，虽然 DDD 的分析和建模方法是 OO 范式的，但是聚合、实体、值对象、领域服务等都是更高抽象层次的对象，而通用 OO 语言缺乏这样的概念。

另外，要想一个领域模型有用，它就必须足够严格，可以成为编写代码的基础。当我们使用自然语言的句子进行交流时，往往难免随意、潦草。

所以要想玩转 DDD，我们需要一个 DDD 原生的工具：它应该是一门 DDD 建模语言，可使用、强化 DDD 那些更高抽象层次的概念，可以严谨地、“原汁原味”地将 DDD 领域模型（那个“思想”）表述出来。然后，基于这些领域模型的表述，我们应该能将模型忠实、快速地映射到代码中；并且在修改、扩展这些代码的过程中，我们应该为开发人员提供足够的“约束”，尽可能地让开发人员在写代码的时候不干出“蠢事”来，尤其是不能破坏代码与模型之间的映射关系。

说到这里，也许很多有经验的开发人员都会想到：这个问题的终极答案可能是 DSL。我们可以设计一门 DDD 的 DSL，然后使用 DSL 描述领域分析和建模的结果——领域模型，并使用软件工具从 DSL 文档生成与领域模型存在映射关系的代码。

4.2 需要什么样的 DSL

如果能理解 4.1 节所述，其实很大程度上已经知道我们需要什么样的 DSL 了 。

我们想要一个 DSL，它能够描述 DDD 风格的领域模型。这个 DSL 允许我们在一个地方集中记录和展示领域模型中的关键元素。这个 DSL 应该能在概念层面描述领域模型，也允许我们在其中添加领域模型在实现层面需要的细节。我们希望它能够支持代码生成工具以产生与领域模型之间具备亲密映射关系的软件代码。我们希望软件的文档——包括使用 Swagger/OpenAPI[⊖]、RAML 描述的 RESTful API 文档，定义数据库 Schema 的 DDL 代码，

⊖ 见 https://swagger.io/specification/。

领域模型中关键状态的状态机图等——都尽可能自动化地产生。我们希望生成所谓的 Client SDK，我们甚至希望能直接生成有 UI 的客户端应用，至少生成一些程序员在实现客户端应用的 UI/UE（用户体验）时可以使用的脚手架代码……

除了这些，下面的问题则是笔者在设计 DDD 的 DSL 时考虑得比较多的。

4.2.1 在“信仰”上保持中立

“我们需要设计一个 DDD 的 DSL。”

当我开始认真地考虑这件事情时，正身处一个超过 200 人的技术团队中。当时的背景自然不可避免地影响着我对这个 DSL 的思考和设计。

当时我所在的公司虽然在技术部门内也一直强调技术要为业务服务，但是很多时候这并不能阻止技术人员的“自嗨”。事实上，就是技术团队内几乎也没有人关注软件的概念完整性，大家更关注的是在其中使用了什么时髦的技术。几乎没有什么文档记录软件设计——要“敏捷”嘛。很多应用经过反复修改后变得复杂而脆弱，模型混乱，技术债务高叠。对于这些软件的代码，不少人最爱说的是：“写得这么烂，还不如重新写一个。”当然，说这句话的人并不关心代码“写得这么烂”的根本原因。至于让他 / 她重新写一个，过一段时间后会不会也同样“变烂”，就更不是他们感兴趣的了。

当时公司的应用软件基本都是基于三个平台开发的：PHP、Java 和 .NET。技术人员之间因为语言和工具的“信仰”问题存在很深的隔阂。

很多技术人员不愿意走出舒适区，习惯于使用自己熟悉的语言和工具来完成任务。以至于其他团队已经做过的东西，非要换成“我最爱”的语言和工具再做一遍。就像俗话说的，“手里拿了个锤子，看什么都是钉子”，由此产生了大量的重复建设。

所以，这个 DDD 的 DSL 有必要在对技术人员至关重要的“信仰”问题上保持中立，使技术团队能将更多的注意力转移到要服务的“领域”上。

更进一步，希望基于这个 DSL 可以制造一个工具链，最终形成一个跨语言的、可以支持大型业务软件开发的平台（PaaS）。这个开发平台对开发人员应该提供足够的约束，让他们少干傻事，少干超出自己能力范围的事情。

基于开放标准的标记语言

一般来说，DSL 是文本化（而非 UML 那样的图形化）的语言，以文本化的表示方式尽可能地将领域分析与建模的成果记录在同一组 DSL 文档中，以减少模型表述的不一致。

基于 DDD 的 DSL 应该选择基于开放标准的标记语言——比如 YAML[1]、XML[2] 等——来描述领域模型。开放的标准便于利用现有的工具以及实现各种工具之间的集成。我们可

---

[1] *YAML is a human friendly data serialization standard for all programming languages*, http://yaml.org/。

[2] Extensible Markup Language (XML) is a markup language that defines a set of rules for encoding documents in a format which is both human-readable and machine-readable, https://en.wikipedia.org/wiki/XML。

以在此基础上制作工具软件，实现对领域模型的可视化呈现、编辑，生成特定的编程语言的应用代码等。

4.2.2 DDD 原生

很多人可能都想问这个问题：设计这样一个 DSL 是不是又在“重新发明轮子”？

回答：当然不是。因为我们想要做的，是一个“DDD 原生”的 DSL，应该说这还算是一个新事物。

我们想要在对领域进行分析和建模时就使用这个 DSL，用那些“原汁原味”的 DDD 概念来描述领域模型，然后用它来约束此后的编码实现。这个过程首先是需要以 DDD 的理念设计 DSL 的规范，然后还需要制造合适的工具，用于将 DSL 描述的模型映射到代码中。

正如前文所言，复杂软件的开发理应自顶而下，应该先概念建模再物理建模。但是太多的软件开发团队是没有人做概念建模的：开发人员对于自己本职工作的理解，就是先做数据库设计（物理建模），然后开始编写业务逻辑代码。当新成员加入团队，想了解系统的设计时，只能去看数据库。

坚持“DDD 原生”可以避免让我们沦为数据库 CRUD（Create/Retrieve/Update/Delete）程序员，已经有太多工具可以为我们生成 CRUD 代码。比如数据库反转引擎之类的工具可以从数据库（这里的数据库主要是指关系型数据库）中读取 Schema 信息，然后为你生成一些特定的通用语言代码。如果生成的目标是 OOP 语言代码，一般来说，数据库中的表是什么样，生成的实体（对象）就是什么样。也就是说，表和实体（对象）、列和属性一般呈现出一一对应的关系。

还是举个例子吧。设想，在数据库中有如表 4-1 所示的这样一张表（假设表名为 Cross）：

表 4-1 一个隐含着“点”和“线”对象的表

Id	Line1_Point1_X	Line1_Point1_Y	Line1_Point2_X	Line1_Point2_Y	…
X1	1.1	8.9	…	…	…

提示 看到这里，聪明的你可能会从这个表和列的命名去“倒推”领域模型中的概念，你想：也许，在这个领域里面，可能存在两个值对象，分别表示二维平面上的“点”和“线”？

你当然是对的。

我们使用数据库反转引擎生成的代码很可能像下面这样（类 Java 的伪代码）：

```
public class Cross {
    String Id;
    //…
    float Line1_Point1_X;
```

```
    float Line1_Point1_Y;
    float Line1_Point2_X;
    float Line1_Point2_Y;
    //…
}
```

但是，从领域模型出发，你想要的代码可能是如下形式：

```
public class Cross {
    String Id;
    //…
    Line Line1;
    //…
}

public class Line {
    Point Point1;
    Point Point2;
}

public class Point {
    float X;
    float Y;
}
```

也就是说，数据库反转引擎生成的代码，丢失了“点”和“线”这两个可能是很重要的领域概念。

可能有人会问：“这算什么大问题？”

如果我们先设计物理数据模型，然后给开发人员提供数据库反转引擎生成的 CRUD 代码，让他来修改，要求体现出领域模型中的概念，那么开发人员显然是需要做一些代码的重构工作的。如果不改，那么在实现代码中就丢失了那些重要的领域概念，代码就失去了与领域模型之间的映射关系。虽然这只是一个简单的例子，但是聪明的你应该可以想象到，在一个复杂的大型软件开发中，这样的小问题最终可能会累积成大问题。比如，如果有了 Line 和 Point，我们就可以在这两个类的方法中实现很多可以共用的对“线”和“点”的操作逻辑；如果没有这两个类，那么这些方法的逻辑很可能会被不同的开发人员重复“编写”很多次，散落在代码的各个角落。

4.2.3 在复杂和简单中平衡

设计一个 DDD 的 DSL，我们需要考虑它对领域模型的表达能力：可以描述什么，以及不能描述什么（或没有必要描述什么）。

想让 DSL 描述的东西越多，表现力越丰富，DSL 的设计就会越复杂。所有人都讨厌复杂性，引入复杂性需要有充分的理由。

比如，很多编程语言都有内置的基本类型，而我们在设计 DDD 的 DSL 时决定不预设任何基本类型，这样做的目的是鼓励大家尽可能地捕获领域中的值对象，优先使用这些值对象来构建模型，而不是使用 int、byte、long、float、string 这样的技术术语。这其实给 DSL 的设计和工具的实现在某些方面增加了复杂性，但是我们认为这是值得的。毕竟，我们一直希望的不就是让大家更多地关注领域本身吗？

有时候我们也会坚持“简单”。

比如，我们决定让这个 DDD 的 DSL 仅支持描述唯一的一种实体间的基本关系，即同一个聚合内，从上一级实体指向其直接关联的下一级实体的导航关系——OO 模型需要把这样一对多的关系体现为类型为“实体的集合”的属性。

另外，我们还决定，在描述对象的状态时，这个 DSL 仅仅支持 Set 语义的集合，而不支持使用 List、Map 语义的集合。包括上面提到的类型为“实体的集合”的属性，以及类型为“值对象的集合”的属性，这些集合都是 Set 语义的。

同时，我们需要谨记，如果为了简单，这个 DSL 决定不支持某个特性，那么在碰到非解决不可的问题时，它还要能提供“变通”(Workaround) 的解决方案。

避免过度抽象

抽象化（简称抽象）是有代价的。抽象化会带来学习的成本，也就是说，虽然抽象用起来很好，但是使用抽象仍然有必要“知其所以然”。所谓“抽象泄漏”，就是指软件开发的过程中，本应隐藏实现细节的抽象化不可避免地暴露出底层细节与局限性。既然抽象总是要泄漏的，那么在做抽象时我们有必要衡量一下抽象的代价。有时候我们可以选择取消某些抽象，让大家直接使用更“原始”的概念来描述模型。比如说，Set、List、Map 是不同语义的集合，那么可以通过引入中间对象，使用 Set 来模拟实现 List 或 Map 的功能。

来看一个例子。NBA 赛季“最佳球员”的排名是一个列表 (List)，表现越好的球员应该出现在列表中越靠前的位置。可能一开始，我们为这个模型编写了类似如下的代码（类 Java 伪代码）：

```
// NBA 赛季
class NbaSeason {
    String Year;
    // “最佳球员”排名列表
    List<Player> TopPlayers;
}

class Player {
}
```

但是，如果我们没有 List 语义的集合，只有 Set 语义的集合可用呢？其实可以通过增加一个中间对象，使用 Set 来模拟 List 的效果，示例如下（类 Java 伪代码）：

```
// NBA 赛季
class NbaSeason {
    String Year;
```

```
        // 最佳球员
        Set<TopPlayersItem> TopPlayers;
    }

    // “中间对象”
    class TopPlayersItem {
        int Position;
        Player Player;
    }

    class Player {
    }
```

在上面的代码中，中间对象 TopPlayersItem 的属性 Position 用于记录球员在列表中的位置。

4.2.4 通过 DSL 重塑软件开发过程

如果有一门 DDD 的建模语言，我们期望它能覆盖从运用 DDD 方法进行领域建模，到将领域模型映射到代码的所有需求。那么，对于 DDD 的 DSL，我们希望使用它之后能达成什么样的效果呢？

事实上，我们希望通过这个 DSL 可以重塑软件的开发过程：

- 这个 DSL 可以帮助我们提高软件分析的效率和质量。
- 我们可以使用这个 DSL 来准确地描述分析和建模的结果——DDD 领域模型。
- 通过使用代码生成等程序设计自动化工具，我们可以得到从 DDD 领域模型映射而来的实现代码。这些代码不应该只是一个 Demo，应该可以扩展并用于生产环境。
- 应该可以对 DSL 描述的领域模型做图形化的展现。最好还可以从 DSL 一键生成能马上运行起来、有 UI 的软件。领域专家（业务人员）可以通过 UI 确认领域模型 / 概念模型是否正确、合理、可用。
- 以上过程应该非常敏捷。当发现模型有问题的时候，整个过程可以快速从头再来。
- 领域模型初步得到领域专家以及整个团队的确认后，生成的代码要让初阶的开发人员也可以即刻开始扩展、实现业务逻辑。

如果有一个 DSL 能够实现上面描述的愿景，那么大家可能都会赞成 Eric Evans 所言，即“DSL 会是领域驱动设计发展的下一大步”。

4.3 DDDML——DDD 的 DSL

领域驱动设计建模语言（Domain-Driven Design Modeling Language，DDDML）是笔者设计的一个 DDD 的 DSL。

DDDML 的规范到目前为止几乎是由笔者个人独立设计的。围绕着这个 DSL，笔者以及笔者曾经工作过的团队中的一些同事打造了一个工具链（我们把这个工具链称为 DDDML Tools），以保证领域模型可以被忠实地映射到软件的实现代码中。虽然其他人也参与了部分 DDDML 工具的制作，但本书展示的那些由工具生成的代码，如果没有特殊说明，都来自笔者自己制作的工具。

接下来的章节将介绍 DDDML 的规范，以及在设计 DDDML 与 DDDML Tools 的过程中我们（笔者以及参与过 DDDML 工具制作的其他人）的思考、讨论与决定。不过，在此之前，有必要先介绍一下我们在工作中使用的一个关于 DDDML 的词汇表，这样后面使用这些术语时会比较方便。

4.3.1　DDDML 的词汇表

1. DDDML DOM

正如 DDD 的领域模型其实是一个“思想”，DDDML 的灵魂并不是以某种标记语言编写的文档，而是一个可以使用标记语言来表述的“思想”，即一组抽象的数据结构。

DDDML 的核心，是一个我们称为 DDDML 文档对象模型（Document Object Model，DOM）的树结构。

我们规定，这个抽象的数据模型必须可以使用对机器友好的 JSON[㊀]来表述。读者可以通过浏览 JSON.org 网站的首页快速地了解 JSON 的一些基础知识。

因为 YAML 可以看作 JSON 的超集，且 YAML 对人类来说具备更好的可读性，所以我们在实践中更多地使用了 YAML 而非 JSON 来描述 DDDML 领域模型。如果有必要，很容易把这些 YAML 转换为等价的 JSON 表述，反过来也一样。

虽然我们在实践中主要使用 YAML 来描述 DDDML 领域模型，但我们应该知道这只是 DDDML DOM 这种数据结构的表述方式。实际上使用 JSON、XML、TOML[㊁]或者其他标记语言，甚至自行创建一种全新的 DSL 来表述这个 DOM 都是可行的，只要这种语言与 JSON 具备同样的能力，这实际上并不是一个很高的要求。

2. 借鉴自 JSON 的概念

如前所述，我们要求 DDDML DOM 必须可以使用 JSON 来表述，所以在讨论 DDDML 规范的时候，所使用的很多概念与 JSON 定义的同名概念具有相同的含义。比如，当我们提到 string、number、integer、true、false、null、value 等时，它们与 JSON 中的同名概念所指一致。

但是，考虑到 JSON 中使用的一些术语，比如 Object、Array 在软件开发领域实在是用得太“滥”了，为了避免混淆，我们决定对这部分 JSON 概念的名字进行替换。

㊀ *JavaScript Object Notation is a lightweight data-interchange format*, http://json.org/。

㊁ Tom’s Obvious, Minimal Language, https://github.com/toml-lang/toml。

3. 结点

既然 DDDML DOM 是一个树结构，那么我们将这个结构中的元素称为结点（Node）就是很自然的事情了。

为了选取结点，我们需要使用路径。比如，对于下面这个 YAML 文档：

```
aggregates:
    Car:
        # …
        properties:
            Tires:
                itemType: Tire
        entities:
            Tire:
                # …
                properties:
                    Positions:
                        itemType: Position
                entities:
                    Position:
                        # …
                        properties:
                            TimePeriod:
                                type: TimePeriod
                            MileAge:
                                type: long
```

我们可以使用 /aggregates/Car/entities/Tire/entities/Position/properties/MileAge 这样一个路径，来选取上面的 YAML 文档倒数第二行的那个结点——这是一个“名 / 值对”的名称结点。对 XPath 有所了解的读者应该很熟悉这种描述路径的方式。

4. Map

JSON 的 Object 是一个无序的名 / 值对的集合。在 DDDML DOM 中，我们把在概念上等同于“JSON 的 Object”的结点的类型称为 Map。

对于 Map 中的元素，相对于 JSON 的 Object 的名 / 值对，我们在更多的时候称之为键 / 值对（key/value pair）。

如果 DDDML 规范需要规定一个 Map 中键值对的类型，比如，我们要求一个 Map 中的值的类型必须是整数，这时就会把这个 Map 的类型记为：Map<String, Integer>。当然，正如 JSON 中的 Object，在 DDDML 的 Map 中，Key（名称）的类型其实总是 string（字符串），真正允许变化的只是 Value 的类型而已。

在 Map 中的 Key 结点有一个对应的 Value（值）结点，这个 Value 结点内部当然可能还存在子结点，比如说它自己也是一个 Map。在本书的行文中，我们经常会说某个结点在 /{PATH}/{TO}/{KEY_NODE}（某个 Key 结点的路径）结点下，或者说在 /{PATH}/{TO}/{KEY_NODE} 结点中，指的是某个结点是这个“/{PATH}/{TO}/{KEY_NODE}”Key 结点对应的 Value 结点或者 Value 内部的子结点。

5. Object

在 DDDML DOM 中，当我们说一个值的类型是 Object 的时候，其实是说这个值的类型可以是 string、number、boolean、Map、List 等。可以认为 Object 是所有类型的基类型，如果你熟悉 C#、Java 这样的编程语言，应该很容易接受这个概念。

注意，这里的 Object 与 JSON 的 Objec 含义不同，它相当于 JSON 的 Value。

比如，对于下面这个 YAML/DDDML 文档：

```
aggregates:
    Package:
        immutable: true
        implements: [Article]
        id:
            name: PackageId
            type: long
        properties:
            RowVersion:
                type: long
            #…
        reservedProperties:
            version: RowVersion
            createdAt: CreationTime
            noDeleted: true
```

当我们说“/aggregates/Package/reservedProperties 这个结点的值是一个 Map<String, Object>”的时候，指的是对于这个 Map 的值类型，我们没有做什么限制。

对于 DDDML DOM 的 Map<String, Object> 类型，因为它的 Key 总是 String，而 Value 可以是任意类型，所以有时候我们直接简称它为 Map。

6. List

我们都知道，JSON 的 Array 是一个有序的值的集合。在 DDDML DOM 中，我们把在概念上等同于“JSON 的 Array”的结点的类型称为 List（列表）。

4.3.2 DDDML 的 Schema

我们可以把 DDDML 的规范体现为 JSON Schema[⊖]。在如下网址中放了一个不太完整的 DDDML 的 JSON Schema：https://github.com/wubuku/dddml-spec/blob/master/schemas/dddml-schema.json。

在网上读者可以找到利用 JSON Schema 来校验 JSON 或 YAML 文档的工具。

如果你使用的编辑器支持，可以设置一下，让 JSON Schema 在编辑 JSON 文件时起作

⊖ JSON Schema is a vocabulary that allows you to annotate and validate JSON documents, http://json-schema.org/。

用。如果你的编辑器有合适的插件，JSON Schema 对 YAML 文件可能也会起作用。

比如，如果你使用的是 VS Code 编辑器，可以在工作区目录下的“.vscode/settings.json”文件中做如下设置：

```
{
    "json.schemas": [
        {
            "fileMatch": [
                "/*.json"
            ],
            "url": "PATH\\TO\\THE\\dddml-schema.json"
        }
    ]
}
```

有了 JSON Schema 以及支持它的编辑器之后，DDDML 文件写起来可能会轻松不少。

虽然 DDDML 文档一般都是使用 YAML 格式来编写的，但是其实用 JSON 也可以。很多 YAML 序列化库一样可以解析 JSON。还有很多工具可以实现 YAML 和 JSON 的转换，在网上通过关键字“yaml-to-json”“json-to-yaml”搜索可以找到它们。

DDDML 的核心其实是 DOM（文档对象模型），如果我们想要支持用 XML 来表述 DDDML 的 DOM 也不是什么难事，显然可以使用 XSD（XML Schema Definition）[⊖]来描述一个基于 XML 的 DDDML 文档应有的样子。

4.4 DDDML 示例：Car

在《领域驱动设计：软件核心复杂性应对之道》一书的中文修订版[⊜]的 6.1 节中，有一个汽车维修厂使用汽车模型的例子，剪裁这个例子，以 DDDML 表述，形式如下：

```
aggregates:

    Car:
        # aggregateRootName: Car
        id:
            name: Id
            type: string

        properties:
            Description:
                type: string
            Wheels:
                itemType: Wheel
```

⊖ XSD (XML Schema Definition), http://en.wikipedia.org/wiki/XMLSchema(W3C)。

⊜ 埃里克·埃文斯（Eric Evans）. 领域驱动设计：软件核心复杂性应对之道（修订版）. 人民邮电出版社 , 2016.

```
    Tires:
        itemType: Tire

methods:
    # ----------------------------
    Rotate:
        eventName: TireWheelPairsRotated
        parameters:
            # 4 tire/wheel ID pairs
            TireWheelIdPairs:
                itemType: TireWheelIdPair

# ----------------------------
entities:

    # ----------------------------
    Wheel:
        id:
            name: WheelId
            type: WheelId

    # ----------------------------
    Tire:

        id:
            name: TireId
            type: string
            arbitrary: true

        properties:

            Positions:
                itemType: Position

        # ------------------------------
        entities:

            # ----------------------------
            Position:
                id:
                    name: PositionId
                    type: long
                    arbitrary: true

                properties:
                    TimePeriod:
                        type: TimePeriod
                    MileAge:
                        type: long

                    # -------------------------
```

```
                    WheelId:
                        type: WheelId
                        referenceType: Wheel

    valueObjects:
        # ----------------------------
        TimePeriod:
            properties:
                From:
                    type: DateTime
                To:
                    type: DateTime
        # ----------------------------
        TireWheelIdPair:
            properties:
                TireId:
                    type: string
                WheelId:
                    type: WheelId

    enumObjects:
        # ----------------------------
        WheelId:
            baseType: string
            values:
                LF:
                    description: left front
                LR:
                    description: left rear
                RF:
                    description: right front
                RR:
                    description: right rear
```

在上面的例子中，我们定义了一个叫作 Car 的聚合。这个例子中聚合的名称与聚合根的名称一样，都是 Car。

Car 聚合根（实体）的属性中包含一个名称为 Wheels 的属性，它的类型是车轮的集合（itemType: Wheel）；聚合根还包含一个名称为 Tires 的属性，它的类型是轮胎的集合（itemType: Tire）。车轮和轮胎都是 Car 聚合内部的实体。Position 实体是轮胎（Tire）的下一级实体，它用于记录轮胎什么时候安装在什么位置（即哪个车轮上）、行驶了多少里程。

我们在这个聚合（聚合根）中定义了一个方法 Rotate，这个方法对车轮与轮胎进行“轮换”。如果这个方法执行成功，就会产生一个事件：TireWheelPairsRotated。

也许有人会认为应该在 DDDML DOM 的聚合定义内再加一个层级，把聚合根的定义单独作为一个结点体现出来，如下所示（注意增加的 /aggregates/Car/root 结点）：

```
aggregates:
    Car:
```

```
root:
    name: Car
    id:
        name: Id
        type: string

    properties:
        Wheels:
            itemType: Wheel
        Tires:
            itemType: Tire
# …
```

我们确实考虑过这个写法，但是最后并没有采用，因为在大多数时候聚合以及聚合根的名称都是相同的；在很多时候聚合内只有聚合根一个实体。这样做之后，在类似 /aggregates/Car 这样的聚合名称结点下，大多数时候除了 root 这个结点不会再有其他直接的子结点——实在不喜欢这种写法带来的更多缩进，当然还有其他理由，我们后文再谈。

4.4.1 "对象"的名称在哪里

这里所说的"对象"只是泛指那些"有名字的东西"，包括 DDD 的实体（引用对象）、值对象、属性、方法等。

在 DDDML 中，对于这些"有名字的东西"，都需要在一个 Map（也就是 JSON 的 Object）类型的 DOM 结点中定义。这个 Map 中元素（键 / 值对）的 Key 就是这些"东西"的名称。

因为 Map 的 Key 就是对象的名称，所以就不需要在 Map 的 Value 结点中使用"name"再声明一遍了。

4.4.2 使用两种命名风格：camelCase 与 PascalCase

细心的读者可能已经注意到，在这个 DDDML 文档中，有些 Map（也就是 JSON 的 Object）的 Key 是以 camelCase 风格命名的，有些则是以 PascalCase（大写字母开头）风格命名。这其实是有意为之。一般来说，我们在 DDDML 规范中定义的那些需要在特定的位置出现、具有特定含义的 Key，都以 camelCase 风格命名，我们把这样的 Key 叫作 DDDML 的关键字。比如，对于上面示例 DDDML 中存在的一些结点的路径，我们把关键字部分加粗显示，示例如下：

- /aggregates
- /aggregates/Car/id
- /aggregates/Car/entities

而对于在 DDDML 规范定义的关键字之外的那些对象的名称，强烈建议使用 PascalCase 风格命名。比如上面示例 DDDML 中的一些结点的路径，我们把对象的名称部分加粗显示，示例如下：

- /aggregates/**Car**
- /aggregates/**Car**/properties/**Wheels**
- /aggregates/**Car**/entities/**Wheel**

因为我们有意选择了不同的命名风格，所以当我们通过肉眼阅读 DDDML 文档的时候，就很容易从中区分出哪些是 DDDML 的关键字，哪些是文档描述的当前领域模型中的概念。

4.4.3 为何引入关键字 itemType

在上面 DDDML 的示例代码中，有四个地方出现了关键字 itemType，下面列出其中两个地方：

```
aggregates:
    Car:
        # …
        properties:
            # …
            Wheels:
                itemType: Wheel
            # …
        methods:
            Rotate:
                # …
                parameters:
                    TireWheelIdPairs:
                        itemType: TireWheelIdPair
            # …
```

在声明对象的某个属性（property）或方法的参数（parameter）的类型是一个集合时，为什么我们引入 itemType 这个关键字，而不是支持像“ type: Set<Wheel>”或“ type: TireWheelIdPair[]”这样的写法呢？

因为像“ type: TireWheelIdPair[]”这样的写法会给人造成这样的感觉：我们可以支持数组这种集合，也许还打算支持其他类型的集合？

不，我们不支持。

在需要使用集合来描述对象的状态时，或者说，对于一个对象的属性的类型，只支持 Set 语义的集合，Set 集合内的元素不允许重复。一个属性的类型如果是某种元素的集合，那么在 DDDML 中就只能用 itemType 关键字来声明这个集合中元素的类型，这就是在强调不允许选择集合的类型。

而对于一个方法的参数的类型，则只支持 List 语义的集合，List 是允许元素重复出现的有序的集合。也就是说，在上面例子的 /aggregates/Car/methods/Rotate/parameters/TireWheelIdPairs 结点中，声明了这个参数的类型是“元素类型为 TireWheelIdPair 的 List 集合”。

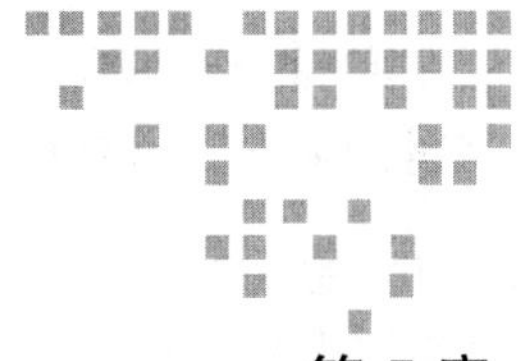

第5章 Chapter 5

限界上下文

限界上下文定义了每个模型的应用范围。在实践中，我们一般会使用一个目录来存放一个限界上下文中所有模型的 DDDML（YAML）文件，我们习惯把这个目录叫作限界上下文的“项目目录”。

一般来说，DDDML 的工具会读取这个项目目录中的所有 DDDML 文件，把它们在逻辑上合并为一个 DDDML 文档，这个文档描述的内容被当作同一个限界上下文中的模型来处理。

每个 DDDML 文档都必须遵循同样的 Schema，文档的根结点下只允许存在少数几个直接的子结点，本章会介绍它们都是什么。然后，讨论一下在 DDDML 中那些“有名称的东西”的命名问题，以及 DDD 的“模块”这一概念在实践中可以如何运用。

5.1 DDDML 文档的根结点下有什么

每个 DDDML 文档都必须遵循同样的 Schema。

在所有需要归并到同一个限界上下文的不同 DDDML 文档中，除了文档根结点以及少数几个特殊的文档根结点的直接子结点（即 /aggregates、/valueObjects、/enumObjects、/superObjects）之外，不允许重复出现路径相同的结点。比如，不允许在两个 DDDML 文档中都出现 /aggregates/Car 结点。这是当前 DDDML 规范的要求，因为我们暂时还没有完全想好不同 DDDML 文档、路径相同的结点的合并规则。

1. aggregates 结点

在实践中，一般会把每个聚合的定义都单独放在一个 DDDML 文件中，然后以聚合的名称为文件命名，但这不是必需的。

你可以把所有这些聚合的 DDDML 文件的内容直接写（合并）在一个 DDDML 文档内，即把所有的聚合都定义在这个文档的 /aggregates 结点下。

2. valueObjects 结点

可以在聚合的结点中定义和这个聚合联系紧密的值对象，比如在 /aggregates/Car/valueObjects 结点中定义和 Car 聚合联系紧密的值对象。

还可以在 /valueObjects 结点下定义限界上下文内公共的值对象（Value Object)，示例如下：

```
valueObjects:
    PersonalName:
        properties:
            FirstName:
                type: string
                description: First Name
                length: 50
            LastName:
                type: string
                description: Last Name
                length: 50
```

3. enumObjects 结点

可以认为枚举对象只是一种特殊的值对象。限界上下文内公共的枚举对象（Enum Object）可以像下面一样定义在 /enumObjects 结点下：

```
enumObjects:
    DocumentAction:
        baseType: string
        values:
            Draft:
                description: Draft
            Complete:
                description: Complete
            Void:
                description: Void
            Close:
                description: Close
            Reverse:
                description: Reverse
```

4. typeDefinitions 结点

在值对象中，还有一类作为一个限界上下文的领域基础类型来定义的值对象，它们一般会放在单独的文件里，定义在 /typeDefinitions 结点下。示例如下：

```
typeDefinitions:
```

```
    date-time:
        sqlType: DATETIME
        cSharpType: DateTime?
        javaType: java.sql.Timestamp
    currency-amount:
        sqlType: DECIMAL(18,2)
        cSharpType: decimal?
        javaType: java.math.BigDecimal
    id:
        sqlType: VARCHAR(20)
        cSharpType: string
        javaType: String
    email:
        sqlType: VARCHAR(320)
        cSharpType: string
        javaType: String
    decimal:
        sqlType: DECIMAL(18,6)
        cSharpType: decimal?
        javaType: java.math.BigDecimal
    Money:
        javaType: org.joda.money.Money
        cSharpType: MyMoneyLib.Money
```

5. configuration 结点

在 DDDML 文档根结点下可能还有一个很重要的直接子结点 /configuration，整个限界上下文的全局配置信息都保存在这个结点下。接下来这一节就介绍它。

5.2 限界上下文的配置

限界上下文的全局配置（Configuration）信息都保存于 /configuration 结点下。一般来说，我们会把 /configuration 单独保存为一个文件，并称这个文件为限界上下文的 DDDML 配置文件。

以下是一个限界上下文的 DDDML 配置文件的例子（有删节）：

```
#%DDDML 0.1
---

configuration:

    boundedContextName: "Dddml.Wms"

    defaultModule: "Dddml.Wms"

    defaultReservedProperties:
        active: Active
```

```
        createdBy: CreatedBy
        createdAt: CreatedAt
        updatedBy: UpdatedBy
        updatedAt: UpdatedAt
        deleted: Deleted
        version: Version

# ----------------------------------------
accountingQuantityTypes:
    decimal:
        zeroLogic:
            Java: "BigDecimal.ZERO"
        addLogic:
            Java: "{fst}.add({snd} != null ? {snd} : BigDecimal.ZERO)"
        negateLogic:
            Java: "{0}.negate()"

metadata:
    HttpServicesAuthorizationEnabled: false
    SpringSecurityEnabled: true

clr:
    specializationNamespace: "Dddml.Wms.Specialization"

java:
    boundedContextPackage: "org.dddml.wms"
    specializationPackage: "org.dddml.wms.specialization"

php:
    boundedContextNamespace: "Dddml\\Wms"

typeScript:
    boundedContextNamespace: "Dddml.Wms"

hibernate:
    hibernateTypes:
        Money:
            mappingType: "org.dddml.wms.domain.hibernate.usertypes.MoneyType"
            propertyNames: ["Amount", "Currency"]
            propertyTypes: ["decimal", "string"]

nHibernate:
    nHibernateTypes:
        Money:
            mappingType: "Dddml.Wms.Services.Domain.NHibernate.MyMoneyType,
                Dddml.Wms.Services"
            propertyNames: ["Amount", "Currency"]
            propertyTypes: ["decimal", "string"]
```

以上面的 DDDML 代码为例，对 configuration 结点下的各个子结点做个简单的说明：

- /configuration/boundedContextName，其值是限界上下文的名称。
- /configuration/defaultModule，其值是上下文中默认模块的名称。在实现时，DDD 中的模块可能会映射到具体语言的不同概念上，比如 Java 的 package，.NET（CLR）的 namespace 等。笔者认为在实践中还可以考虑把它们映射到微服务，即每个模块是一个可以独立部署的服务组件。
- /configuration/defaultReservedProperties，其值类型是 Map<String, Object>，它是上下文配置的一个扩展点。一般来说，可以在这里声明在上下文中所有实体可能都存在的那些特殊的“保留属性”的信息。比如，可能上下文中的每个实体都需要一个属性来表示对象是“被谁创建的”（Created By），那么这个属性的名称就可以考虑在这里设置。这里使用的名词 defaultReservedProperties（默认保留属性）其实也不是一个很严格的概念，可以把它理解只是给这个扩展点（Map）起的一个名字，用于和另一个扩展点（/configuration/metadata）区分开来。
- /configuration/accountingQuantityTypes，其下是用于账务处理的数量类型的设置信息。比如一个叫作 decimal 的类型（值对象）可能会作为数量类型用于账务处理。
- /configuration/accountingQuantityTypes/decimal，其下是 decimal 作为账务处理的数量类型时需要用到的一些逻辑设置。它的子结点 zeroLogic、addLogic、negateLogic 的值类型都是 Map<String, Object>，分别表示数量的“零值”“增加”“取反”的处理逻辑。在上面的示例中展示了将 decimal 映射到 Java 语言的实现（java.math.BigDecimal）所需要使用的数量处理逻辑（Java 代码模板）。
- /configuration/metadata，其值类型是 Map<String, Object>，它是上下文配置的一个扩展点。DDDML 工具可能需要用到一些在 DDDML 规范中没有明确定义关键字的设置项，它们可以写在这里。
- /configuration/clr，其值类型是 Map<String, Object>，它是上下文在 .NET（CLR）平台的实现中可能需要使用的设置信息。
- /configuration/java，其值类型是 Map<String, Object>，它是上下文在 Java（JVM）平台的实现中可能需要使用的设置信息。
- /configuration/php，其值类型是 Map<String, Object>，它是上下文在 PHP 的实现代码中可能需要使用的设置信息。
- /configuration/typeScript，其值类型是 Map<String, Object>，它是上下文在 TypeScript 的实现代码中可能需要使用的设置信息。
- /configuration/hibernate，其值是当使用 Hibernate ORM 框架来实现 Repository、事件存储等数据访问层对象时需要使用的设置信息。
- /configuration/hibernate/hibernateTypes，其值是使用 Hibernate ORM 持久化值对象时需要使用的类型信息。
- /configuration/hibernate/hibernateTypes/Money，其值是使用 Hibernate ORM 持久化

名为 Money 的值对象时需要使用的类型信息。

- /configuration/nHibernate，其值是使用 NHibernate ORM 框架来实现 Repository、事件存储等数据访问层对象时需要使用的设置信息。

5.3 名称空间

DDDML 要求在整个限界上下文内，所有对象（包括值对象、实体、服务、工厂、存储库等）都有一个独一无二的名字。

换句话来说，我们认为在同一个限界上下文内的所有对象（类型），不管是值对象还是实体，它们共享同一个名称空间。为了避免冲突，它们的名字必须各不相同。显然，如果我们允许这些不同的对象有相同的命名，会给 DDDML 规范的设计以及 DDDML 工具的实现带来额外的复杂性，而且，这也违背了团队应该尽可能使用统一语言进行交流和建模的理念。

对于 DDDML 的这个要求，可以理解为：当我们面向特定的领域开发一个应用时，需要建立一张词汇表，表上的每个词条（术语）都有且只有一个明确的定义。

正因为同一个限界上下文内所有对象（类型）的名称不会冲突，所以当我们需要将这些对象映射到特定语言的代码时，可以把这些代码生成在同一个目录下——这里的目录，可以理解为 Java 的 package、.Net 的 namespace 等。

限界上下文内的对象，包括那些在 DDDML 中可能没有直接描述但按照一定的规则会自动生成的对象，它们的名称都不能重复。比如，我们经常会为聚合内部的非聚合根实体生成表示它们的 Global ID 的值对象（类型）。还有，我们制作的代码生成工具可能会生成每个实体（包括聚合根和非聚合根实体）的 Event ID 值对象。这些对象都需要占用限界上下文的名称空间。

每个对象的内部也有一个自己的成员名称空间，对象的成员，包括属性、方法、引用、约束等，它们的名称也不能重复。同样，那些在 DDDML 中没有直接描述但工具会自动产生的属性、方法也会占用这个名称空间。

5.3.1 再谈 PascalCase 命名风格

推荐在 DDDML 文档中为对象命名时使用 PascalCase 的命名风格：

- 对于两个字母的首字母缩写词，应该两个字母都大写，比如“InOut”的缩写为“IO”。
- 超过两个字母的首字母缩写词，只应该将第一个字母大写，也就是说，我们应该使用“Html”而不是“HTML”。

DDDML 工具有时需要将 PascalCase 的命名风格转换成其他风格，比如 camelCase 的命名风格，或者 underscored_case 的命名风格。这时就需要名称转换工具，以下面的代码中的每一行作为输入参数为例：

```
IOHelper
IAmAlive
XOXOHaha
XOXOHahaIAmAlive
thisIsATest
Base64Encoded
HomeHtmlPageUrl
I18nIsAbbrOfInternationalization
```

调用这个名称转换工具提供的“ToHyphenatedString”（意思是转换成以“-”分隔的字符串）方法，得到的结果应该是：

```
io-helper
i-am-alive
xo-xo-haha
xo-xo-haha-i-am-alive
this-is-a-test
base64-encoded
home-html-page-url
i18n-is-abbr-of-internationalization
```

很多用于处理命名规则的工具的代码实现都过于简单。比如，有些工具在需要将camelCase或PascalCase的字符串转为hyphenated-case或underscored_case的字符串时，只是简单地用正则表达式去匹配每个大写字母，将它们转换成小写并在前面插入一个分隔符（“-”或“_”）。也就是说，像“IOHelper”这样的PascalCase字符串，会被转成“i-o-helper”这样的hyphenated-case字符串，这不是我们想要的。

5.3.2　注意两个字母的首字母缩写词

如果按照上面推荐的PascalCase命名规则，两个字母的首字母缩写词应该全部大写，像这样：QQNumber、IOThroughput。如果我们把这样的名称转为camelCase风格，结果应该是：qqNumber、ioThroughput。你可能已经想到，如果想要把此camelCase风格的名称再转回PascalCase，可能会碰到麻烦。

举个例子。如果我们使用一个JSON序列化库，把如下JSON对象：

```
{
    "qqNumber": "166651"
}
```

反序列化为如下Java对象：

```java
public class Example {
    private String qqNumber;

    public String getQQNumber() {
        return qqNumber;
    }
```

```
    public void setQQNumber(String qqNumber) {
        this.qqNumber = qqNumber;
    }
}
```

若 JSON 序列化库在默认情况下认为 qqNumber 对应的 PascalCase 风格的名称就是 QqNumber（没有考虑到有可能是 QQNumber），那么这个反序列化操作可能就会出错。不同的类库（工具）可能会为这样的问题准备不同的解决方案。像 Jackson JSON 库[⊖]，也许可以使用 @JsonProperty 注解来解决这个问题。

5.4 关于模块

《领域驱动设计：软件核心复杂性应对之道》一书中虽然提到了模块的概念，但是只使用了很小的篇幅。笔者认为模块不是 DDD 的核心概念，特别是对 DDDML 来说，它不是绝对必要的。一个很重要的原因前文已经说过，所有对象（类型）的名字在整个限界上下文中不应该发生冲突，因此，对生成代码来说，将 DDDML 中声明的模块映射为具体语言的"Namespace"——比如 Java 的 package（包）或 C# 的 namespace——不是必需的，这就让模块这个概念在 DDDML 中的地位进一步边缘化了。

我们支持在 DDDML 中以如下形式声明一个对象所属的模块：

```
aggregates:
    PhysicalInventory:
        module: "inventory"
        id:
            name: DocumentNumber
            type: string
        properties:
            DocumentStatusId:
                type: string
```

在这里，结点模块的值可以是点分的字符串（比如 wms. inventory），它是可选的。以生成 Java 代码为例，在生成代码的时候，可以考虑如下做法：假设聚合 PhysicalInventory 所在的限界上下文是一个仓库管理系统，该上下文对应的基础包名是 org.dddml.wms，那么可以选择（但不是必需）把这个聚合相关的代码都生成到一个名为 inventory 的子包（目录）内。也就是说，这个聚合所在的包全名是 org.dddml.wms.inventory。如果有一个聚合在 DDDML 中没有声明它的模块，那么这个聚合相关的代码就放置在限界上下文对应的基础包（比如 org.dddml.wms）内。

但是笔者制作的 DDDML 工具在生成 Java 代码的时候，并没有选择将模块映射为 package，它甚至允许把整个限界上下文中所有对象的代码都生成在一个 package(目录）内。

⊖ Jackson Project Home @github, https://github.com/FasterXML/jackson。

笔者的同事曾经给 DDDML 提出过这样的改进建议：所有的对象都应该声明它所在的模块，DDDML DOM 的树结构应该体现模块的结构。他认为 DDDML 应该写成如下形式：

```
modules:
    Wms:
        isDefaultModule: true
        # javaPackage: org.dddml.wms
        aggregates:
            PhysicalInventory:
                id:
                    name: DocumentNumber
                    type: string
                properties:
                    DocumentStatusId:
                        type: string
    # ------------------------------------
    # Contact 是另一个模块
    Contact:
        # javaPackage: org.dddml.wms.contact
        aggregates:
            ContactMech:
                id:
                    name: ContactMech
                    type: string
                    # …
        # ------------------------------------
        # Contact 模块下的子模块
        modules:
            Const:
                # javaPackage: org.dddml.wms.contact.const
                aggregates:
                    ContactMechType:
                        id:
                            name: ContactMechTypeId
                            type: string
                        # …
```

按照这个设计，模块的概念被大大强化了。这样做并不太合适，因为不管是在战术层面还是在战略层面，模块都不是 DDD 的核心概念。DDDML 的 DOM 结构非常重要，对非核心 DDD 概念的使用应该是可选项而不是必选项。

那么，模块在 DDDML 中还有存在的意义吗？

笔者认为，模块的一种使用方式是将它映射为微服务的物理边界。如前所述，限界上下文是概念的边界，在一个限界上下文内，大家使用同一种语言（统一语言）进行沟通。很多团队在实践微服务架构的时候，每个可以独立部署的微服务确实都很“微小”，小到甚至是一个聚合对应一个微服务，或者一个领域服务对应一个微服务。在这种情况下，限界上下文的概念边界可能远远大于微服务的物理边界。

运维一个由很多细粒度的微服务组成的应用，可能会比运维具备同样功能的单体应用产生高得多的成本，甚至在开发的时候也是如此。比如说，如果我们在使用微服务架构开发应用时坚持这样的实践：

- 每个微服务都使用自己的数据库。
- 由应用开发人员通过自行编写代码来实现微服务之间数据项的最终一致性。

那么，服务拆得越细，与开发单体应用相比，实现同样功能所需的工作量就越大。也许有时我们可以考虑让微服务长大一点，将若干个联系相对紧密的聚合及领域服务归集到一个模块，然后对应这个模块构建一个可以独立部署的服务组件——还是可以称之为微服务。当我们对这个微服务的水平扩展能力暂时没有太高的要求时，在这个服务内部可以适当地使用数据库事务来实现多个聚合的数据的强一致性。从降低应用开发和运维成本的角度来说，这样做可能是一个不太坏的选择。

另外，DDD 也不是专门为微服务架构而生的，我们完全可以甚至应该使用 DDD 思想来指导单体应用的开发。比如可以在单体应用内部的对象模型的设计上使用 DDD 的战术关键概念，特别是使用聚合这个 DDD 战术层面最重要的思想武器，对领域中对象的关系进行分析，得到“高内聚、低耦合”的软件构造块。也完全可以运用 DDD 战略层面的关键概念，特别是限界上下文和防腐层，在将不同的单体应用有效集成的同时，保护每个单体应用的概念完整性。

第 6 章 Chapter 6

值 对 象

在 DDDML 中，值对象一般定义在：

- /typeDefinitions 结点下，作为领域基础类型。在一个领域内可能会广泛使用一些适合抽象为值对象的基础概念，把它们定义在这个结点下是很合适的。
- /valueObjects 结点下，这里放置的是在限界上下文范围内被各个聚合共用的值对象的定义。
- 某个聚合或聚合内部实体的定义中，关键字 valueObjects 结点下。这里放置的一般只是在该聚合范围内使用的值对象的定义。比如前文介绍的 Car 聚合的 DDDML 文档示例，在 /aggregates/Car/valueObjects/TimePeriod 结点下定义了一个 TimePeriod 值对象。

另外，我们把枚举对象作为一种特殊的值对象在 valueObjects 结点之外单独定义。像值对象一样，它可以定义在 /enumObjects 结点下，也可以在某个聚合或聚合内部实体的定义中，关键字 enumObjects 结点下。

为什么要把值对象的定义放在不同的地方？比如有的值对象会放在 valueObjects 结点下，有的会放在 typeDefinations 下。

因为我们觉察到不同的值对象在代码中的实现方式有明显的差异。有一些值对象，可能在某个领域中是大家已经熟知的概念，我们称之为领域基础类型，对于这类值对像，一般会在 typeDefinations 结点下定义。也许可以用通用的编程语言来做一个不是那么恰当的类比，在很多通用编程语言中会有一些基本类型（Primitive Type），比如 Java 语言的基本类型包括 byte、int、long、float、boolean、float 等，而其他类型可以在基本类型的基础上创建出来。

另一种值对象我们经常用到，它们只是在其他值对象的基础上创建的数据结构，甚至都不需要有什么方法（Method），我们把这样的值对象称为数据值对象，一般选择在valueObjects结点下定义它们。一般来说，在这里定义的值对象时，代码生成工具应该可以直接生成特定语言的实现代码，不需要开发人员在DDDML文档之外手动编码去实现它们。

6.1 领域基础类型

是否需要在DDDML规范中定义内置的基本类型（Primitive Type）？笔者曾经为此和当时团队中的同事有过激烈的争论。

有些同事认为，DDDML规范应该先定义一些基本类型，就像Java中的byte、int、long、float、boolean、float等一样，然后在这些基本类型的基础上再定义其他值对象，这样才严谨。这里说的严谨，大致说的是可以在DDDML中包含更多可以直接映射为实现代码的细节。比如说，如果把JSON的类型当作DDDML基本类型，或者明确定义JSON类型与DDDML基本类型的转换规则之后，在DDDML就比较容易声明一个类型为值对象的属性的默认值。

具体来说，可以像下面这样以中立于编程实现语言的方式，给实体Person的Name属性初始化一个“JOHN DOE”默认值：

```
valueObjects:
    PersonalName:
        properties:
            FirstName:
                type: string
            LastName:
                type: string

aggregates:
    Person:
        id:
            name: PersonId
            type: string
        properties:
            Name:
                type: PersonalName
                defaultValue:
                    FirstName: JOHN
                    LastName: DOE
            #…
```

这是典型的技术人员的思考方式。DDDML规范确实支持使用defaultValue关键字来声明属性的默认值，不过并没有规定它的值结点必须是什么样的JSON类型，以及在实现代码中应该如何使用这个JSON表述的默认值去初始化一个属性。

最终DDDML规范中没有预设任何基本类型。如前文所言，DDDML的规范到目前为止还是“独裁者”(也就是笔者) 的作品，这里主要阐述笔者的观点。

目前 DDDML 规范对于在 valueObjects 结点下定义的值对象几乎仅仅是规定了如何描述值对象“有什么属性”。如果只盯着本书中所展示的 DDDML 文档，只注意到在 valueObjects 结点下定义的那些值对象，可能有人会误以为 DDDML 只支持定义“数据值对象”。

不要忽略了我们在 /typeDefinitions 结点下定义的那些领域基础类型，它们都是值对象。

有些程序员甚至都没有意识到平时在代码中使用的很多类型都是值对象，比如 Java 程序员常常用到的 BigInteger、BigDecimal 等。我们已经习惯了它们的存在，习惯了把这些对象视为一个整体，而不会在做分析的时候考虑它们是由哪些更细粒度的部件组成的、怎么持久化 (在数据库中有哪些“列”)、怎么序列化 / 反序列化、有哪些方法等。当我们需要一个新的值对象时，很多时候只是简单地定义一个类，一个只有属性、没有方法的类。当然，很多时候这确实已经足够了，但是，并非全部的值对象都是如此。按照 DDD 的定义，假设只有实体和值对象这两种对象，那么实体之外的所有对象都是值对象，可见应该归类为值对象的对象太多了，数不胜数。

在不同的领域，在领域专家的口中，可能本来就存在很多可以认为是一个整体的、没有 ID 的、应该被建模为值对象的术语。比如，在金融领域，Money 可以被建模为一个值对象; 在地理信息领域, Point2D、Point3D、Line 等都可能是在这个领域内大家不言自明的“值对象”; 在某些领域，我们可以使用 Duration 这个值对象来表示“持续时间”; 做一个任务调度系统的时候，可能大家会发掘出“触发器”(Trigger) 这个值对象……DDDML 规范不可能预先穷举各个领域内的值对象。

作为领域驱动设计的建模语言，DDDML 主张并鼓励大家使用领域中的术语进行分析和建模。当然，如果在基于领域模型进行交流的时候，大家觉得像 byte、int、boolean、string 这样的词汇并不构成交流障碍，可以作为这个领域统一语言的一部分，那么笔者并不反对把这些名词定义为这个领域的基础类型，只是不想把它们作为 DDDML 规范的一部分。

笔者完全不支持以下做法：在 DDDML 文档中，必须基于预设的基本类型来定义值对象。除非把 DDDML 变成一门通用的编程语言，否则要想在 DDDML 中“完整”地描述值对象的各种细节是不可能的。就算支持在 DDDML 中声明值对象的属性、继承的基类，并不足以描述“多姿多彩”的值对象。想要在 DDDML 文档中描述怎么去创建、操作值对象的种种业务逻辑，即使是专门创造一门 DDDML 的表达式语言 (EL)，恐怕也难以做到完美，而且这完全是吃力不讨好的事情。不如在 DDDML 规范中采用一些更灵活的做法，比如在需要描述业务逻辑的时候使用一个 Map<String, Object> 类型的结点。

笔者认为，在 DDDML 规范中不需要预设任何基本类型。也就是说，在 DDDML 文档中甚至不需要在使用一个值对象之前，先对一个“值对象是什么样子”做出任何描述——不需要声明这个值对象是由哪些属性组成的，也不需要声明它是否是继承自其他值对象的子类型。

DDDML 应该支持在团队一致认可某个领域概念是值对象之后，就可以在 DDDML 文件中直接使用它。这时不需要考虑是不是能“生成”值对象的实现。也就是说在 DDDML 文档中使用一个没有显式定义的值对象是合法的。

领域模型首先需要的是抓住要点，而非技术实现的细节。

表示状态的数据结构在领域模型中非常重要，很多时候甚至是最重要的组成部分，但是业务逻辑、系统的行为，也是模型的重要组成部分。凡是需要描述业务逻辑的地方，在 DDDML 中，基本上都使用了一个 Map<String, Object> 类型的结点。业务逻辑不仅是像上面那样“给属性初始化默认值”的逻辑，还包括其他业务逻辑——特别是那些需要在分析阶段取得共识、落实到文档的逻辑。DDDML 作为建模语言，理应凸显领域中关键的业务逻辑。在概念建模阶段，“记录”是第一位的，没有必要纠结 DDDML 文档中记录的业务逻辑是不是能直接生成可以执行的代码，以及会不会出现“丑陋”的 Java 或其他语言的代码或代码模板的片段。

6.1.1 例子：从 OFBiz 借鉴过来的类型系统

前面都是理论阐述，下面来看一个示例。开源软件 Apache OFBiz[⊖]就是定义了一套自己专用的类型系统。

如果你下载了 OFBiz 的源代码，在里面可以找到 OFBiz 的类型定义。如果你对 MySQL 有所了解，那么可以看看这个文件：framework/entity/fieldtype/fieldtypemysql.xml。该文档的部分内容如下（有删减）：

```
<fieldtypemodel xmlns:xsi="http://www.w3.org/2001/XMLSchema-instance"
       xsi:noNamespaceSchemaLocation=
                "http://ofbiz.apache.org/dtds/fieldtypemodel.xsd">

    <field-type-def type="date-time" sql-type="DATETIME" java-type=
         "java.sql.Timestamp"/>
    <field-type-def type="date" sql-type="DATE" java-type=
         "java.sql.Date"/>
    <field-type-def type="time" sql-type="TIME" java-type=
         "java.sql.Time"/>
    <field-type-def type="currency-amount" sql-type="DECIMAL(18,2)"
         java-type="java.math.BigDecimal"/>
    <field-type-def type="currency-precise" sql-type="DECIMAL(18,3)"
         java-type="java.math.BigDecimal"/>
    <field-type-def type="fixed-point" sql-type="DECIMAL(18,6)"
         java-type="java.math.BigDecimal"/>
    <field-type-def type="floating-point" sql-type="DOUBLE"
         java-type="Double"/>
    <field-type-def type="numeric" sql-type="DECIMAL(20,0)"
         java-type="Long"/>
    <field-type-def type="id" sql-type="VARCHAR(20)"
         java-type="String"/>
    <field-type-def type="id-long" sql-type="VARCHAR(60)"
```

⊖ 见 https://ofbiz.apache.org/。

```
        java-type="String"/>
    <field-type-def type="indicator" sql-type="CHAR(1)"
        java-type="String"/>
    <field-type-def type="short-varchar" sql-type="VARCHAR(60)"
        java-type="String"/>
    <field-type-def type="long-varchar" sql-type="VARCHAR(255)"
        java-type="String"/>
    <field-type-def type="credit-card-number" sql-type="VARCHAR(255)"
        java-type="String"/>
    <field-type-def type="credit-card-date" sql-type="VARCHAR(7)"
        java-type="String"/>
    <field-type-def type="email" sql-type="VARCHAR(320)"
        java-type="String"/>
    <field-type-def type="url" sql-type="VARCHAR(2000)"
        java-type="String"/>
    <field-type-def type="tel-number" sql-type="VARCHAR(60)"
        java-type="String"/>
</fieldtypemodel>
```

如果需要在 DDDML 文档中把上面 OFBiz 的这些类型都作为一个上下文的领域基础类型来定义，应该怎么做呢？下面就是示例：

```
typeDefinitions:
    date-time:
        sqlType: DATETIME
        cSharpType: DateTime?
        javaType: java.sql.Timestamp
    date:
        sqlType: DATE
        cSharpType: DateTime?
        javaType: java.sql.Date
    time:
        sqlType: TIME
        cSharpType: DateTime?
        javaType: java.sql.Time
    currency-amount:
        sqlType: DECIMAL(18,2)
        cSharpType: decimal?
        javaType: java.math.BigDecimal
    currency-precise:
        sqlType: DECIMAL(18,3)
        cSharpType: decimal?
        javaType: java.math.BigDecimal
    fixed-point:
        sqlType: DECIMAL(18,6)
        cSharpType: decimal?
        javaType: java.math.BigDecimal
    floating-point:
        sqlType: DOUBLE
        cSharpType: double?
        javaType: Double
    numeric:
        sqlType: DECIMAL(20,0)
        cSharpType: long?
```

```
        javaType: Long
    id:
        sqlType: VARCHAR(20)
        cSharpType: string
        javaType: String
    id-long:
        sqlType: VARCHAR(60)
        cSharpType: string
        javaType: String
    id-vlong:
        sqlType: VARCHAR(250)
        cSharpType: string
        javaType: String
    indicator:
        sqlType: CHAR(1)
        cSharpType: string
        javaType: String
    very-short:
        sqlType: VARCHAR(10)
        cSharpType: string
        javaType: String
    short-varchar:
        sqlType: VARCHAR(60)
        cSharpType: string
        javaType: String
    long-varchar:
        sqlType: VARCHAR(255)
        cSharpType: string
        javaType: String
    very-long:
        sqlType: LONGTEXT
        cSharpType: string
        javaType: String
    comment:
        sqlType: VARCHAR(255)
        cSharpType: string
        javaType: String
    description:
        sqlType: VARCHAR(255)
        cSharpType: string
        javaType: String
    name:
        sqlType: VARCHAR(100)
        cSharpType: string
        javaType: String
    value:
        sqlType: VARCHAR(255)
        cSharpType: string
        javaType: String
    credit-card-number:
        sqlType: VARCHAR(255)
```

```
        cSharpType: string
        javaType: String
    credit-card-date:
        sqlType: VARCHAR(7)
        cSharpType: string
        javaType: String
    email:
        sqlType: VARCHAR(320)
        cSharpType: string
        javaType: String
    url:
        sqlType: VARCHAR(2000)
        cSharpType: string
        javaType: String
    tel-number:
        sqlType: VARCHAR(60)
        cSharpType: string
        javaType: String
    blob:
        sqlType: LONGBLOB
        cSharpType: byte[]
        javaType: java.sql.Blob
    byte-array:
        sqlType: LONGBLOB
        cSharpType: byte[]
        javaType: byte[]
    object:
        sqlType: LONGBLOB
        cSharpType: object
        javaType: Object
```

按照 DDDML 规范，还可以在 /typeDefinitions 的每个子结点中，通过 baseType、length、precision 之类的关键字，进一步对基础类型做出更详细的描述，但是这些都是可选的而不是必须的。像上面的例子就已经足以支持我们制作的 DDDML 工具生成可以工作的软件代码。

提示 我们甚至制作了一个基于 OFBiz 实体模型的导入工具，使用它可以直接将 OFBiz 的实体定义文档（XML）转换成我们需要的 DDDML（YAML）文档，然后直接生成可以编译、执行的代码。

6.1.2 例子：任务的触发器

DDDML 首先应该是用来做分析和概念建模的。在概念建模完成后，再在 DDDML 文档中补充和实现相关的细节。

笔者希望在使用 DDDML 对一个领域进行分析与建模的时候，直接使用领域中的概念和词汇。

下面以一个任务调度系统可能需要的 Trigger 值对象为例，说明在分析和概念建模阶段应如何写 DDDML：

```
aggregates:
    # 任务聚合
    Task:
        id:
            name: TaskId
            type: id
        properties:
            # 省略其他属性
            # 任务的触发器（触发时机）
            Trigger:
                type: Trigger
                # 属性的“默认值”逻辑
                defaultLogic:
                    # 每年执行一次
                    # 伪代码
                    PseudoCode: "@yearly"
                    # # 或者默认值是这样的：
                    # # 每周执行一次
                    # PseudoCode: "@monthly"
                    # # 每星期执行一次
                    # PseudoCode: "@weekly"
                    # # 每星期二上午 9 点执行一次
                    # PseudoCode: "@every Tuesday 9:00 AM"
                    # # 只执行一次，不再重复
                    # PseudoCode: "@2009-12-30 8:55:55"
```

在这里，结点 /aggregates/Task/properties/Trigger/defaultLogic 的值描述的是给 Task 实体的 Trigger 属性提供“默认值”的逻辑。在概念建模阶段，可以使用一段伪代码来描述它。至于 DDDML 代码生成工具能不能把这段伪代码变成可以执行的代码，在这个阶段无关紧要。

等到了实现阶段，可以修改、完善这个 DDDML 文档，示例如下（假设我们的应用使用 Java 语言开发）：

```
aggregates:
    # 任务
    Task:
        id:
            name: TaskId
            type: id
        properties:
            # 省略其他属性
            # 任务的触发器（触发时机）
            Trigger:
                type: Trigger
                # 默认值逻辑
```

```
defaultLogic:
    # 每年执行一次
    # 伪代码
    PseudoCode: "@yearly"
    # Java 代码
    Java: "Cron.yearly()"
    # # 或者默认值是这样的:
    # # ……
    # # 每星期二上午 9 点执行一次
    # PseudoCode: "@every Tuesday 9:00 AM"
    # Java: "Cron.every(TUESDAY).AM(\"9:00\")"
    # # 或者这样……
    # # 只执行一次，此后不再重复
    # PseudoCode: "@2009-12-30 8:55:55"
    # Java: "Cron.once(\"2009-12-30 8:55:55\")"
```

在上面的 DDDML 文档中，假设在编码实现阶段构建了如下 Java 值对象类库：

- Trigger 是一个接口或者抽象基类，Cron 是 Trigger 的子类。
- Cron 提供了一系列静态工厂方法，比如上面的 every、once 等，用于创建 Cron 的实例。

在这样一个 Java 值对象类库的支持下，DDDML 中加入的这些 Java 代码片段不仅读起来几乎跟伪代码一样直观，而且可以直接从 DDDML 文档生成可执行的 Java 代码。其实甚至在分析和概念建模阶段，这个类库还不存在的时候，我们就可以在 DDDML 中直接写这样的 Java 代码片段，我们在这个过程中对将来需要实现的值对象类库也进行了设计。

6.2 数据值对象

在应用开发的过程中，我们经常会用到一种只有属性、没有方法的值对象。这样的值对象本身没有什么重要的行为，只是一个简单的数据结构、一个数据的容器，所以我们把它叫作数据值对象。

在这里，有读者可能想到了贫血模型和充血模型这两个概念，但是这两个概念在更多的时候并不是专门针对值对象提出的，所以这里专门为这样的值对象起了“数据值对象”这个名字。

这样的值对象在 DDDML 中可以定义在 /valueObjects 结点下，示例如下：

```
valueObjects:
    PersonalName:
        properties:
            FirstName:
                type: string
                description: First Name
                length: 50
            LastName:
```

```
type: string
description: Last Name
length: 50
```

在这个例子里，我们看到 PersonalName 这个值对象的定义中只包含了属性（properties）的描述。在目前的 DDDML 规范中，值对象的属性类型只能是值对象。

也可以在某个聚合或聚合内部实体的 valueObjects 结点下定义值对象，如果我们认为主要是在某个聚合的范围内使用它们。

需要说明的是，笔者在实践中，到目前为止，在 valueObjects 结点下定义的基本都是纯粹的“数据”值对象，即它们只有 properties，没有 methods。即使你在 DDDML 文档内为这些值对象定义了 methods。笔者制作的 DDDML 工具也会选择把它们忽略掉。不排除以后把定义在 valueObjects 结点下值对象的 methods 信息利用起来，并且可能在 DDDML 规范中为这些值对象增加更多可用的描述选项（关键字）。

目前的情况，对于那些在实现代码中既要有属性又要有方法的“复杂”的“非数据”值对象，建议在 /typeDefinitions 结点下定义它们，即使它们可能看起来不太像“领域基础类型”。

在 DDDML 文档中定义数据值对象还是非常有用的。DDDML 工具很容易使用它们来生成实现代码，这可以大大减少开发人员手动编码的工作量。它们的属性类型往往可以映射为通用编程语言内置的基本类型或开发者常见的类型。DDDML 工具在生成实现代码时，对于这样的值对象的序列化、持久化问题的处理可能非常简单，甚至还可以直接生成它们对应的前端用户界面（UI）组件的代码。而对于领域基础类型，代码生成的难度恐怕就会大一些。

6.3 枚举对象

枚举对象是一种特殊类型的值对象。我们可以这样定义一个枚举对象：

```
enumObjects:
    DocumentAction:
        baseType: string
        values:
            Draft:
                description: Draft
            Complete:
                description: Complete
            Void:
                description: Void
            Close:
                description: Close
            Reverse:
                description: Reverse
```

在上面的代码中，DocumentAction 枚举对象描述了可以对文档执行的动作。

或者我们可以把枚举对象定义在一个聚合内部，示例如下：

```
aggregates:
    Car:
        id:
            name: Id
            type: string

        properties:
            Wheels:
                itemType: Wheel
        # ------------------------------
        # 中间省略
        # ------------------------------
        entities:
            Wheel:
                id:
                    name: WheelId
                    type: WheelId

        # ------------------------------
        # 中间省略
        # ------------------------------
        enumObjects:
            WheelId:
                baseType: string
                values:
                    LF:
                        description: left front
                    LR:
                        description: left rear
                    RF:
                        description: right front
                    RR:
                        description: right rear
```

WheelId 枚举对象描述了汽车四个轮子的标识符（左前、左后、右前、右后）。

这里的 baseType 并不是必须定义的。它的值可能是“string”，可能是“int”，也可能是其他值，DDDML 对此不作限制。

DDDML 代码生成工具可以视不同语言能够提供的特性，以及开发团队的编码规范等因素，为 DDDML 定义的枚举对象生成合适的代码。

在有些语言，比如 Java 和 C# 中，存在 enum 关键字，但在有些语言中可能没有枚举的概念。DDDML 工具在生成代码时，可以考虑把枚举对象（类型）替换成枚举对象定义中声明的 baseType（基类型），有时候这也不是一个太糟糕的选择，毕竟这可能带来序列化、持久化处理方面的便利。

比如，对于上面例子中的 WheelId 枚举对象，可以考虑简单地生成如下 Java 代码：

```
public class WheelId {
    private WheelId() {}

    public static final String LF = "LF";
    public static final String LR = "LR";
    public static final String RF = "RF";
    public static final String RR = "RR";
}

public interface WheelState {
    String getWheelId();
    //...
}
```

另外，DDDML 工具可能会视需要在上下文中自动创建枚举对象，比如，为一个实体继承结构的“类型的 Discriminator（区分标识）”自动创建枚举对象。

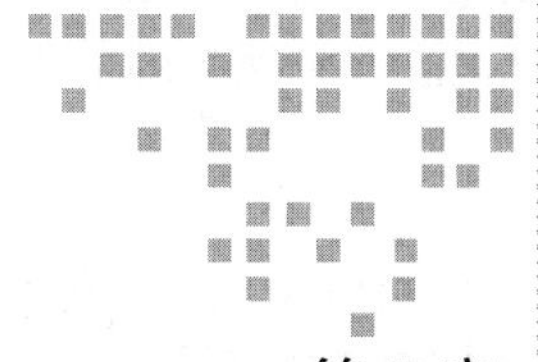

第7章 Chapter 7

聚合与实体

聚合是 DDD 在战术层面最重要的概念。一个聚合只能包含一个聚合根，但是严格来说聚合与聚合根是两个不同的概念，有些时候我们需要区分对待它们，但是有些时候把它们“混为一谈”也许有助于编写 DDDML 文档。

在本章中，你会看到 DDDML 规范规定实体与实体之间只有一种基本关系，这种关系表现为实体的一种基本属性。即使把这种基本属性包括在内，实体的基本属性总共也才三种。实体之间的其他关系，包括多对一的引用关系，都是基于这些基本属性派生出来的。

DDDML 支持描述与实体 ID 相关的细节信息，比如聚合内部实体 Global ID 的列名（Column Name），这很大程度上是因为我们希望从 DDDML 文档生成代码时，代码能像手写的一样自然、漂亮。

我们在现实的软件开发过程中领悟到：DDDML 应该支持将一个实体声明为“不变的”，也应该支持将一个实体声明为“动态的”。

既然领域模型属于 OO 模型，DDDML 当然少不了要描述对象的继承与多态方面的信息。在将概念显现出来时，约束（Constraint）是非常有用的概念，有必要记录它们。

DDDML 提供的关键字肯定不能覆盖领域模型的方方面面，建议在 DDDML 文档的固定结点中描述那些扩展的模型信息。

7.1 用同一个结点描述聚合及聚合根

在大多数情况下，聚合的名称与聚合根的名称是一样的，而且，大多数时候在一个聚合中只存在一个实体（也就是聚合根），这是当前的 DDDML 规范决定使用同一个 DOM 结点来描述聚合及聚合根的重要原因之一。

比如，对于 Car 这个聚合的描述如下：

```
aggregates:
    Car:
        # 这里可以但不是必须声明聚合根的名称
        # aggregateRootName: Car
        id:
            name: Id
            type: string
        properties:
            Wheels:
                itemType: Wheel
            Tires:
                itemType: Tire
        # ----------------------------
        # 聚合内部的实体
        entities:
            Wheel:
                id:
                    name: WheelId
                    type: WheelId
            # …
```

我们没有选择像下面这样使用不同的结点来定义聚合以及聚合根（注意 aggregates/Car/root 结点）：

```
aggregates:
    # ----------------------------
    # 聚合的定义
    Car:
        # ----------------------------
        # 聚合根的定义
        root:
            name: Car
            id:
                name: Id
                type: string
            properties:
                Wheels:
                    itemType: Wheel
                Tires:
                    itemType: Tire
            # ------------------------------
            # 这是聚合根的元数据
            metadata:
                AggregateRootFoo: Root-Foo-Value1
                AggregateRootBar: Root-Bar-Value2
        # ----------------------------
        # 聚合内部（非聚合根）实体
```

```
entities:
    Wheel:
        id:
            name: WheelId
            type: WheelId
        # …
# ------------------------------
# 这是聚合的元数据
metadata:
    AggregateMetaKey1: Aggregate-Meta-Value1
    AggregateMetaKey2: Aggregate-Meta-Value2
```

没有采用上面这种写法的原因之一，是我们不想让开发人员在写 DDDML 的时候需要不时地停下来分辨这个东西到底是属于聚合还是聚合根。虽然从概念角度出发，可能有些信息放置在聚合根结点内更贴切，有些信息则放置在聚合根结点外更合理，但是截至目前来看，在这个问题上“佛系”一点好像对实现“工作的软件”并没有什么负面的影响。

下面再来谈谈聚合与实体的名称问题。

因为聚合与聚合根是不同的东西，所以它们的名称可能不同。有时候，聚合的名称与聚合根的名称、聚合内部的实体（非聚合根实体）的名称都不一样。这种情况前文已经给过一个示例：Order 是聚合，OrderHeader 是订单聚合的聚合根，OrderItem 是订单聚合内部的实体。

有时候，聚合的名称与该聚合内部的非聚合根实体的名称相同。为什么会这样？也许这是在分析和领域建模过程中自然形成的，我们不应该禁止大家选择这样的命名。

来看个示例，假设一开始大家同意构造一个产品价格（ProductPrice）实体，该实体对应的数据表的列名如下（标注为 [PK] 的列是主键）。

- productId [PK]：产品 ID。
- productPriceTypeId [PK]：价格类型 ID。
- currencyUomId [PK]：货币单位 ID。
- fromDate [PK]：从何时开始生效。
- thruDate：截至何时有效。
- price：价格。

开始的时候大家认为这个 ProductPrice 实体是 ProductPrice 聚合的聚合根。也就是说，ProductPrice 聚合内只有这一个实体。但是随着项目的推进，大家可能发现，在代码的实现上直接使用 ProductPrice 这个实体不太好用，很多时候我们只需要知道当前价格就可以了。于是增加另一个实体，把它命名为 ProductPriceMaster，该实体对应的数据表的列名如下（它的主键不包括 fromDate）。

- productId [PK]：产品 ID。
- productPriceTypeId [PK]：价格类型 ID。

❑ currencyUomId [PK]：货币单位 ID。

❑ activeFromDate：当前有效的（active）产品价格的开始生效时间。

自然，我们可能会把这个新增的实体 ProductPriceMaster 作为 ProductPrice 聚合的聚合根，因为我们希望能保证聚合根 ProductPriceMaster 与实体 ProductPrice 的状态一致。

我们可能会给一个名为 ProductPriceApplicationService 的应用服务定义一个立即更新产品价格的方法（命令），这个方法的参数可能包括：

❑ productId：产品 ID。

❑ productPriceTypeId：价格类型 ID。

❑ currencyUomId：货币单位 ID。

❑ newPrice：新价格，即时生效。

该应用服务方法的大致实现逻辑如下：

❑ 使用 productId、productPriceTypeId、currencyUomId 参数的值从 Repository 中获得 ProductPriceMaster 聚合根的实例（状态）。

❑ 使用 ProductPriceMaster 的实例，以 activeFromDate 属性的值为 Local ID，获得当前生效的那个 ProductPrice 的实例，更新这个 ProductPrice 实例的 thruDate 为当前时间。

❑ 在 ProductPriceMaster 实例内添加新的 ProductPrice 实例，它的 price 等于方法参数 newPrice 的值，它的 fromDate 为当前时间。

❑ 将 ProductPriceMaster 实例的 activeFromDate 属性修改为新添加的 ProductPrice 的 fromDate，使用 Repository 保存整个聚合实例（即 ProductPriceMaster 以及它直接关联的 ProductPrice 的实例）的状态。

使用 DDDML 工具生成像 ProductPrice 这样的聚合代码时，需要特别留意聚合、聚合根、非聚合根实体之间名称的异同，因为处理不慎很容易导致代码中对象的命名发生冲突。后文会进一步介绍为了解决这个问题我们在实践中所采用的一些做法。

7.2 实体之间只有一种基本关系

按照当前的 DDDML 规范来看，实体与实体之间只存在一种基本关系。这种关系从外层实体指向和它直接关联的内层实体。也就是说，从聚合根指向它直接关联的聚合内部实体，或者从聚合内部的非聚合根实体指向它直接关联的与其在同一个聚合内的另一个非聚合根实体。

DDDML 认为实体之间只有这一种基本关系，实体之间其他类型的关系都是在这种基本关系——或实体与值对象之间的其他基本关系——的基础上派生出来的。

举例说明：

```
aggregates:
```

```
Car:
    id:
        name: Id
        type: string
    properties:
        Wheels:
            itemType: Wheel
        Tires:
            itemType: Tire

    entities:
        # ----------------------------
        Wheel:
            id:
                name: WheelId
                type: WheelId
            # ----------------------------------
            # 如果没有特别声明,
            # DDDML 工具可能也会为 Wheel 生成 Global ID 值对象,
            # 值对象名称是 CarWheelId
            # ----------------------------------
            # globalId:
            #   name: CarWheelId
            #   type: CarWheelId
            # outerId:
            #   name: CarId

        # ----------------------------
        Tire:
            id:
                name: TireId
                type: string
                arbitrary: true
            properties:
                Positions:
                    itemType: Position

            entities:
                # ---------------------------------------------
                # Position 是 Tire 直接关联的实体
                # 它描述"轮胎"什么时候在哪个"轮子"上,行驶了多少里程
                Position:
                    id:
                        name: PositionId
                        type: long
                        arbitrary: true
                    properties:
                        TimePeriod:
                            type: TimePeriod
                        MileAge:
                            type: long
```

```
                        WheelId:
                            type: WheelId
                            referenceType: Wheel
                            referenceName: Wheel

# ----------------------------
valueObjects:
    TimePeriod:
        properties:
            From:
                type: DateTime
            To:
                type: DateTime

# ----------------------------
enumObjects:
    WheelId:
        baseType: string
        values:
            LF:
                description: left front
            LR:
                description: left rear
            RF:
                description: right front
            RR:
                description: right rear
```

在上面这个例子中，描述了不同实体之间的三个基本关系：

- 从聚合根 Car 到实体 Wheel 的关系。因为我们使用的是 OO 模型，所以这个关系需要体现为 Car 的一个属性，该属性名为 Wheels，也可以说这个关系的名称叫 Wheels。这个属性是一个 Set 语义的集合，集合的元素类型（itemType）为 Wheel。换句话来说，属性 Wheels 的类型是“Wheel 的集合”。
- 从聚合根 Car 到实体 Tire 的关系。这个关系体现为 Car 的属性 Tires，该属性的类型是 Tire 的集合。
- 从实体 Tire 到实体 Position 的关系。这个关系体现为实体 Tire 的属性 Positions，该属性的类型是 Position 的集合。

也许有读者看到这里会心存疑虑：在 DDDML 中，实体和实体之间只有这一种 One to Many 的基本关系够用么？像在 Hibernate ORM 框架中，实体的一对多关系还支持几种不同语义的集合（Set、Bag、List、Map）呢！

实践证明是够用的。DDDML 鼓励优先使用值对象而不是引用对象（实体）。

其实，上面的例子中还描述了一个实体 Position 与实体 Wheel 之间多对一的关系，只是这个关系是一个派生关系。注意如下结点：/aggregates/Car/entities/Tire/entities/Position/properties/WheelId/referenceType，它的值是 Wheel，它的意思是实体 Position 的属性

WheelId 的类型是值对象（枚举对象）WheelId，通过这个属性的值，我们可以引用实体 Wheel 的一个实例——这个从实体 Positon 到实体 Wheel 的派生关系（引用）的名称是 Wheel（referenceName: Wheel）。后文会进一步讨论这里出现的引用。

7.3　关于实体的 ID

如前文所言，当我们说起聚合内部（非聚合根）实体的 ID 时，通常指的是这个实体的 Local ID。

在应用的实现代码中，我们可能有必要为这样的非聚合根实体创建一个 Global ID 值对象（类型）。比如说，ORM 框架可能需要把这个 Global ID 映射到数据表的组合主键上。

我们希望这些代码由 DDDML 的工具自动生成，并且希望生成的代码可控、漂亮，所以我们支持在 DDDML 中给这个 Global ID 值对象指定名称。这个 Global ID 值对象包含多个属性，它们分别对应这个实体的 Local ID 以及它所有外层实体（一直到聚合根）的 ID。

我们还希望映射到数据表中的列名如我们所愿，所以我们在 DDDML 中支持给非聚合根实体的 Global ID 指定列名（Column Names）。

另外，可以认为一个聚合内部的实体在概念上存在一个或者多个派生的 Outer ID 属性，它们指向其外部实体的 ID，即通过它们可以获取到外部实体的 ID 值 。虽然可能不常用，但是我们仍然希望可以指定这些派生的 Outer ID 属性的名称，这些派生属性也会占用实体的成员名称空间。

继续以前文的 Car 聚合为例，在 DDDML 中可以按如下形式描述实体 ID 方面的信息（注意包含“Id”的那些关键字）：

```
aggregates:
    Car:
        id:
            name: Id
            type: string
        properties:
            Wheels:
                itemType: Wheel
            Tires:
                itemType: Tire

        entities:
            # ----------------------------
            Wheel:
                id:
                    name: WheelId
                    type: WheelId
                # 其实即使没有声明，DDDML 工具仍可能为 Wheel 自动生成
                # 一个名为 CarWheelId 的 Global ID 值对象
```

```
        globalId:
            name: CarWheelId
            type: CarWheelId
            columnNames:
            - CAR_ID
            - WHEEL_ID
        # 只有一个外部实体的时候，可使用关键字 outerId:
        outerId:
            name: CarId
        # 或者不使用 outerId，像这样使用关键字 outerIds:
        # outerIds:
        #   CarId:
        #     referenceType: Car

    # ----------------------------
    Tire:
        id:
            name: TireId
            type: string
            arbitrary: true
        globalId:
            name: CarTireId
            type: CarTireId
            columnNames:
            - CAR_ID
            - TIRE_ID
        outerIds:
            CarId:
                referenceType: Car
        properties:
            Positions:
                itemType: Position

        entities:
            # ----------------------------------------------------
            # Position 是 Tire 直接关联的实体
            # 它描述"轮胎"什么时候在哪个"轮子"上，行驶了多少里程
            Position:
                id:
                    name: PositionId
                    type: long
                    arbitrary: true
                globalId:
                    type: CarTirePositionId
                    name: CarTirePositionId
                    columnNames:
                    - CAR_ID
                    - TIRE_ID
                    - POSITION_ID
                outerIds:
                    CarId:
```

```
            referenceType: Car
        TireId:
            referenceType: Tire

    properties:
        TimePeriod:
            type: TimePeriod
        # …
```

上面的例子为非聚合根实体 Wheel、Tire、Position 逐一指定了它们的 Global ID 的属性名、属性类型（也就是生成的 Global ID 值对象的名称）、在数据库中对应的列名（columnNames）等。其中 Global ID 的 columnNames 的值是 String 的列表，越外层的实体其 ID 对应的列名排序越靠前，所以聚合根的 ID 对应的列名排在第一位。

把这个例子改得更复杂一点。假设聚合根 Car 的 ID 以及聚合内部实体 Position 的 ID 都由两部分组成——这两个 ID 的类型是名为 Pair 的数据值对象，Pair 的每个属性都需要映射到数据表中的一个列上，那么 Position 的 Global ID 的 columnNames 可以采用如下形式指定：

```
aggregates:
    Car:
        id:
            name: Id
            type: Pair
            # …
        entities:
            # ----------------------------
            Tire:
                id:
                    name: TireId
                    type: string
                    # …
                entities:
                    # ----------------------------
                    Position:
                        id:
                            name: PositionId
                            type: Pair
                        globalId:
                            type: CarTirePositionId
                            name: CarTirePositionId
                            columnNames:
                            - CAR_ID_ITEM_1
                            - CAR_ID_ITEM_2
                            - TIRE_ID
                            - POSITION_ID_ITEM_1
                            - POSITION_ID_ITEM_2

        # ----------------------------
```

```
        valueObjects:
            Pair:
                properties:
                    Item1:
                        type: string
                        # sequenceNumber: 1
                    Item2:
                        type: string
                        # sequenceNumber: 2
```

从上面的代码可以看到，在指定值对象 Pair 的属性在数据表中对应的列名时，需要按照这些属性在 DDDML 文档中出现的顺序来指定。

提示 严格来说，JSON 的 Object 是一个无序的名 / 值对的集合。如果 JSON 或 YAML 序列化库在读入 DDDML 文档后，不能保持名 / 值对在文档中的顺序，那么可能需要在 DDDML 文档中使用关键字 sequenceNumber 显式地指定属性的"序号"。

可能读者仍有疑问：如果某个非聚合根实体，它的外部实体的 ID 是一个包含多个属性的数据值对象，并且这个值对象的某个属性的类型又是包含多个属性的数据值对象，简单说就是"数据值对象嵌套数据值对象"，那么在 DDDML 中，这个实体的 Global ID 的 Column Names（列名）应该按什么顺序排列呢？

答案是以深度优先的原则排列。把上面的例子进一步复杂化，看看 Car 聚合的内部实体 Position 的 Global ID 的 Column Names 可以如何指定：

```
aggregates:
    Car:
        id:
            name: Id
            type: CarId
            # 注意聚合根的 ID 类型是 CarId
            # …

        entities:
            # -----------------------------
            Tire:
                id:
                    name: TireId
                    type: string
                    # …

                entities:
                    # -----------------------------
                    Position:
                        id:
                            name: PositionId
                            type: Pair
                        globalId:
```

```
                    type: CarTirePositionId
                    name: CarTirePositionId
                    columnNames:
                    - CAR_ID_PART_1
                    - CAR_ID_PART_2_ITEM_1
                    - CAR_ID_PART_2_ITEM_2
                    - TIRE_ID
                    - POSITION_ID_ITEM_1
                    - POSITION_ID_ITEM_2

valueObjects:
    # ----------------------------
    Pair:
        properties:
            Item1:
                type: string
            Item2:
                type: string
    # ----------------------------
    # 聚合根的 ID 类型（值对象）
    CarId:
        properties:
            Part1:
                type: string
            Part2:
                type: Pair
```

7.4　不变的实体

关于实体与值对象如何区分，有人提出一个观点：不变的（Immutable）对象就是值对象，可变的对象就是实体。

但是在实践中我们还是经常会碰到很多不可变的实体，所以很多 ORM 框架都支持在映射设置中将某个实体声明为不可变的（比如在 Hibernate 的 HBM 文件中可以声明某个实体 mutable="false"）。

举个例子吧。笔者曾经给一些工厂开发过 WMS（仓库管理系统）应用。仓库中的货品往往需要打包，货品的打包方式经常是大箱子套小箱子，最外层的大箱子放在托盘上以便于叉车作业。不管是大箱子还是小箱子，系统都需要给每个箱子分配一个"箱号"，箱子外粘贴的标签上打印着箱号的条码。可以认为箱号就是"箱子"(Box）这个实体的 ID。

很多时候，无论是大箱子还是小箱子，一个箱子封好之后，没有特殊情况是不会打开的。既然箱子不打开，那么箱子里的内容（里面装的产品、数量）就不会变化，所以，可以认为箱子是一个不变的实体。在 DDDML 中，可以声明 Box 实体是 immutable 的：

```
aggregates:
    Box:
```

```
        immutable: true
        id:
            name: BoxNumber
            type: id

        properties:
            Note:
                type: description
            # …
```

使用不变的实体好处之一是缓存的处理非常简单，可以不用考虑怎么适时地让缓存失效。在这个例子中，因为每个箱子的箱号（ID）关联的货物信息都是不变的，所以使用箱号作为 Key、货物的详细信息作为 Value，则可以把这些 Mapping 记录缓存到天长地久。一个大箱子中可能打包了很多东西，比如说可能包含数千件产品，每件产品都有自己的序列号（Serial Number），能从缓存中获取箱子内货物的详细信息对提高系统的响应速度非常有效。当用户在仓库内使用 App 扫描箱号条码时，肯定不愿意等待半天才能看到箱子里面装了什么东西。

可能有读者会问：如果因为特殊的原因一定要拆箱怎么办？

在系统中可以把“拆箱”功能实现为一种特殊的“出库”作业。拆箱后要求仓库管理员必须涂掉“箱标签”上的箱号条码，使它不能再被扫描到。

拆箱后又要重新装箱呢？那就产生新的箱号、新的“箱子”实例，打印新的箱标签，然后扫描标签上的箱号条码执行新箱子的“入库”操作。

7.5 动态对象

DDDML 中所说的动态对象是指可以在运行时添加 DDDML 中未定义的属性的对象。这里的对象主要是指实体。至于值对象有没有必要也是“动态的”，笔者在实践中没有碰到这样的需求，所以 DDDML 中暂时不考虑支持声明值对象是动态的（isDynamic）。

这里说的“在运行时添加”，指的是想要给实体添加一个属性时，不需要修改 DDDML 文档，不需要重新生成或修改代码，不需要重新编译代码、部署应用，这个属性马上就可以使用。我们可以把这些在运行时添加的属性称为动态属性。

以下是一个声明实体为动态对象（isDynamic: true）的例子：

```
aggregates:
    Zoo:
        isDynamic: true
        id:
            name: ZooId
            type: id

        properties:
```

```
            Description:
                type: description
            # …
```

我们希望在为客户端提供的 API 层，这些对象的表现尽可能和普通的（非动态）对象一致。那么怎么样才算尽可能和普通的对象一致？ DDDML 规范当前对此没有具体的规定。或者说能做到多大程度的“动态”取决于实现。

以前面 Zoo 聚合的例子为例，如果希望服务端提供的 RESTful API 能支持客户端发送一个 PUT 请求到这个 URL：

```
{BASE_URL}/zoos/shanghai-zoo
```

那么这个请求的消息体（JSON）如下：

```
{
    "description": "Shanghai Zoo",
    "keeper": "Brouce Lee"
}
```

注意上面的 JSON 对象中使用了 keeper 这个名称，而在 DDDML 描述的模型中，实体 Zoo 中并不存在名称为 keeper 的属性。

服务端在收到这个 PUT 请求后应该创建一个 Zoo 的实例。

然后，继续使用 RESTful API，客户端发送一个 GET 请求到这个 URL：

```
{BASE_URL}/zoos/shanghai-zoo
```

服务端向客户端回复的消息体如下（JSON）：

```
{
    "zooId": "shanghai-zoo",
    "description": "Shanghai Zoo",
    "keeper": "Brouce Lee"
}
```

这样的 RESTful API，笔者在开发某些应用时曾经实现过——为了满足客户对系统的“扩展性”要求。

实现动态对象的难度与开发应用所采用的编程语言及技术栈有关。一般来说，使用静态语言很可能比使用动态语言要难。此外，使用 Schema-Free 的 NoSQL 数据库可能有助于降低编码的难度。

对于静态语言来说，给实体添加一个属性，让其类型为 Map 语义的集合，貌似就可以支持动态属性了，示例如下（C# 代码）：

```
public class Zoo
{
    public string ZooId { get; set; }

    public string Description { get; set; }
```

```
    private IDictionary<string, object> moreProperties = new Dictionary<string,
        object>();

    public IDictionary<string, object> MoreProperties
    {
        get { return moreProperties; }
        set { moreProperties = value; }
    }
}
```

一般来说，如果在 RESTful API 的实现中不对所使用的 JSON 序列化组件进行定制化，把上面的 Zoo 对象直接序列化出来的结果很可能是如下形式：

```
{
    "zooId": "shanghai-zoo",
    "description": "Shanghai Zoo",
    "moreProperties": {
        "keeper": "Brouce Lee"
    }
}
```

这可能不是我们在 DDDML 中定义一个“动态对象”想要得到的结果。

7.6 继承与多态

DDDML 支持使用 subtypes 关键字定义实体的子类型，但目前仅限于聚合根。并且，暂时规定实体的子类型与父类型的 ID 必须使用同样的名称与类型。

DDDML 支持使用 polymorphic 关键字来声明是否生成“多态的”实现代码。至于 polymorphic 为 true 时，实现代码应该做到什么程度的多态，DDDML 规范当前并没有明确规定。

DDDML 支持使用 inheritanceMappingStrategy 关键字来声明实体的继承映射策略（Inheritance Mapping Strategy）。关键字 inheritanceMappingStrategy 的值类型是 String（字符串），DDDML 没有把它限制为枚举（enum）。

以下是笔者制作的工具对 DDDML 文档中描述的实体的继承与多态信息的处理方法（仅仅是笔者的实践，并非 DDDML 的规范）：

- 当实体的 polymorphic 的值为 false（默认值）时，DDDML 工具在处理 DDDML 文档时，定义在实体子类的那些成员会被提升（Hoisted）到父类中，然后子类就会被“移除”，这样生成代码的时候就不需要考虑继承关系的存在了。
- 当 polymorphic 的值为 true 时，才会尽可能地生成多态的实现代码，比如利用 ORM 框架支持的继承映射特性来实现实体状态持久化方面的多态性。

下面是一个 DDDML 文档描述实体继承关系的例子：

```
aggregates:
    # -------------------------
```

```
Party:
    discriminator: PartyTypeId
    discriminatorValue: "*"
    inheritanceMappingStrategy: tpcc
    polymorphic: true
    # --------------------------
    id:
        name: PartyId
        type: id
    properties:
        PartyTypeId:
            type: id
        ExternalId:
            type: id
        Description:
            type: very-long
        # …

    subtypes:
        # --------------------------
        LegalOrganization:
            discriminatorValue: "LegalOrganization"
            properties:
                TaxIdNum:
                    type: string
        # --------------------------
        InformalOrganization:
            discriminatorValue: "InformalOrganization"
            abstract: true

            subtypes:
                # --------------------------
                Family:
                    discriminatorValue: "Family"
                    properties:
                        Surname:
                            type: string
```

在这个例子中，实体 LegalOrganization（法人组织）和 InformalOrganization（非正式组织）是 Party 的子类型。Family（家庭）是 InformalOrganization 的子类型。使用的继承映射策略是 TPCC（Table per Concrete Class）。

在实践中，笔者制作的代码生成工具在生成 Java 或 C# 代码时支持三种继承映射策略，关键字 inheritanceMappingStrategy 的值可以是：

- tpch，表示每个继承结构一个表（Table per class hierarchy）。
- tpcc，表示每个具体类型一个表（Table per concrete class）。
- tps，表示每个子类一个表，并且使用区分标识（Table per subclass: using a discriminator）。

这些命名其实是从 Hibernate ORM 框架借鉴过来的。所以，对于它们的具体含义可以查阅 Hibernate 的文档了解。

另外，我们还支持使用 JPA 风格的别名。以上三种继承映射策略的 JPA 风格的别名分别是：

- SINGLE_TABLE，等于 tpch。
- TABLE_PER_CLASS，等于 tpcc。
- JOINED，等于 tps。

另外，PHP 开发团队可能会使用 Doctrine ORM 框架来开发应用。Doctrine ORM 本身支持如下两种继承映射策略[⊖]。

- Single Table Inheritance：即 tpch 策略。
- Class Table Inheritance, using a discriminator：即 tps/JOINED 策略。

还需要说明的是，在 DDDML 中定义实体的继承关系时，必须使用关键字 discriminator 声明作为“类型的区分标识”的属性名称。即使在 DDDML 中没有显式地定义这个属性，我们仍会保证在实体中有使用这个名称的属性存在。这有助于避免在根据 DDDML 文档生成代码时发生一些尴尬的名称冲突问题。以上面的例子来说，Party 实体内一定存在一个名为 PartyTypeId 的属性。

7.6.1 使用关键字 inheritedFrom

我们可以把实体的子类型写在另外一个 DDDML 文档中，方法是使用 inheritedFrom 关键字。

比如，前面的例子可以拆成两个 DDDML 文档。第一个 DDDML 文档如下：

```
aggregates:

    Party:
        discriminator: PartyTypeId
        discriminatorValue: "*"
        inheritanceMappingStrategy: tpcc
        polymorphic: true
        # -------------------------
        id:
            name: PartyId
            type: id
        properties:
            PartyTypeId:
                type: id
            ExternalId:
                type: id
```

⊖ Inheritance Mapping, https://www.doctrine-project.org/projects/doctrine-orm/en/2.7/reference/inheritance-mapping.html。

```
        Description:
            type: very-long
        # …

    subtypes:
        # --------------------------
        InformalOrganization:
            discriminatorValue: "InformalOrganization"
            abstract: true

            subtypes:
                # --------------------------
                Family:
                    discriminatorValue: "Family"
                    properties:
                        Surname:
                            type: string
```

第二个 DDDML 文档如下：

```
aggregates:

    LegalOrganization:
        inheritedFrom: Party
        discriminatorValue: "LegalOrganization"
        # --------------------------
        # 这里定义的 id 会被忽略
        id:
            name: PartyId
            type: id
        # --------------------------
        properties:
            TaxIdNum:
                type: string
```

这种做法和“把它们写在同一个 DDDML 文档中”的效果相同。

另外，inheritedFrom 还可以用来表示一个方法继承自另一个方法。它的意思是该方法的参数列表包括了所继承的方法的所有参数，这个用法后文再讨论。

7.6.2　超对象

在 DDDML 中可以定义 Super Objects（超对象）。因为我们发现，有时候不同的实体要实现同样的抽象或者“接口”，比如有同样的属性、方法，我们把这样的接口称为 Super Objects。这和使用 subtypes 关键字来定义实体之间的继承关系不同，比如，实现了同一个接口的实体的 ID 并不需要有相同的名称和类型。

对于不同的语言来说，超对象在实现代码中可能会被映射为特定语言的“超类”，可能是接口（比如 Java 的 interface）、抽象基类（比如 Java 的 abstract class）、Mixin（比如 Ruby

的 module、PHP 的 trait）等，对此 DDDML 不作限制。

来看个例子，笔者在给某个企业开发 WMS 应用的时候，构建的模型中存在如下两个实体。

- Package（包裹）：货品在仓库中总是以包裹的形式存在。
- PackagePart（包裹部件）：一个包裹可能由多个子包裹（一般是箱子）组成，但也有可能没有子包裹。我们把“包裹中的内容”抽象为包裹部件（Package Parts）这一概念，这个内容可能是子包裹，也可能是其他描述货品信息的抽象对象。

PackagePart 没有建模为 Package 的子类型的现实原因不打算在这里讨论。但是，Package 和 PackagePart 确实应该“共享”一些相同的属性，于是我们定义了一个超对象 Article（物品），把它们共有的那些属性放置其中。相关的 DDDML 文档片段如下：

```
aggregates:
    # ---------------------------------
    Package:
        immutable: true
        implements: [Article]

        id:
            name: PackageId
            type: long

        properties:
            PackageType:
                type: PackageType
            PackageParts:
                itemType: PackagePart

        entities:
            # -----------------------------
            PackagePart:
                implements: [Article]
                id:
                    name: PartId
                    type: long
                globalId:
                    name: PackagePartId

                properties:
                      PackagePartType:
                          type: PackagePartType

superObjects:
    # ---------------------------------
    Article:
        # stereotype: interface
        properties:
            SerialNumber:
```

```
    type: string
MaterialNumber:
    type: string
CustomerNumber:
    type: string
WorkOrderNumber:
    type: string
LotNumber:
    type: string
Rank:
    type: string
Version:
    type: string
Quantity:
    type: int
    notNull: true
IsMixed:
    type: bool
```

从上面的代码可以看出，/aggregates/Package/implements 的值类型是 String 的列表，也就是说，一个实体可以“实现”多个超对象（接口）。

我们还可以声明一个超对象的 stereotype（虽然在上面的 DDDML 代码中这一行是注释掉的），来帮助 DDDML 工具在生成特定语言的代码时选择超对象的类型（比如是“接口”还是 Mixin）。

这里选择了 notNull 而不是 nullable 作为关键字，原因是我们希望总是可以假设若在 DDDML 中没有显式地声明一个关键字的值，且它的值是布尔类型的，那么它就是 false，并且 false 是在多数情况下“合理”的那个默认值。

7.7　引用

DDDML 所说的引用（Reference），是指实体（这里的实体指的是实体的实例）可以通过它自己的一个或多个值对象类型的属性“指向”另一个实体（可能是和它自己同一个类型的实体，甚至是它自己）。这里的引用类似关系数据库的“外键”概念，也就是类似于 ER 模型中 Many to One 类型的 Relation 的概念。

7.7.1　定义实体的引用

要定义一个实体的引用，显然就要描述它的“一个或多个值对象类型的属性”和另一个实体的 ID 之间的映射信息。现在 DDDML 支持两种定义引用的方法：

- 在实体的（类型为值对象的）属性结点中使用关键字 referenceType 指出这个属性意图引用的实体名称（类型）。
- 在实体结点中，使用关键字 references 定义一个或多个引用。

以下是使用第一种方法的例子：

```
aggregates:
    # ----------------------
    ProductType:
        id:
            name: ProductTypeId
            type: id
        properties:
            Description:
                type: description
            # …

    # ----------------------
    Product:
        id:
            name: ProductId
            type: id-long
        properties:
            ProductTypeId:
                type: id
                referenceType: ProductType
            # …
```

以下是使用第二种方法的例子：

```
aggregates:
    # ----------------------
    Product:
        id:
            name: ProductId
            type: id-long
        properties:
            ProductTypeId:
                type: id
                # referenceType: ProductType
            # …
        references:
            ProductTypeReference:
                type: ProductType
                properties:
                - ProductTypeId
                foreignKeyName: PRODUCT_PRODUCT_TYPE
```

在上面两段 DDDML 代码中，第一段代码中的结点 aggregates/Prouduct/properties/ProductTypeId/referenceType 的值是 ProductType，这说明产品实体的 ProductTypeId 属性引用了（指向）实体 ProductType。

第二段 DDDML 代码中，在结点 aggregates/Product/references/ProductTypeReference 下定义了一个在产品实体中名为 ProductTypeReference 的引用，这个引用的类型（type）值

是 ProductType，它的属性列表（即结点 aggregates/Product/references/ProductTypeReference/properties 的值）只包含了一个属性的名称：ProductTypeId。这同样说明产品实体的 ProductTypeId 属性引用了（指向）实体 ProductType。

引用的 foreignKeyName（外键名称）的声明是可选的。如果引用所属实体与引用所指的实体存储在同一个数据库内，比如我们构建的是一个单体应用，那么可以考虑在数据库中生成外键时使用 DDDML 中声明的 foreignKeyName。

对于上面两种定义引用的方法，如果第一种可以解决问题，那么优先推荐第一种。但是有时候第一种方法无法替代第二种。来看一个比较复杂的例子：

```
aggregates:
    # ---------------------------
    Party:
        id:
            name: PartyId
            type: id
        properties:
            PartyTypeId:
                type: id
            # …
    # ----------------------------
    RoleType:
        id:
            name: RoleTypeId
            type: id
        # …
    # ----------------------------
    PartyRole:
        id:
            name: PartyRoleId
            type: PartyRoleId
        properties: {}
        valueObjects:
            PartyRoleId:
                properties:
                    PartyId:
                        type: id
                    RoleTypeId:
                        type: id

    # ---------------------------
    PartyRelationship:
        id:
            name: PartyRelationshipId
            type: PartyRelationshipId
            columnNames:
            - PARTY_ID_FROM
            - PARTY_ID_TO
            - ROLE_TYPE_ID_FROM
```

```
        - ROLE_TYPE_ID_TO
        - FROM_DATE
    properties:
        ThruDate:
            name: ThruDate
            type: date-time
        # …

    valueObjects:
        PartyRelationshipId:
            properties:
                PartyIdFrom:
                    type: id
                PartyIdTo:
                    type: id
                RoleTypeIdFrom:
                    type: id
                RoleTypeIdTo:
                    type: id
                FromDate:
                    name: FromDate
                    type: date-time

    references:
        PartyFromRef:
            description: From
            type: Party
            properties:
            - PartyRelationshipId.PartyIdFrom
        PartyToRef:
            description: To
            type: Party
            properties:
            - PartyRelationshipId.PartyIdTo
        RoleTypeFromRef:
            description: From
            type: RoleType
            properties:
            - PartyRelationshipId.RoleTypeIdFrom
        RoleTypeToRef:
            description: To
            type: RoleType
            properties:
            - PartyRelationshipId.RoleTypeIdTo
        PartyRoleFromRef:
            description: From
            type: PartyRole
            properties:
            - PartyRelationshipId.PartyIdFrom
            - PartyRelationshipId.RoleTypeIdFrom
            foreignKeyName: PARTY_REL_FPROLE
```

```
PartyRoleToRef:
    description: To
    type: PartyRole
    properties:
    - PartyRelationshipId.PartyIdTo
    - PartyRelationshipId.RoleTypeIdTo
    foreignKeyName: PARTY_REL_TPROLE
```

从上面的代码可以看到：

- 实体 PartyRole 的 ID 类型是数据值对象 PartyRoleId，这个值对象有两个属性，PartyId 与 RoleTypeId。
- 实体 PartyRelationship 的 ID（该 ID 名为 PartyRelationshipId）类型也是一个数据值对象 PartyRelationshipId。
- 实体 PartyRelationship 中存在一个名为 PartyRoleFromRef 的引用，这个引用使用它所属的实体的 ID 中的两个属性，即 PartyRelationshipId.PartyIdFrom 与 PartyRelationshipId.RoleTypeIdFrom，用以指向实体 PartyRole。

提示 这里简单解释一下前面 DDDML 代码涉及的几个实体名称的含义。

- Party：业务实体。参与业务流程的人或组织，比如签订协议的“甲方”“乙方”。
- RoleType：角色类型。比如“供应商”“客户”都是角色类型。
- PartyRole：业务实体角色。业务实体与角色类型的关系，用于记录业务实体在业务流程中可以扮演的“角色”。
- PartyRelationship：业务实体关系。这里使用 From-Thru 模式来记录业务实体之间的关系。

DDDML 规范提供描述引用的能力，但怎么使用这些引用信息取决于 DDDML 工具的实现。以笔者使用的 DDDML 代码生成工具为例，给实体增加引用基本不会改变工具生成的后端“服务”代码，但是可能会改变生成的前端 UI 层的代码。

7.7.2　属性的类型与引用类型

DDDML 中只有一种非集合类型的基本属性，也就是类型为（单个）值对象的非派生属性。如前所述，在此属性的基础上可以使用关键字 referenceType（引用类型）来声明这个属性的意图，并指向某个聚合根或聚合内部的非聚合根实体。需要注意的是，一个声明了 referenceType 的属性本质上仍然是个“普通的”值对象类型的属性，只不过这个属性的值应该是某个实体实例的 ID。

在 DDDML 中，可将一个聚合内的实体（从聚合根到其他实体）组合成一个从外到内的多层级结构，我们把相邻的两个层级的实体叫作 Outer Entity / Inner Entity。显然，在层级结构的不同位置引用同一个实体可能会使用不同类型的值对象，在有的位置可能需要使用 Global ID，在有的位置可能使用 Local ID 就够了。

我们规定，一个属性的 referenceType 和 type（类型）的值只能是以下组合：

- ❑ referenceType 是某个聚合根的名称，type 是 referenceType 所指的聚合根 ID 的那个 type。此时属性的 type 允许省略声明，因为可以根据 referenceType 来推断出它的 type 就是 referenceType 指向的聚合根 ID 的 type。
- ❑ referenceType 是某个聚合内的实体的名称，type 是 referenceType 所指的实体的 Global ID 的值对象名称。
- ❑ referenceType 是使用属性所在的实体的 Global ID 的值，加上一个被引用的实体的 Local ID 的值就可以引用到的同一个聚合内的实体的名称，type 是被引用的实体的 Local ID 的 type。此时属性的 type 允许省略声明。这里所说的“可以引用到的同一个聚合内的实体”包括属性所在的当前实体的兄弟（Sibling）实体，当前实体的外层实体（Outer Entities）的兄弟实体。

除了以上组合外，属性的 referenctType 和 type 的其他组合都是非法的，DDDML 工具应该拒绝处理非法的组合并报告异常。

7.8 基本属性与派生属性

在 DDDML 规范，实体只有以下三种基本属性：

- ❑ 类型为值对象。
- ❑ 类型是值对象的集合。这个集合是 Set 语义的。
- ❑ 类型是直接关联的同一聚合内部（非聚合根）实体的集合。这个集合也是 Set 语义的。它体现的是实体之间的（唯一的一种）基本关系，这在前文已经做过阐述。

所谓的“基本”，是指这个属性没有被显式地声明是“派生的”（isDerived: true），也没有声明它的某种派生逻辑（即它也没有被“隐式地”派生）。

我们来看个例子：

```
aggregates:
    # ------------------------
    Person:
        id:
            name: PersonId
            type: PersonId
        properties:
            BirthDate:
                type: DateTime
                description: 出生日期
            Titles:
                itemType: string
            YearPlans:
                itemType: YearPlan

        entities:
```

```
            # ------------------------
            YearPlan:
                id:
                    name: Year
                    type: int
                properties:
                    Description:
                        type: string
                    MonthPlans:
                        itemType: MonthPlan
                entities:
                    # ------------------------
                    MonthPlan:
                        id:
                            name: Month
                            type: int
                        properties:
                            Description:
                                type: string

valueObjects:
    # ------------------------------
    PersonId:
        properties:
            # 以下省略
```

在上面的DDDML代码中，实体Person的以下三个属性都是基本属性：

- 属性BirthDate是第一种基本属性，它的类型是（单个）值对象。
- 属性Titles是第二种基本属性，它的类型是值对象的集合。具体地说，这里的“头衔”是一个string的Set。显然一个人的头衔可以有多个，比如丹妮莉丝的头衔就有很多：Daenerys Stormborn（风暴中降生的丹妮莉丝）、the Unburnt（不焚者）、Queen of Meereen（弥林女王）、Queen of the Andals and the Rhoynar and the First Men（安达尔人，罗伊那人和先民的女王）、Lord of the Seven Kingdoms（七国之主）、Protector of the Realm（疆域保护者）、Khaleesi of the Great Grass Sea（大草海的卡丽熙）、Breaker of Shackles（铐镣粉碎者）、Mother of Dragons（龙之母）。
- 属性YearPlans是第三种基本属性，它的类型是实体的集合。

其他类型的属性只能是在上面这三种基本属性的基础上派生出来的属性。

7.8.1 类型为实体集合的派生属性

如果一个实体的派生属性的itemType是实体的名称，那么它可能有几种不同的派生方式。

1. 使用关键字filter与inverseOf

继续使用前文提到的例子，在为某个WMS应用构建的模型中，Package（包裹）这个聚合中存在以下两个实体：

- Package 是聚合根。货品在仓库中总是以包裹的形式存在。
- PackagePart 是聚合内部实体。一个包裹由多个子包裹（一般是箱子）组成，但也有可能没有子包裹，所以我们把表示“包裹中的内容”的实体叫作包裹部件。一个包裹内的包裹部件有可能会组成树结构。既然是树结构，那么就有根结点（Root Package Parts），每个结点可能有子结点（Child Package Parts）。

下面使用 DDDML 来描述这个聚合：

```
aggregates:
    Package:
        id:
            name: PackageId
            type: long
        properties:
            # …
            PackageParts:
                itemType: PackagePart
            RootPackageParts:
                itemType: PackagePart
                # isDerived: true
                filter:
                    CSharp: "e => e.ParentPackagePartId == 0"

        entities:
            PackagePart:
                id:
                    name: PartId
                    type: long
                properties:
                    # …
                    ParentPackagePartId:
                        # type 可以被推断为 long
                        # type: long
                        referenceType: PackagePart
                        referenceName: ParentPackagePart
                    ChildPackageParts:
                        itemType: PackagePart
                        # isDerived: true
                        inverseOf: ParentPackagePart
                    # …
```

上面的代码中，在 /aggregates/Package/properties/RootPackageParts 结点之下，定义了实体 Package 的一个派生属性。它的 itemType 是 PackagePart。因为除了 itemType 和 filter 之外没有更多的说明，所以它默认派生自从聚合根 Package 到实体 PackagePart 的基本关系——也就是名为 PackageParts 的那个基本属性。

属性定义中关键字 filter 对应的值结点的类型是 Map<String, Object>。在上面的例子，filter 中记录了以 C# 代码表达的过滤逻辑，这段代码很容易理解，那些 ParentPackagePartId 等于 0 的包裹部件就是“根包裹部件”(Root PackageParts)，也就是包裹树结构的根结点。

上面的代码还演示了使用关键字 inverseOf 从实体的引用关系派生出（类型为实体集合的）属性。

在使用关键字 inverseOf 派生之前，要定义一个类型为值对象的属性，并且在这个属性中存在一个引用。注意前面 DDDML 代码中的以下几行：

```
# …
PackagePart:
# …
    properties:
        # …
        ParentPackagePartId:
            referenceType: PackagePart
            referenceName: ParentPackagePart
#…
```

它的意思很明显，实体 PackagePart 的属性 ParentPackagePartId 是“父包裹部件”的 ID，引用的类型（实体）也是 PackagePart，引用的名称是 ParentPackagePart。我们知道，DDDML 的引用表示的是 Many to One 的实体关系。

然后，使用关键 inverseOf 声明一个派生属性是这个名为 ParentPackagePart 的引用的反向关系。注意代码中的以下几行：

```
#…
    ChildPackageParts:
        itemType: PackagePart
        # isDerived: true
        inverseOf: ParentPackagePart
```

一个 Many to One 关系的“反向”自然是 One to Many 关系，所以这个派生属性的类型是 PackagePart 的集合。

2. 使用关键字 itemPropertyMap

上一节在讲述引用时，用一段示例 DDDML 代码定义了 Party、PartyRole、PartyRelationship 等聚合，现在打算在这些模型的基础上增加一个聚合 Agreement（协议）。此协议需要记录以下内容：

- 协议的签订者 PartyIdFrom（甲方）、PartyIdTo（乙方）。
- 协议双方的角色类型（RoleTypeIdFrom、RoleTypeIdTo），比如甲方的角色类型可能是客户、乙方的角色类型可能是供应商。
- 协议开始的时间、结束的时间等。

我们可以把这些模型信息写进 DDDML 文档：

```
aggregates:
    Agreement:
        id:
            name: AgreementId
```

```
            type: id
        properties:
            ProductId:
                type: id
            PartyIdFrom:
                type: id
            PartyIdTo:
                type: id
            RoleTypeIdFrom:
                type: id
            RoleTypeIdTo:
                type: id
            AgreementTypeId:
                type: id
            AgreementDate:
                type: date-time
            FromDate:
                type: date-time
            ThruDate:
                type: date-time
            Description:
                type: description
            TextData:
                type: very-long
            # …

            PartyRelationships:
                itemType: PartyRelationship
                isDerived: true
                itemPropertyMap:
                - propertyName: RoleTypeIdFrom
                  relatedPropertyName: PartyRelationshipId.RoleTypeIdFrom
                - propertyName: RoleTypeIdTo
                  relatedPropertyName: PartyRelationshipId.RoleTypeIdTo
                - propertyName: PartyIdFrom
                  relatedPropertyName: PartyRelationshipId.PartyIdFrom
                - propertyName: PartyIdTo
                  relatedPropertyName: PartyRelationshipId.PartyIdTo
```

在 DDDML 代码的最后一部分使用关键字 itemPropertyMap 定义了一个（类型为 PartyRelationship 实体的集合）派生属性 PartyRelationships。它表示协议双方曾经存在过的业务实体关系（Party Relationship）的历史记录（只包含双方当时的角色类型与当前协议的角色类型相同的那些记录）。

有了这样的派生属性的描述信息，DDDML 代码生成工具很容易在服务端生成这些集合属性的查询方法，免除程序员手动编码的痛苦。

7.8.2 类型为值对象的派生属性

类型为值对象的属性也可能是派生的。我们可以使用关键字 derivationLogic 来定义属性“读”的派生逻辑；还可以使用关键字 setterDerivationLogic 来定义属性“写”的派生逻辑。这里两个关键字对应的值结点的类型都是 Map<String, Object>。

以下是一个示例：

```
aggregates:
    Warehouse:
        # --------------------
        inheritedFrom: Facility
        discriminatorValue: "Warehouse"
        # --------------------
        id:
            name: FacilityId
            type: id-long

        properties:
            WarehouseId:
                type: id-long
                derivationLogic:
                    Java: "{0}.getFacilityId()"
                setterDerivationLogic:
                    Java: "{0}.setFacilityId({1})"
            WarehouseName:
                type: Name
            # …
```

在这个例子中，聚合根 Warehouse（仓库）是 Facility（设施）的子类型。设施的 ID 名称叫作 FacilityId。对于仓库而言，“仓库 ID”就是“设施 ID”的别名。所以这个例子定义了 WarehouseId 这个派生属性的派生逻辑，对 WarehouseId 属性的读 / 写操作的实现其实只是简单地调用 FacilityId 属性的 getter / setter 方法。

7.9　约束

正如在《领域驱动设计精简版》第 4 章中“凸现关键概念”一节谈到的，在将概念显现出来时，约束（Constraint）是非常有用的概念。

约束是一个简单的表达不变性（Invariant）的方式。比如说，是一个简单的布尔表达式，或者是一个指向布尔表达式的“指针”等。

那么什么是不变性？ DDD 所说的不变性是指在数据发生变化时必须维护的那些规则。

在 DDDML 中，允许使用 constraints 关键字来定义在实体层面（Entity-Level）或属性层面的约束。

7.9.1　在实体层面的约束

举例说明，笔者开发过的某个 WMS 中，存在一个“库存移动确认单”（Movement-

Confirmation）聚合，实体 MovementConfirmationLine 是“库存移动确认单”的“行项”，该聚合的 DDDML 代码片段如下：

```
aggregates:
    MovementConfirmation:
        id:
            name: DocumentNumber
            type: string
        properties:
            # …
            MovementConfirmationLines:
                itemType: MovementConfirmationLine
        entities:
            MovementConfirmationLine:
                id:
                    name: LineNumber
                    type: string
                properties:
                    # …
                    # 目标数量
                    TargetQuantity:
                        description: The Quantity which should have been received.
                        type: decimal
                        defaultValue: 0
                    # 确认数量
                    ConfirmedQuantity:
                        description: Confirmation of a received quantity.
                        type: decimal
                        defaultValue: 0
                    # 差异数量
                    DifferenceQuantity:
                        description: If there is a difference quantity, a
                            Physical Inventory is created for the source (from)
                            warehouse.
                        type: decimal
                        defaultValue: 0
                    # 破损数量
                    ScrappedQuantity:
                        type: decimal
                        defaultValue: 0

                constraints:
                    # --------- 数量之间的约束 ------------
                    QuantitiesConstraint:
                        # 确认后，目标数量 + 差异数量 = 确认数量
                        validationLogic:
                            PseudoCode: "ConfirmedQuantity == 0 || TargetQuantity
                                + DifferenceQuantity == ConfirmedQuantity"
                            CSharp: "{this}.ConfirmedQuantity == 0 || {this}.
                                TargetQuantity + {this}.DifferenceQuantity ==
```

```
                {this}.ConfirmedQuantity"
        ScrappedQuantityConstraint:
            validationLogic:
                PseudoCode: "ScrappedQuantity <= ConfirmedQuantity"
                CSharp: "{this}.ScrappedQuantity <= {this}.
                    ConfirmedQuantity"
```

在上面的 DDDML 代码中，我们在结点 /aggregates/MovementConfirmation/entities/MovementConfirmationLine/constraints 下定义了聚合内部实体 MovementConfirmationLine 的两个约束，它们的名称分别是 QuantitiesConstraint 与 ScrappedQuantityConstraint。

在约束结点中可以使用 validationLogic 关键字来定义“确认逻辑”——DDDML 规范不排除以后支持更多的关键字。validationLogic 对应的值结点的类型是 Map<String, Object>。在这个例子里，分别用伪代码与 C# 代码（模板）描述了约束的确认逻辑，这两个约束的确认逻辑很容易理解：

- 如果已经确认（确认数量不等于 0），那么要求：目标数量 + 差异数量 = 确认数量。
- 报废数量（ScrappedQuantity）必须小于或者等于确认数量。

7.9.2　在属性层面的约束

使用关键字 constraints 在属性层面定义约束时，它的值类型是 String（字符串）的列表。DDDML 规范没有规定在这个列表中的字符串元素的内容必须是什么，如何使用这些字符串取决于具体的 DDDML 工具的实现。

我们在实践中是怎么使用属性层面的约束的呢？举例来说明，以下是我们开发的某个 WMS 应用的 DDDML 代码片段：

```
aggregates:
    Locator:
        id:
            name: LocatorId
            type: string
            constraints: [numericDashAlphabetic]

        properties:
            Description:
                type: string
                # …
```

实体 Locator 表示存放货物的“货位”。我们把实体的 ID 也看作是一种特殊的属性，所以可以在 ID 上定义属性层面的约束。我们希望货位 ID 以数字开头，之后可以是数字、字母或“-”。于是在上面的代码中使用一个约束：numericDashAlphabetic。这个约束其实是在这个 WMS 限界上下文的 Configuration 中定义的一个“字符串模式”的名称：

```
configuration:
    boundedContextName: "Dddml.Wms"
    # ------------------------------------------
```

```
namedStringPatterns:
    numericDashAlphabetic: "^[0-9][A-Za-z0-9-]*"
    # …
```

目前 DDDML 规范规定结点 /configuration/namedStringPatterns 的值类型是 Map<String, String>，Key 是字符串模式的名称，Value 是使用正则表达式（Regex）语法的模式。

以下是我们在应用开发过程中用过的一些命名字符串模式的例子。

- alphabeticNumeric：以字母开头，之后可以是字母或数字。例如：AbcdEFG12345。模式为 ^[A-Za-z][A-Za-z0-9]*。
- numericAlphabetic：以数字开头，之后可以是数字或字母。例如：12345AbcdEFG。模式为 ^[0-9][A-Za-z0-9]*。
- alphabeticDashNumeric：以字母开头，之后可以是数字、字母或“-”。例如：AbCD-E-123A。模式为 ^[A-Za-z][A-Za-z0-9-]*。
- numericDashAlphabetic：以数字开头，之后可以是数字、字母或“-”。例如：123456-adcdE。模式为 ^[0-9][A-Za-z0-9-]*。
- underscoreAlphabeticNumeric：以下划线或字母开头，之后可以是字母、下划线或数字。例如：_AbcdEFG1234_5678、A_B_12456cdefg。模式为 ^[_A-Za-z][A-Za-z0-9_]*。
- alphabeticUnderscoreNumeric：以字母开头，之后可以是字母、下划线或数字。例如：abcd_ef12_3456L。模式为 ^[A-Za-z][A-Za-z0-9_]*。

7.10 提供扩展点

当前的 DDDML 规范为实体的定义提供了两个扩展点，这两个扩展点的关键字是 reservedProperties 和 metadata。和限界上下文的 Configuration 中的两个扩展点（/configuration/defaultReservedProperties 以及 /configuration/metadata）类似，这两个关键字的值类型都是 Map<String, Object>。

提供这样的扩展点很大程度是基于 DDDML 技术工具（比如代码生成工具）的需要。这些工具可能希望在实体的定义中加入没有在 DDDML 规范中作为关键字定义的 Key，建议把这些 Key 放在这两个 Map 中。提供两个 Map 的想法是给这些扩展的元数据做一个不太严格的分组。一般来说，与实体的保留属性相关的扩展元数据应该放在 reservedProperties 结点下，其他扩展元数据放在 metadata 结点下。

虽然 DDDML 规范没有明确规定，但是在实现具体的 DDDML 工具时可以使用如下处理规则：在限界上下文的 Configuration 的扩展点中定义的元数据可以被在实体中定义的扩展点的元数据覆盖。也就是说，一般认为后者的优先级更高。

来看一个例子。在一个实体中存在一个用于实现乐观锁的属性，这是个技术细节，领域专家很有可能并不关心它。可能在某些领域中，比如制造工艺管理，像“Version”这样的名词在领域专家那里早就有了明确的业务含义。我们可以在限界上下文配置的 /configuration/defaultReservedProperties 结点下指定用于实现“乐观锁”的实体的“版本号”属性的名称，示例如下：

```
configuration:
    # …
    boundedContextName: "Dddml.Wms"
    defaultReservedProperties:
        version: Version
        # …
```

上面的 DDDML 代码是在限界上下文内进行全局的设置，但是有时候我们可能并不想修改上下文的全局设置，因为那样可能会影响很多地方，比如所有已生成的代码。那么，我们可能需要针对某个实体指定乐观锁使用的“那个版本号”属性的名称，以避免和属于领域概念的“Version”发生命名冲突，示例如下：

```
aggregates:
    Package:
        id:
            name: PackageId
            type: long
        properties:
            RowVersion:
                type: long
            # …
            Version:
                type: string
            # …
        reservedProperties:
            version: RowVersion
```

提示　所谓的“乐观锁”，可以按如以下方式理解。

- 我（业务逻辑层代码）对发生并发访问冲突导致数据无法更新的可能性持乐观态度，所以我对数据的“锁定”方式是：我看到了，先随它去吧。
- 当我想要更新数据的时候，向数据库发出这样一个请求：基于我看到它在某年某月某日某时某刻的样子，我想要把它变成如此这般；如果它在某年某月某日某时某刻之后已经改变，那么你什么也不要做。
- 数据库会把这个请求的执行结果反馈给我：“如你所愿”，抑或“它已改变”。
- 我根据数据库反馈的结果执行后续的操作。

如果“它已改变”，一个我可能会选择的操作是通过“回滚”数据库事务“放弃一切”，然后抛出异常通知上层代码。

Chapter 8 第8章

超越数据模型

领域建模不应该只对软件模型的静态结构建模，还需要对软件模型的动态行为建模。

到目前为止，本书主要是介绍了怎么使用 DDDML 描述聚合 / 实体的状态，也就是对软件使用的数据结构进行建模。虽然有很多业务软件都是记录型系统（SoR），数据结构是系统的核心，但是如果 DDDML 仅限于此，那实在算不上一门领域建模语言，最多算是加上了聚合概念的数据库定义语言（Data Definition Language，DDL）而已。DDDML 应该具备对系统行为进行建模的能力。

DDDML 主要通过定义方法（Method）来给软件的行为建模。DDDML 支持使用关键字 methods 来定义实体的方法及领域服务的方法，它也支持对方法的安全性做出声明。

另外，DDDML 还支持使用一些关键字来记录领域中关键的业务逻辑，这些业务逻辑用于描述或者约束系统的行为，本章将针对这些关键字进行集中介绍。

8.1 实体的方法

一个应用的业务逻辑应该被恰如其分地切分到以下三个地方。

1. 值对象的方法上

由于数据值对象基本没有什么方法，所以这里主要指领域基础类型的方法。值对象是实体的构造块，但不应该仅仅是实体的数据结构的构造块，也应该是实体的行为的构造块。

2. 实体的方法上

通过定义实体的方法，我们可以把修改单个聚合实例状态的代码提取出来，让这些操作的语义更清晰。并且，我们可以声明这个操作所产生的领域事件的名称，这对实现事件驱动架构（Event-Driven Architecture，EDA）很有帮助。

虽然 DDDML 允许定义非聚合根实体的方法，但是其实并不太推荐这么做，一般来说，定义聚合根的方法就足够了。因为一个非聚合根实体的状态应该被视为某个聚合根实例的状态的一部分，所以，在实现非聚合根实体的方法时尤其需要注意保证聚合实例的状态的一致性。

我们可以把实体的方法都称为“聚合的方法”。在代码层面，可以委托一个聚合对象去实现 DDDML 中定义的实体——不管是聚合根还是非聚合根实体——的（命令）方法的业务逻辑。

3. 跨聚合的领域服务上

举例来说：假设在我们构建的某个领域的模型中，Money 是值对象；Order 聚合的聚合根是 OrderHeader 实体，OrderItem 是 Order 聚合的内部实体；另外可能存在一个 InventoryItem（库存单元）聚合；PlaceOrderService 是“下订单服务”，这是一个领域服务，操作多个聚合（比如 Order、InventoryItem 等）的业务逻辑就在其中；还有一个 InventoryItem（库存单元）聚合。在代码层面的 UML 类图则如图 8-1 所示。

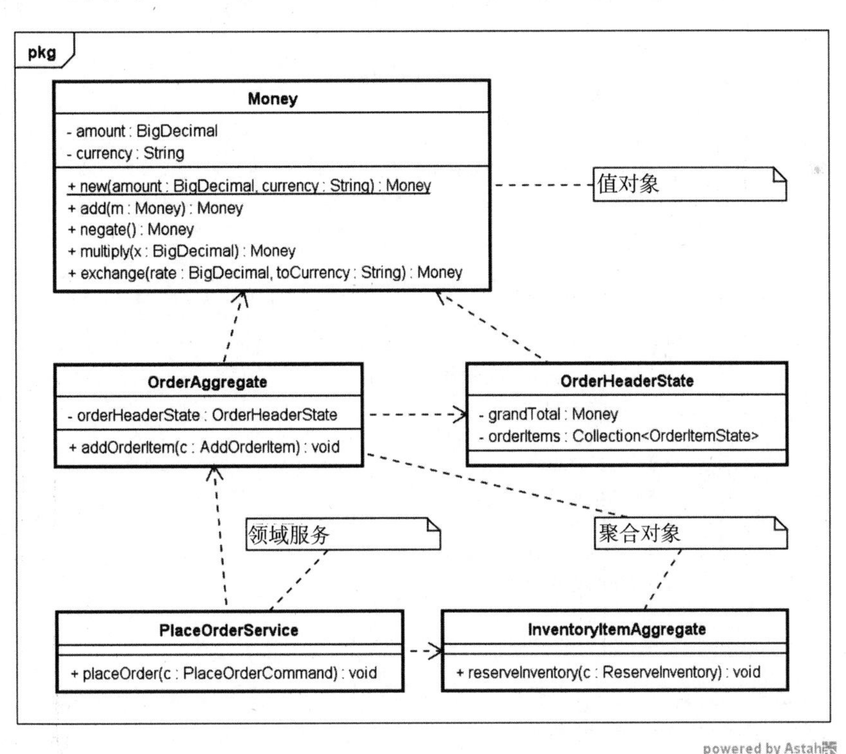

图 8-1 不同类型的对象及它们的方法

在图 8-1 中，Money 是一个值对象，包含对“钱”的处理逻辑，比如金额的相加、乘法等；OrderAggregate 及 InventoryItemAggregate 是聚合对象，它们包含修改单个聚合实例的状态的方法；PlaceOrderService 是一个领域服务。下订单时，很可能需要修改多个聚合实例的状态，比如除了需要操作订单聚合，还可能需要操作库存单元（InventoryItem）聚合来保留库存。

关于怎么定义实体的方法，先看一个 DDDML 文档的例子：

```
aggregates:
    Person:
        id:
            name: PersonId
            type: PersonId
        properties:
            BirthDate:
                type: DateTime
            # …
            Email:
                type: Email
            YearPlans:
                itemType: YearPlan
            # …

        methods:
            # ----------------------
            ChangeEmail:
                eventName: EmailChanged
                # notInstanceMethod: false
                parameters:
                    NewEmail:
                        type: Email
                    # RequesterId:
                    #   type: long
                    #   isRequesterId: true
                    # CommandId:
                    #   type: string
                    #   isCommandId: true
                    # PersonId:
                    #   type: PersonId
                    #   isAggregateId: true
                    # PersonVersion:
                    #   type: long
                    #   isAggregateVersion: true

        entities:
            # ----------------------
            YearPlan:
                id:
                    name: Year
                    type: int
                globalId:
```

```
        name: YearPlanId
        type: YearPlanId
    properties:
        Description:
            type: string
            length: 500

    methods:
        ChangeDescription:
            parameters:
                Description:
                    type: string
                # PersonVersion:
                #   type: long
                #   isAggregateVersion: true
                # YearPlanId:
                #   type: YearPlanId
                #   isEntityGlobalId: true
```

在上面的 DDDML 代码中，定义的两个实体的方法（ChangeEmail 与 ChangeDescription）都没有声明返回的结果（没有使用 result 关键字），这说明它们都是命令方法。按照 CQRS 的设计原则，命令方法不应该定义返回结果，有返回结果的应该是查询方法。下面提到“实体的方法”时，如果没有特别说明，指的都是实体的命令方法。

如果我们定义的是一个改变状态的命令方法，那么可以使用关键字 eventName 指定命令可能产生的领域事件的名称，在这里的 ChangeEmail 方法产生的事件名是 EmailChanged（电子邮件已修改）。

> 提示 领域事件是源自领域层的事件，这些事件有业务含义，表示某些业务逻辑已经被执行。我们经常把领域事件简称为事件。

8.1.1 聚合根的方法

上一节的 DDDML 代码片段中定义了聚合根 Person 的一个名为 ChangeEmail 的方法。顾名思义，这个方法的意图是要修改一个人（Person）的电子邮件。

这个方法是 Person 实体的“实例方法”，所以关键字 notInstanceMethod（非实例方法）的值为 false，由于 false 是默认值，所以并不需要显式地设置它。注意，目前 DDDML 不允许在聚合内部（非聚合根）实体中定义非实例方法。

这个方法显式定义的参数只有一个，其参数名为 NewEmail。客户端想要调用实体的方法时很有可能还需要传入其他参数。其中有些技术性参数和应用的领域概念关系不大，比如请求者的 ID（RequesterId）以及命令 ID（CommandId）。服务端可能需要记录请求者的 ID 来支持审计，并利用命令 ID 来实现方法的幂等性。

另外，对于实体的实例方法来说，客户端调用它们时需要提供聚合（聚合根）的 ID；

如果客户端想要调用包含了乐观锁检查逻辑的实体的命令方法，那么可能还需要传入聚合（聚合根）的版本号（Version）。

如果在 DDDML 中没有显式地定义方法的如下参数：请求者 ID、命令 ID、聚合 ID、聚合版本号，那么 DDDML 工具可能会使用工具的默认设置或限界上下文的全局设置来自动生成它们并添加到方法的参数列表中。DDDML 工具在生成代码的时候，会在必要的地方使用这些默认或全局设置的参数的名称。如果觉得这些自动添加的参数的名称不尽如人意，那么可以在 DDDML 中使用相应的关键字 isRequesterId、isCommandId、isAggregateId、isAggregateVersion 显式地定义它们（在前面的 DDDML 代码中，显式定义这几个参数的代码都被注释掉了）。

当我们说到“实体的方法”时，如果没有特别说明，都是指实体的实例方法。实体的实例方法只应该修改一个实体的状态；而实体的非实例方法可能会修改多个实体的状态。可以把非实例方法当作领域服务的一种“变体”，只是访问这个服务的“入口”位于实体成员的名称空间内。

8.1.2 非聚合根实体的方法

我们不仅可以给聚合根定义方法，也可以给聚合内部的非聚合根实体定义方法。前文说过，面向聚合内部的非聚合根实体发出的命令（调用非聚合根实体的方法），同样应该理解为“聚合的命令”。

如果不想定义一个非聚合根实体的方法，还可以使用以下做法达到类似的效果，即定义一个包含同样参数的聚合根的方法，然后，在这个聚合根的方法的参数列表中添加表示“从聚合根导航到该非聚合根实体需要的 Local ID(s)”的参数。

在前面的 DDDML 示例代码中，定义了非聚合根实体 YearPlan 的 ChangeDescription 方法，摘录如下：

```
aggregates:
    Person:
        # …
        entities:
            # …
            YearPlan:
            # …
                methods:
                    ChangeDescription:
                        parameters:
                            Description:
                                type: string
                            # PersonVersion:
                            #   type: long
                            #   isAggregateVersion: true
```

```
    # YearPlanId:
    #   type: YearPlanId
    #   isEntityGlobalId: true
```

需要说明的是，因为聚合内部的（非聚合根）实体是不能直接访问的，所以当客户端代码需要调用聚合内部实体的实例方法时，需要提供实体的 Global ID 的信息。另外，我们在聚合内采用的是“强一致性”模型，默认的实现方式是在聚合根上加一个乐观锁，如果客户端要想调用聚合内部实体的方法，那么需要提供聚合（聚合根）的版本号。如果有必要，可以在 DDDML 中使用相应的关键字 isEntityGlobalId、isAggregateVersion 显式地定义这两个参数，这样也许可以帮助工具在生成代码时使用你想要的参数名称。

8.1.3　属性的命令

需要在 DDDML 文档中描述的方法大部分都是命令方法。DDDML 支持在聚合根中定义方法，也支持在聚合内部的非聚合根实体中定义方法，为何不考虑支持在实体的属性中定义一个命令（方法）呢?

> 提示　一般来说，如果一个方法没有返回值，基本就是命令方法无疑。因为如果要严格遵循 CQRS 的职责分离原则，那么，命令方法应该没有返回值；有返回值的应该是查询方法。用户对查询的需求往往多变，大部分查询方法都不需要在 DDDML 中进行记录。

也许有读者会问：“有必要吗？在实体中定义一个方法，然后在这个方法的实现中修改属性的值不就可以了吗？”

比如，可以给一个名为 InOut（入库 / 出库单）的实体定义一个名为 ChangeStatus 的实例方法，这个方法的业务逻辑可能只会改变 InOut 的 DocumentStatus（单据状态）属性。

这种做法确实可以，大多数时候我们确实也是这么做的。但是笔者认为支持在实体的属性中定义命令也有它的好处，比如可以使得这个命令的意图更明显，它的所作所为就是为了改变这个属性的状态。

可能还存在这种情况：有些时候，我们并不想自己完全从零开始实现那些更新实体的命令（方法），也许我们会觉得 DDDML 代码生成工具“自动生成”的创建、更新实体的方法的实现逻辑“大部分”都是好的，我们只是想在这些方法被调用时不能直接修改某些属性——对这些属性的修改，我们希望使用自己定制的逻辑。

所以我们考虑支持在 DDDML 的属性结点中定义命令，以表示对这个属性状态的修改必须通过发送相应的命令来完成。另外，这个特性还可以和支持“状态机模式”的特性结合使用，这在后文会进一步介绍。

基于这些考虑，于是 DDDML 允许这么写：

```
aggregates:
```

```
        InOut:
            id:
                name: DocumentNumber
                type: string
            properties:
                IsSOTransaction:
                    type: bool
                # -------------------------------
                DocumentStatus:
                    type: string
                    commandType: DocumentAction
                    commandName: DocumentAction

    # ------------------------------
    enumObjects:
        # 单据操作
        DocumentAction:
            baseType: string
            values:
                # 起草
                Draft:
                    description: Draft
                # 完成
                Complete:
                    description: Complete
                # 作废
                Void:
                    description: Void
                # 关闭
                Close:
                    description: Close
                # 反转（完成后可以反转）
                Reverse:
                    description: Reverse
                # 确认（部分单据需要确认）
                Confirm:
                    description: Confirm
```

在这样定义之后，DDDML 代码生成工具为实体 InOut 生成的创建（Create）、更新（Update）实体的命令对象中就不再存在名为 DocumentStatus 的属性了。前文已经讨论过，命令（Command）和状态（State）是两个不同的概念，Command 对象与 State 对象的属性很可能是不一致的，这是又一个“不一致”的例子。

> 提示 实际上笔者制作的 DDDML 工具所生成的 Java 代码中，更新 InOut 实体的命令对象（接口）叫 MergePatchInOut。另外，工具生成的 Java 代码中包括名为 PropertyCommandHandler 的接口。对于这个例子，开发人员可以编写 PropertyCommandHandler 的实现类，接收客户端传入的 DocumentAction，并返回新的 DocumentStatus。

8.1.4　命令 ID 与请求者 ID

方法的一些特殊的技术性参数——比如命令 ID 与请求者 ID——使用的名称应该避免和领域中的关键概念冲突。所以 DDDML 支持对这些参数的名称进行定制。

可以在限界上下文的 Configuration 中进行全局的设置，示例如下：

```
configuration:
    commandIdName: CommandId
    requesterIdName: RequesterId
```

如前文所述，可以在定义某个方法时覆盖全局的设置，但是一般我们都不这样做。

命令 ID（Command ID）可以用于实现方法的幂等性。服务端在实现实体的命令方法时，可以考虑使用“聚合类型 + 聚合根 ID + Command ID”的组合来检测出客户端发送过来的重复命令。

客户端产生 Command ID 的方式，可以是在调用方法前生成一个 UUID（GUID）作为 Command ID。也可以考虑把调用方法使用的所有实参（除 Command ID 之外）做个 Hash 摘要，以此作为 Command ID。

提示　在创建一个聚合根的实例时，可以考虑使用聚合根的 ID 作为 Command ID。

不只是实体的方法，调用领域服务的方法时，可能也需要客户端提供 Command ID 和 Requester ID。

领域服务可能会改变多个聚合的状态，实现领域服务通常需要调用实体的方法。如果实体的方法保证了幂等性，那么采用最终一致性模型实现领域服务的编码工作可能也会简单很多。

8.2　记录业务逻辑

目前 DDDML 规范定义了一些关键字用于记录领域的关键业务逻辑，这些关键字的值类型都是 Map<String, Object>。表 8-1 说明了这些关键字在 DDDML 文档中应该出现的位置，以及它们的值应该描述什么逻辑。

表 8-1　部分用于记录业务逻辑的关键字

关键字	位置	描述的逻辑的含义
defaultLogic	属性结点中	产生属性的默认值的表达式
derivationLogic	属性结点中	实现派生属性的“读”方法的表达式
setterDerivationLogic	属性结点中	实现派生属性“写”方法的逻辑
filter	类型为集合的属性结点中	从其他类型为集合的属性派生出该属性的过滤器
referenceFilter	声明了 referenceType 的属性结点中	限制可以被该属性引用的实体实例的过滤器

（续）

关键字	位置	描述的逻辑的含义
validationLogic	实体的约束结点中（constraints/{CONSTRAINT_NAME}）	定义在实体层面（Entity-Level）用于确认实体是否满足约束的逻辑
guard	属性状态机的转换结点中（stateMachine/transitions/{TRAN_NAME}）	状态机（stateMachine）的转换（transition）的守备条件
verificationLogic	方法结点中	对命令的检验逻辑
mutationLogic	方法结点中	应用（Apply）事件去修改状态的逻辑

表 8-1 中列出的一些关键字，前文已经有所介绍，后面会进一步说明。

8.2.1 关于 accountingQuantityTypes

以下是和账务模式相关的用于描述数量类型的计算逻辑的关键字，它们都需要出现在 /configuration/accountingQuantityTypes/{QUANTITY_TYPE} 结点中。

- ❑ zeroLogic：数量“零”的表达式。
- ❑ addLogic：数量的相加逻辑。
- ❑ negateLogic：对数量“取反”的逻辑。

对于它们的使用，前文展示过 DDDML 代码示例，其中的 decimal 就是数量类型：

```
configuration:
    # …
    accountingQuantityTypes:
        decimal:
            zeroLogic:
                Java: "BigDecimal.ZERO"
            addLogic:
                Java: "{fst}.add({snd} != null ? {snd} : BigDecimal.ZERO)"
            negateLogic:
                Java: "{0}.negate()"
```

8.2.2 关于 derivationLogic

关键字 derivationLogic（派生逻辑）可以用来声明一个属性是如何派生出来的，它指的是属性的读方法的派生逻辑。

在使用账务模式的情况下，一个账目（Account）的余额其实是不一定需要存储在数据库中的，因为它总是等于这个账目所有分录（Entries）的数量总和。也就是说，账目的余额可以从它的分录派生出来。

因此，在 DDDML 中可以采用如下方式声明账目余额属性的派生逻辑（下面使用伪代码来表述）：

```
aggregates:
    Account:
        id:
```

```
            name: AccountId
            type: id
        properties:
            Entries:
                itemType: Entry
            Balance:
                type: quantity
                derived: true
                derivationLogic:
                    PseudoCode: sumOf(Entries.amount)
            # …
```

8.2.3 关于 filter

关键字 filter(过滤器)可以这样描述属性的过滤逻辑(使用了 filter 的属性是派生属性):

```
aggregates:
    # 家庭
    Family:
        id:
            name: FamilyId
            type: id
        properties:
            Surname:
                type: name
            Members:
                itemType: FamilyMember
            YoungMembers:
                itemType: FamilyMember
                # -------------------------、
                filter:
                    PseudoCode: "where age < 18"
                    Java: "m -> m.getAge() < 18"
                # derived: true
                # 不需要显式声明，有 filter 的就是派生的

        entities:
            # 家庭成员
            FamilyMember:
                id:
                    name: FirstName
                    type: name
                properties:
                    Age:
                        type: int
                    # …
```

8.2.4 使用关键字 referenceFilter

我们可以在一个声明了 referenceType 的属性结点中使用 referenceFilter 关键字，限制

可以被该属性引用的实体（Reference Type）的实例。

假设，我们在为一个 WMS 应用建模，聚合根 Locator 表示货物所在的货位。基于一些现实因素的考量，货位不是仓库（Warehouse）聚合内部的实体。如果我们希望 Locator 的属性 WarehouseId（仓库 ID）引用的是那些已经启用的（Active）仓库，那么可以按如下形式写出相关代码。

```
aggregates:
    Warehouse:
        id:
            name: WarehouseId
            type: id
    # ---------------------------------
    Locator:
        id:
            name: LocatorId
            type: id-long
        properties:
            Description:
                type: string
            # …
            WarehouseId:
                referenceType: Warehouse
                referenceName: Warehouse
                # ----------------------------------------
                # 只引用一个已经启用（Active）的仓库
                referenceFilter:
                    Criterion:
                        type: "eq"
                        property: "active"
                        value: true
                # …
```

8.2.5 业务逻辑代码中的变量

在 DDDML 文档中，可能使用不同语言的代码片段来描述关键的业务逻辑。DDDML 规范并没有明确规定 DDDML 工具应该如何处理这些代码片段。

在实践中，DDDML 文档的这些业务逻辑代码很多时候都是代码生成工具使用的模板字符串（String），这就需要我们在这些代码中使用一些变量。在生成代码的时候，可能需要先把这些模板中的变量替换成具体的值，然后再输出到代码文件中。

我们在实践中对这些变量使用以下命名规范（不是 DDDML 规范的一部分）。

- 所有变量都以花括号（{ }）包围。
- 对于方法的实现逻辑，以 {0} 表示第一个参数，{1} 表示第二个参数，{2} 表示第三个参数，以此类推。
- 对于二元操作符的实现逻辑，两个操作数（operand）分别使用 {fst} 与 {snd} 表示；

三元操作符的第三个操作数以 {trd} 表示；一元操作符的操作数直接使用 {0} 表示。

- 以 {this} 表示上下文对象。但是这里的上下文对象指的是什么，其实是由 DDDML 工具根据需要自行解释的。

8.2.6 说说区块链

这里打算借用区块链技术中的一些概念来类比说明关键字 verificationLogic、mutationLogic、validationLogic 的含义。

区块链实际上使用了事件溯源模式。简单地说，“链”上那些被确认的“交易”，大致可以类比为事件溯源模式的“事件”。

将 DDDML 与区块链技术相结合是完全有可能的。简单地说，可以使用 DDDML 工具将一个聚合定义转变成一个可以在区块链上执行的智能合约。这也许可以大大降低区块链智能合约的开发成本。

以 Corda⊖为例，合约的执行不仅需要确认当前提交的交易合法，当前交易的输入状态（Input States）也必须有效。这就需要获得每个输入状态之前的交易链（Transaction Chain），并重新执行这个链上的合约（Contract）以判断涉及的历史交易是否合法。整个交易链上的每笔交易都需要使用合约的 Verify 方法来检查是否合法，检查的交易信息包括命令、输入状态、输出状态等。

这和 ES 模式重放（重新应用）整个事件流、恢复聚合的当前状态、执行命令的过程有几分相似。在使用 ES 模式时，我们可以：

- 先使用实体的方法（命令），或历史事件关联的实体的方法的 verificationLogic（验证逻辑，它是实体方法的组成部分）来检验在上一个状态（最初的状态都是些“空”的对象实例）的基础上执行命令或应用事件是否合法。
- 如果合法则使用 mutationLogic 修改状态。
- 然后执行 validationLogic 进一步确认获得的新状态是否满足业务逻辑的约束。
- 不管是执行 verificationLogic 出错，还是执行 validationLogic 发现输出的状态违反了约束，命令都会被拒绝执行。如果是在重放历史事件的过程中，执行 verificationLogic 或 validationLogic 时发现了异常，有些时候可以考虑忽略错误。

8.3 领域服务

我们可以在 DDDML 中定义领域服务。在 DDDML 中，“服务”与“服务方法”是有区别的，可以认为“服务”是“服务方法”的分组。很多时候，我们口头交谈中提到的某个“服务”其实在 DDDML 中需要体现为一个服务方法。

⊖ Corda.net. Corda | Open Source Blockchain Platform for Business, https://www.corda.net/。

也就是说，在 DDDML 中，总是需要在 /services/{SERVICE_NAME_OR_SERVICE_GROUP_NAME}/methods/{METHOD_NAME_OR_SERVICE_NAME} 这样的结点下定义一个服务方法（或者说服务）。

以前文在介绍 DDD 战术层面的关键概念时提到的转账服务为例，它的 DDDML 代码如下：

```
services:
    TransferService:
        methods:
            Transfer:
                parameters:
                    SourceAccountId:
                        type: id
                        referenceType: Account
                    DestinationAccountId:
                        type: id
                        referenceType: Account
                    Amount:
                        type: Money
```

这里的服务方法 TransferService.Transfer 会操作类型同为 Account 的两个实体（实例），再来看看需要操作不同类型的实体（实例）的服务的例子。

> **注意** 定义在实体（包括聚合根或非聚合根实体）结点中的方法，如果这个方法是实例方法（默认就是实例方法，即没有声明 notInstanceMethod 为 true 时就是实例方法），每次调用这个方法应该最多只改变一个聚合实例的状态。如果一个方法要改变多个聚合实例的状态，那么应该定义为服务的方法或是聚合根的非实例方法。
> 这里说的聚合实例，是指聚合根实例以及通过它可以访问到的、生命周期完全受它控制的聚合内部其他实体的实例，它们作为一个整体称为聚合实例。

以下示例来自笔者开发的一个 CRM 系统。我们在服务端提供了一个线索跟进服务，销售人员对线索（Lead）执行跟进（比如电话沟通）后，需要在系统中填写所了解的信息，这时客户端需要调用这个线索跟进服务。这个服务不只是会更新 Lead 的信息，还要添加跟进（Followup）的记录，这是一个跨聚合的操作，所以它是一个领域服务。相关的聚合与服务的 DDDML 代码片段如下：

```
aggregates:
    Lead:
        id:
            name: LeadId
            type: id
        # …
    Followup:
        id:
```

```
            name: FollowupId
            type: id
        properties:
            Note:
               type: long-varchar

services:
    # ---------------------------------------
    # 线索跟进服务
    LeadFollowupService:
        # -------------------------------------
        # 方法
        methods:
            # -------------------------------------
            # 跟进后更新
            UpdateAfterFollowup:
                parameters:
                    # 线索 Id.
                    LeadId:
                        type: id
                        referenceType: Lead
                    # 称谓(称呼)
                    Salutation:
                        type: name
                    # 跟进备注
                    FollowupNote:
                        type: long-varchar
                    # …
```

8.4 在方法定义中使用关键字 inheritedFrom

之前已经介绍过，关键字 inheritedFrom 可以用于表示一个实体（现在仅限于聚合根）是另外一个实体的子类型。DDDML 还允许在定义方法时使用它来声明一个方法继承自另外一个方法，这表示该方法的参数列表包括了所继承的方法的所有参数。

以下是笔者开发的一个 CRM 系统示例：

```
aggregates:
    # ---------------------------------------
    Party:
        id:
            name: PartyId
            type: id-long
        # …
        methods:
            Create:
                parameters:
                    # …
```

```
    # ---------------------------------------
    # 职位
    Position:
        id:
            name: PositionId
            type: id
        # …
    # ---------------------------------------
    # 员工履职记录
    PositionFulfillment:
        id:
            name: PositionFulfillmentId
            type: PositionFulfillmentId
        # …

services:
    # ---------------------------------------
    # 员工 - 职位服务
    EmployeePositionService:
        # -----------------------------------
        # 方法
        methods:
            # -----------------------------------
            # 创建员工（Party）与职位履行记录
            CreateEmployeeAndPositionFulfillments:
                inheritedFrom: "Party.Create"
                parameters:
                    # 履行的职位 ID 的集合
                    FulfilledPositionIds:
                        itemType: id
```

首先说明，这里的 Employee（员工）指的是“扮演”了员工角色的那些 Party 的实例。

服务方法（EmployeePositionService.CreateEmployeeAndPositionFulfillments）想要做的是：在创建员工记录（Party 的实例）的同时，创建员工的职位履行记录。

我们让这个方法继承自（Inherited From）Party 实体的 Create 方法，然后添加一个参数 FulfilledPositionIds——因为一个员工可能在公司中“身兼多职”，所以这里允许传入多个职位的 ID（参数 FulfilledPositionIds 的类型是 ID 的集合）。

客户端在创建员工记录时，可能会传入很多参数（假设实体 Party 有很多属性），如果没有 inheritedFrom 的支持，这个地方可能就要多写很多冗余的代码。

8.5 方法的安全性

DDDML 支持在方法的定义中声明客户端调用方法所需的授权。这里的授权可以是角色或权限。

以下示例声明了客户端调用 User 的 Create 方法所需的授权：

```yaml
aggregates:
  User:
    id:
      name: UserId
      type: id-long
    properties:
      # …
    # ------------------------------
    methods:
      Create:
        authorizationEnabled: true
        requiredAnyRole: [SystemAdministrator]
        requiredAnyPermission: [UserManagement]
        parameters:
          # …
```

关键字 requiredAnyRole 以及 requiredAnyPermission 的值类型都是 String 的列表。这里的 DDDML 代码表达的意思是，客户端想要访问这个 Create 方法需要取得相应的授权：担任 requiredAnyRole 列表中的任一角色，或者获得 requiredAnyPermission 列表中的任一权限。

DDDML 代码生成工具可能会将这些信息映射到使用特定的安全框架的实现代码中，比如，在使用 Spring Securtiy 的情况下，可能会在生成的方法前添加如下注解（Java 代码）：

```java
@PreAuthorize("hasAnyAuthority('SystemAdministrator', 'UserManagement')")
public void create(CreateUser cmd) {
    // …
}
```

Chapter 9 第9章

模　式

模式是可复用的解决方案，用于解决软件设计中反复遇到的问题。有些问题总是反复出现，然后一次次地被大家“解决”，于是人们对问题进行抽象，在抽象的基础上思考、总结问题的解决方案，然后为其中的某种解决方案命名，进而得到一个模式。可见，模式是被前人验证过的解决方案。

DDDML 支持在领域模型中的某个地方声明我们想要应用的某种模式，比如像“账务模式”这样的分析模式。支持这些模式可以大大增加 DDDML 的表现力，我们往往只需要使用少量的代码就可以指出所构建的模型的意图——我们碰到的问题以及决定采用的解决方案，然后让 DDDML 工具来生成方案的执行细节。

本章会介绍 DDDML 当前支持的三种模式：账务模式、状态机模式，以及树结构模式。

9.1　账务模式

领域中重要数量（Quantity）的变化过程必须可追溯。所谓的“可追溯”，也就是说我们需要记录数量变化的历史。

账务模式提供的解决方案是：数量的每次变化都记录为账目的一个条目，合计条目得到账目的当前值（也就是我们常说的余额）。这里面有如下两个重要的概念。

- Account：账目，或者叫作账户、科目。什么是账目？基本上，领域里面所有重要的需要追溯其变化过程的数量（或者说数字）都是账目，一个数量就是一个账目。
- Entry：条目，财务人员可能会把它叫作分录，俗称的“流水”往往指的也是它。一般来说，条目应该是个不变的实体。条目需要包含触发数量变化（也就是条目生成）

的来源事件（Event）的信息。

这里所说的数量，往往指带着度量单位（UoM）的数字。数量是一个值对象，应该把它看成一个整体。有时候在特定上下文中，度量单位是人尽皆知的，这时候的数量可能仅仅需要使用一个数字（Amount）就可以表示。

以上就是一个最简单的账务处理模型——所谓的单式记账法——使用的关键概念。在财务领域，重要数量（金额）的变化往往需要使用所谓的复式记账法进行记录，只有这样才能满足财务审计需求。如需要支持复式记账法，模型中需要引入更多的概念，比如交易（Transaction）。当前的 DDDML 规范不包含描述复式记账模型需要的关键字。但开发团队可以在 DDDML 描述的单式记账模型的基础上，自行实现复式记账所需要的业务逻辑。

即使 DDDML 只对账务模式提供了最基本的支持，我们仍然认为意义重大。因为我们已经看到过太多因为“这系统连数都算不对”引发的惨剧。这实在不能过多责怪开发人员，要掌握基本的账务处理原则和模式需要付出相当大的学习成本。在 Martin Fowler 的《分析模式》[⊖]一书中，账务模式是唯一使用了两章内容来阐述的模式。DDDML 对账务模式的支持绝对可以让开发团队，特别是缺乏账务处理经验的开发人员，在需要处理重要“数字”的时候少走弯路，节省时间。

下面是一个关于库存单元的例子，出自我们曾经开发的某个 WMS 应用：

```
aggregates:
    # 库存单元
    InventoryItem:
        id:
            name: InventoryItemId
            type: InventoryItemId

        properties:
            # 在库数量
            OnHandQuantity:
                type: decimal
            # 在途数量
            InTransitQuantity:
                type: decimal
            # 保留数量
            ReservedQuantity:
                type: decimal
            # 占用数量
            OccupiedQuantity:
                type: decimal
            # 虚拟数量
            VirtualQuantity:
                type: decimal
```

⊖ Martin Fowler. 分析模式：可复用的对象模型 . 机械工业出版社，2010. 见 https://book.douban.com/subject/4832380/。

```
    # ------------------------------------
    # 库存单元条目(分录)
    Entries:
        itemType: InventoryItemEntry

reservedProperties:
    noDeleted: true

entities:
    # --------------- 库存单元条目(分录) ------------------
    InventoryItemEntry:
        immutable: true
        id:
            name: EntrySeqId
            type: long
            columnName: EntrySeqId

        properties:
            # 在库数量(变化值)
            OnHandQuantity:
                type: decimal
            # 在途数量(变化值)
            InTransitQuantity:
                type: decimal
            # 保留数量(变化值)
            ReservedQuantity:
                type: decimal
            # 占用数量(变化值)
            OccupiedQuantity:
                type: decimal
            # 虚拟数量(变化值)
            VirtualQuantity:
                type: decimal
            # 条目来源(引起数量变化的事件信息)
            Source:
                type: InventoryItemSourceInfo
                notNull: true

            # ---------------------------------
            # 库存事务(交易)的发生时间
            OccurredAt:
                type: date-time
                notNull: true

        reservedProperties:
            noActive: true

        # ------------------------------
        # 唯一约束
        uniqueConstraints:
            # 一个"来源"(事件)不能重复产生条目(分录)
```

```
            UniqueInventoryItemSource: [Source]
        # ------------------------------

# --------------- Accounts -------------------
accounts:
    # 在库数量。聚合根中的“在库数量”(属性)是一个“账目”
    OnHandQuantity:
        # 条目实体名称
        entryEntityName: "InventoryItemEntry"
        # 条目数额属性名称
        entryAmountPropertyName: "OnHandQuantity"
    # 在途数量
    InTransitQuantity:
        entryEntityName: "InventoryItemEntry"
        entryAmountPropertyName: "InTransitQuantity"
    # 保留数量
    ReservedQuantity:
        entryEntityName: "InventoryItemEntry"
        entryAmountPropertyName: "ReservedQuantity"
    # 占用数量
    OccupiedQuantity:
        entryEntityName: "InventoryItemEntry"
        entryAmountPropertyName: "OccupiedQuantity"
    # 虚拟数量
    VirtualQuantity:
        entryEntityName: "InventoryItemEntry"
        entryAmountPropertyName: "VirtualQuantity"

# ---------------- Value Objects -------------------
valueObjects:
    # ----------------------------------
    # 库存单元 Id
    InventoryItemId:
        properties:
            # 产品 Id
            ProductId:
                type: id-long
                columnName: ProductId
                length: 60
            # 货位 Id.
            LocatorId:
                type: string
                columnName: LocatorId
                length: 50
            # 属性集实例 Id.
            AttributeSetInstanceId:
                type: string
                columnName: AttributeSetInstanceId
                length: 50
```

```
# ----------------------------------
# 库存单元来源（事件）信息
InventoryItemSourceInfo:
    properties:
        # 单据类型 Id.
        DocumentTypeId:
            type: string
            referenceType: DocumentType
            notNull: true
            columnName: DocumentTypeId
        # 单据号
        DocumentNumber:
            type: string
            notNull: true
            columnName: DocumentNumber
        # 行号
        LineNumber:
            type: string
            columnName: LineNumber
        # 行的子序列号（一个源单据行项可能产生多个库存事务条目）
        LineSubSeqId:
            type: int
            columnName: LineSubSeqId
```

在这个 DDDML 文档中，聚合 InventoryItem（库存单元）表示的是当前的库存信息。InventoryItemEntry 是聚合内部实体，表示库存单元的条目。

从逻辑上说，OnHandQuantity、InTransitQuantity 等数量都是账目，虽然它们在数据库中仅对应着同一个表的不同的列。

以库存单元实体（聚合根）下的属性 OnHandQuantity 为例，这个重要的数量——它的单位存在于属性 ProductId 引用的产品信息中——是一个账目。这个数量是不能直接修改的，想要修改它需通过增加条目（Entry）来完成。在这里，表示条目的实体就是 InventoryItemEntry，在条目中表示“变化数量”的属性名也叫 OnHandQuantity（声明该变化数量的属性名的代码为：entryAmountPropertyName: "OnHandQuantity"）。

另外，这里还使用 uniqueConstraints 关键字声明了一个名为 UniqueInventoryItemSource 的唯一约束，因为对于一个触发条目生成的来源事件我们只应该处理一次。

9.2 状态机模式

为了帮助开发人员处理领域中那些重要的“数量”的变化，DDDML 提供了对账务模式的支持。而领域中有些实体可能具有一些重要的定性属性，它们的变化规则可以使用有限状态机（简称状态机）来表示。对软件开发来说，状态机是个非常有用的抽象，所以 UML 专门提供了状态机图来描述它们，DDDML 自然也不能错过对状态机模式的支持。

以下示例出自我们开发的某个 WMS 应用。入库 / 出库单的单据状态（DocumentStatusId）的转换（Transitions）规则可以使用一个状态机来表述，这个聚合的 DDDML 文档如下：

```
aggregates:
    # 入库 / 出库单
    InOut:
        id:
            name: DocumentNumber
            type: string
        properties:
            # -------------------------------------
            # 单据状态 Id
            DocumentStatusId:
                type: string
                commandType: DocumentAction
                commandName: DocumentAction

                # -------------------------------------
                # 单据状态的状态机
                stateMachine:
                    # 转换
                    transitions:

                    - sourceState: null
                      trigger: null
                      targetState: "Drafted"

                    - sourceState: "Drafted"
                      trigger: "Complete"
                      targetState: "Completed"

                    - sourceState: "Drafted"
                      trigger: "Void"
                      targetState: "Voided"

                    - sourceState: "Completed"
                      trigger: "Close"
                      targetState: "Closed"

                    - sourceState: "Completed"
                      trigger: "Reverse"
                      targetState: "Reversed"


enumObjects:
    # -------------------------------------
    DocumentAction:
        baseType: string
        values:
            Draft:
```

```
        description: Draft
    Complete:
        description: Complete
    Void:
        description: Void
    Close:
        description: Close
    Reverse:
        description: Reverse
```

上面的 DDDML 代码使用关键字 stateMachine 在属性 DocumentStatusId 结点中定义了一个状态机。状态机包括一组转换（trasitions），trigger 是触发转换的事件或命令。在 DDDML 规范中并没有限定 stateMachine/transitions 中 trigger 的值类型。

可以看到，这个示例中还存在一个属性命令（DocumentAction）。前文讨论过属性命令的问题。我们在一个属性中定义命令后，不一定要定义这个属性的状态机。但是反过来，如果这个属性上定义的状态机的转换是由命令触发的，则可以考虑给这个属性定义一个命令（声明属性的命令类型及命令名称）。生成代码的时候，DDDML 工具应该尽可能地实现 trigger 的值类型与命令类型之间的转换。

图 9-1 是使用笔者制作的 DDDML 工具基于上面的 DDDML 代码生成的状态机图。

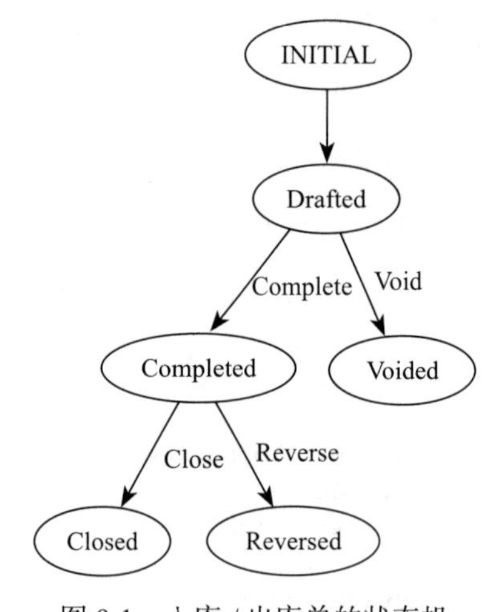

图 9-1 入库 / 出库单的状态机

从图 9-1 可以清楚地看到“入库 / 出库单”实体的单据状态的转换规则：

- 单据创建的时候，会被初始化为“已起草”(Drafted）状态。
- 当有人对已起草的单据执行一个“完成”(Complete）操作时，它就会转换到“已完成”(Completed）状态。
- 当有人对已完成的单据执行一个“关闭”（Close）操作时，它就会转换到“已关闭”(Closed）状态。

- 当有人对已完成的单据执行一个“反转”(Reverse)操作时，它就会转换到“已反转”(Reversed)状态。
- 当有人对已起草的单据执行一个“撤销”(Void)操作时，它就会转换到“已撤销”(Voided)状态。

DDDML还允许给状态的转换(trasition)加上守备条件(guard)，示例如下。

```
aggregates:
    # 库存移动单(调拨单)
    Movement:
        id:
            name: DocumentNumber
            type: string

        properties:
            # 单据状态 Id.
            DocumentStatusId:
                type: string
                commandType: DocumentAction
                commandName: DocumentAction

                stateMachine:
                    # 转换
                    transitions:

                    - sourceState: null
                      trigger: null
                      targetState: "Drafted"

                    - sourceState: "Drafted"
                      trigger: "Void"
                      targetState: "Voided"

                    - sourceState: "Drafted"
                      trigger: "Complete"
                      targetState: "Completed"
                      # 守备条件(如果不是在途单据，直接转换到“已完成”状态)
                      guard:
                          Java: "{this}.getIsInTransit() == false"
                          CSharp: "{this}.IsInTransit == false"

                    - sourceState: "Drafted"
                      trigger: "Complete"
                      targetState: "InProgress"
                      # 守备条件(如果是在途单据，转换到“进程中”状态)
                      guard:
                          Java: "{this}.getIsInTransit() == true"
                          CSharp: "{this}.IsInTransit == true"

                    - sourceState: "InProgress"
```

```
                    trigger: "Confirm"
                    targetState: "Completed"

                  - sourceState: "Completed"
                    trigger: "Close"
                    targetState: "Closed"

                  - sourceState: "Completed"
                    trigger: "Reverse"
                    targetState: "Reversed"
                    guard:
                        Java: "{this}.getIsInTransit() == false"
                        CSharp: "{this}.IsInTransit == false"

        MovementDate:
            type: DateTime
        # ...
```

在 DDDML 规范中，状态机转换的 guard 结点的值类型是个 Map<String, Object>。可以选择在 Map 中记录 Java、CSharp、伪代码等代码。

图 9-2 是使用笔者制作的 DDDML 工具基于上面的状态机定义生成的状态机图。

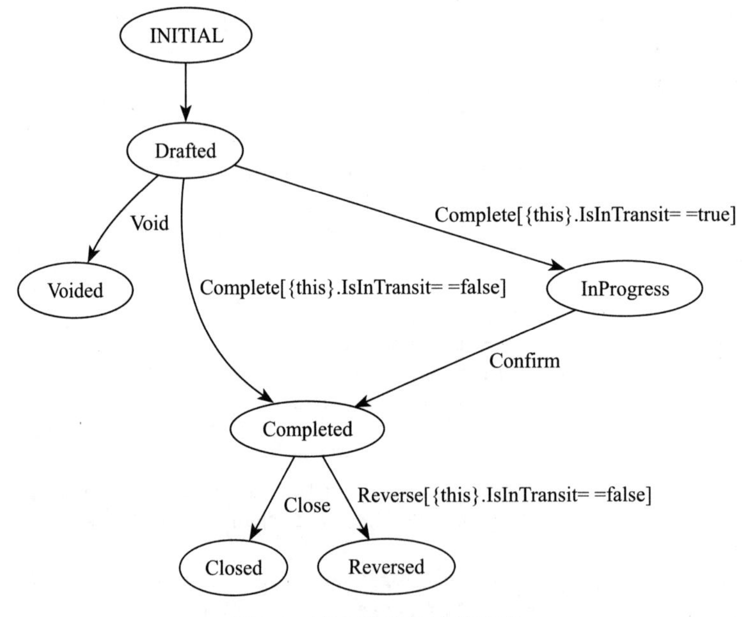

图 9-2 库存移动单的状态机

领域模型是用来交流的。一图胜千言，笔者实在是太喜欢状态机图这样的模型信息的图形化展示了。但是很遗憾，因为所在团队的资源限制，我们使用的 DDDML 工具在这方面做得还太少。

9.3 树结构模式

在领域建模时，我们经常会碰到一些需要构建层次关系的实体，树是用来描述层次关系的一种数据结构。比如一个公司的内部组织，它的各个部门、分支机构，可能就会组成一个甚至多个层次结构。

DDDML 目前支持使用两种方式来定义树。

9.3.1 简单的树

最简单的树，树结点的内容以及树结点的关系都体现为同一个实体的属性。

举例来说，仓库中的货位（Locator），它们可能是按照“排（x）”“货架（y）”“层（z）”这样的结构来划分的。“1 排 3 架”是一个货位，“1 排 3 架第 1 层”也是一个货位，前者是后者的父货位。

下面先定义一个 Locator 的实体（聚合根）：

```
aggregates:
    Locator:
        id:
            name: LocatorId
            type: id-long
        properties:
            WarehouseId:
                referenceType: Warehouse
                referenceName: Warehouse
            ParentLocatorId:
                type: id-long
            # …
```

然后定义一个名字叫作 LocatorTree 的树，在 DDDML 中只需要如下几行即可：

```
trees:
    # ------------------------------
    # 货位树
    LocatorTree:
        nodeContentType: Locator
        parentId: ParentLocatorId
        rootParentIdValues: [null, ""]
```

在这个例子，我们：

- 使用关键字 nodeContentType 指明树结点的内容类型是 Locator（货位）这个实体。
- 使用关键字 parentId 指明（实体 Locator 中）属性 ParentLocatorId 是一个指向父结点的 ID（Parent ID）。
- 使用关键字 rootParentIdValues 指出当一个结点的 Parent ID 是 null 或者是空字符串时，它就会被认为是根结点。根结点是没有父结点（Parent）的，所以“根结点的 Parent ID”一般都是特殊的值。

9.3.2 使用关键字 structureType

在 9.3.1 节的例子中，使用 nodeContentType 指定了树结点的内容类型（实体），它可以使用一个“ Parent ID”属性来指向自己的父结点。但是也可以使用一个单独的实体来表示树结点的关系，我们把它叫作树的结构类型（structureType），它和结点的内容类型（实体）可以不是同一个实体。

比如说，在一个企业里面，可能存在“销售体系”“客服体系”这种类型不同的组织树（OrganizationTree）。企业的一个部门（内部组织）可能在这两个体系里面承担了不同的职责。我们可以使用 DDDML 描述这样的情况：

```
aggregates:
    Organization:
        id:
            name: OrganizationId
            type: string
        properties:
            Name:
                type: string
            Description:
                type: string
            # …

    # ------------------------------
    OrganizationStructureType:
        id:
            name: Id
            type: string
        # …

    # -------------------------------
    OrganizationStructure:
        id:
            name: Id
            type: OrganizationStructureId
        properties:
            # …
        valueObjects:
            # --------------- valueObject ---------------
            OrganizationStructureId:
                properties:
                    OrganizationStructureTypeId:
                        referenceType: OrganizationStructureType
                    ParentId:
                        referenceType: Organization
                    SubsidiaryId:
                        referenceType: Organization

trees:
```

```
# ---------------------------------
OrganizationTree:
    nodeContentType: Organization
    structureType: OrganizationStructure
    parentId: Id.ParentId
    childId: Id.SubsidiaryId
    #rootParentIdValues: [""]
```

相较于前面构造的简单的货位树，在这个组织树的定义中多了两行代码：

- 使用关键字 structureType 指定用于构造组织树的结构类型是实体 OrganizationStructure。
- 使用关键字 childId 指明结构类型（实体 OrganizationStructure）的属性 Id.SubsidiaryId 是指向子结点的 Child ID。

为什么在这个组织树的定义中 parentId 的值是 Id.PareantId？你大概已经注意到实体 OrganizationStructure 的 ID 类型是数据值对象 OrganizationStructureId，它的属性包括 ParentId 和 SubsidiaryId。

另外，上面的代码中没有指定关键字 rootParentIdValues 的值（注意最后一行代码是注释掉的）。那么，如果一个组织（Organization）的 ID 没有出现在任何 OrganizationStructure 实例的 Id.SubsidiaryId 属性中，它就应该被认为是 OrganizationTree 的根结点。

其实我们也可以在 OrganizationTree 中使用 rootParentIdValues，示例如下：

```
# ------------------------------------
trees:
    OrganizationTree:
        nodeContentType: Organization
        structureType: OrganizationStructure
        parentId: Id.ParentId
        childId: Id.SubsidiaryId
        rootParentIdValues: ["", "_NULL_"]
```

最后一行代码声明“Parent ID”的值为空字符串或“_NULL_”的 OrganizationStructure 的实例的“伪 Child ID”指向那些作为根结点的组织。

9.3.3 使用关键字 structureTypeFilter

在上面的 DDDML 示例中，实体 OrganizationStructure 的 ID 中包含了“组织结构类型”（Organization Structure Type）的 ID，我们可以用不同的组织结构类型来区分各种组织树。

下面使用关键字 structureTypeFilter 声明：只有符合一定条件的结构类型的实例，才能用于构成当前的树结构。关键字 structureTypeFilter 的值类型是 Map<String, Object>。以下是 DDDML 示例代码：

```
trees:
    TestOrganizationTree:
```

```
nodeContentType: Organization
structureType: OrganizationStructure
parentId: Id.ParentId
childId: Id.SubsidiaryId
# -------------------------------------
structureTypeFilter:
    Criterion:
        type: "or"
        lhs:
            type: "eq"
            property: "Id.OrganizationStructureTypeId"
            value: "test-org-struct-type3"
        rhs:
            type: "eq"
            property: "Id.OrganizationStructureTypeId"
            value: "test-org-struct-type1"
```

在上面的代码中，结点 /trees/TestOrganizationTree/structureTypeFilter/Criterion 的值表明组织结构类型 ID（OrganizationStructureTypeId）为 test-org-struct-type3 或 test-org-struct-type1 的那些组织结构（OrganizationStructure）的实例，构造了名为 TestOrganizationTree 的树。

DDDML 代码生成工具可以根据这些树的定义生成代码，包括服务端的树结点的查询代码以及在客户端应用 UI 中的树的展示代码。

第三部分 Part 3

实　　践

Chapter 10 第 10 章

处理限界上下文与值对象

前面的章节介绍了如何设计一个 DDD 原生的 DSL，并阐述了如何使用 DDDML 去描述 DDD 风格的领域模型中重要的方面。但是我们不想仅仅停留在这么“表面”的工作上，从本章开始将讲述如何使用 DDDML 工具将“梦想照进现实”——也就是将 DSL 描述的领域模型忠实地映射到代码上。

接下来会展示为了从 DDDML 文档产生“工作的软件”我们所做过的一些工作。也会大量地展示笔者制作的 DDDML 工具生成的软件源代码，它们一般是 Java 代码或 C# 代码。

笔者对如下说法表示赞同：想要实现 DDD，其实不需要那么多 DDD 框架，我们需要更多好的示例。而本章提供的正是在真实的生产环境下采用过的一些做法，供读者参考。

对于这些生成的代码，有时候你可能会觉得它们略显烦琐。确实，其中不少代码是可以通过某些不太难实现的方式简化掉的。比如，可以选择不生成静态类型的代码，而是在代码中使用一些“动态对象”——比如 Java 的 Map、.NET 的 IDicthionary；又比如，只生成接口的代码，而不生成实现接口的类的代码，因为我们可以使用动态代理技术在运行时生成接口的实现；再比如，可以使用一些 Bean 工具来实现对象之间的复制，而不是生成那么多执行复制操作的代码……

如果有必要，完全可以在代码中采用更“动态”的实现方案。但是，这里展示静态类型的代码，有助于让你更容易看清楚其中的实现逻辑（How），从而真正理解我们在 DDDML 中设计那些“抽象”的意图和确切的含义（What）。

到目前为止，笔者实践中在 DDDML 文档的 valueObjects 结点下定义的值对象都是一些没有定义方法的数据值对象。在本章中读者会看到笔者制作的 DDDML 工具处理这些相对简单的值对象的一些做法。

DDDML 的 /typeDefinitions 结点下定义的值对象，一般都是所谓的领域基础类型。在代码实现层面，除了确定将它们映射为特定语言的类型之外，可能还需要考虑以下问题：

- 这些领域基础类型怎么持久化？
- 这些类型怎么序列化 / 反序列化？
- 在前端用什么 UI 组件 / 控件来呈现它们？
- 在 RESTful API 中如何使用它们作为查询参数进行查询？

在本章的示例代码中，主要展示前两个问题的一些解决方案。对于第三个问题的处理，后面章节会做进一步探讨。至于第四个问题，本书没有过多阐述，下面举个例子帮助读者更好地理解这个问题。

假设 Shipment（装运单）有一个类型为 Money 的属性 FreightAmount，这个 Money 类型在 Java 代码中被映射为 Joda Money 类库的 Money 类，我们可能希望通过向下面的三个 URL 分别发送 HTTP GET 请求以获取符合特定条件的装运单列表：

```
{BASE_URL}/Shipments?FreightAmount.Currency=CNY

{BASE_URL}/Shipments?filter={type:"eq",property:"FreightAmount.
    Currency",value:"CNY"}

{BASE_URL}/Shipments?filter={type:"ge",property:"FreightAmount.
    Amount",value:"400"}
```

这个问题如何处理？留待读者自己寻找答案。

10.1 项目文件

首先要做的是将一个限界上下文中所有模型的 DDDML 文档都作为一个项目组织起来，让 DDDML 工具可以通过项目找到一个限界上下文的完整模型描述。

因为一个上下文的模型之间多少存在关联，所以在多数时候，笔者制作的 DDDML 工具会把属于同一个上下文中的所有 DDDML 文件在逻辑上合并为一个 DDDML 文档，然后再进行下一步的处理。

我们可以指定 DDDML 工具使用一个项目目录或者使用一个项目文件来载入一个上下文的完整领域模型。

提示 在口头交流时，笔者有时会把上下文称为“项目”。

一般来说，一个限界上下文的所有 DDDML 文件都会放到一个目录下面，我们把这个目录叫作限界上下文的项目目录。有时候我们希望指定被合并的 DDDML 文件，不管这些文件是不是都位于一个目录下——可使用一个项目文件来实现这个功能。项目文件还可以作为我们重用 DDDML 代码的一种方式，因为它可以引用任意目录中的 DDDML 文件。

项目文件可以声明包含或者排除哪些 DDDML 文件。

下面举例说明。比如，在开发一个 WMS 应用时，在代码仓库的 dddml 目录下，存在两个项目文件：

- wms.project
- iam.project

前者是 WMS 应用的“主”项目文件，后者是相对独立的“身份与访问管理”应用（很多人称之为用户系统）的项目文件。这两个应用的 DDDML 文件都放在同一个目录中，但是通过这两个不同的项目文件（入口），可以把这些 DDDML 文件作为两个独立的项目（上下文）区分开来。

其中 wms.project 项目文件的内容（项目文件也是基于 YAML 的）如下：

```
project:
    directories:
        - path: "."
          pattern: "*.yaml"
          fileExclusions:
              - "IamBoundedContextConfig.yaml"
              - "Audience.yaml"
              - "IdentityManagement.yaml"
              - "AccessManagement.yaml"

    files:
        - "../Dddml.Common.Metadata/AttributeSetInstance.dddml.yaml"
        - "../Dddml.Common.Metadata/AttributeSetInstanceExtensionFieldGroup.\
            dddml.yaml"
```

上面这个项目文件描述的是：加载当前目录的所有 yaml（DDDML）文件，但是，需要排除掉其中四个文件（IamBoundedContextConfig.yaml、Audience.yaml 等）；然后，还需要额外加载在结点 /project/files 中指定的两个 yaml 文件。

项目文件 iam.project 的内容如下：

```
project:
    files:
        - "typeDefinations.yaml"
        - "IamBoundedContextConfig.yaml"
        - "Audience.yaml"
        - "IdentityManagement.yaml"
        - "AccessManagement.yaml"
```

上面这个项目文件描述的是：只需要加载五个 yaml（DDDML）文件。

10.2 处理值对象

到目前为止，笔者实践中在 DDDML 文档的 valueObjects 结点下定义的值对象都是一些没有定义方法的数据值对象。DDDML 工具对于这样的值对象的处理相对简单，以生成 Java 代码为例，代码生成工具会按照在 DDDML 中定义的每个属性生成相应的 field、getter 与 setter 方法。对于这些数据值对象，很多工具，比如 JSON 序列化类库的默认处理逻辑可能就是我们想要的。

10.2.1 一个需要处理的数据值对象示例

为了说明 DDDML 工具如何处理数据值对象，假设有如下 DDDML 文档：

```
valueObjects:
    # ------------------------------
    PersonalName:
        properties:
            FirstName:
                # sequenceNumber: 0
                type: string
            LastName:
                # sequenceNumber: 1
                type: string
    # ------------------------------
    Contact:
        properties:
            PersonalName:
                type: PersonalName
            PhoneNumber:
                type: string
            Address:
                type: string
    # ------------------------------
    PersonId:
        properties:
            PersonalName:
                type: PersonalName
            SequenceId:
                type: int

# ------------------------------
aggregates:
    Person:
        id:
            name: PersonId
            type: PersonId
        properties:
            # -----------------------
            Titles:
                itemType: string
            # …
            EmergencyContact:
                type: Contact
            # …
```

在这个例子里，聚合根 Person（人）的属性 EmergencyContact（紧急联系人）的类型是值对象 Contact。值对象 Contact 的属性 PersonalName（人名）的类型（type）是一个叫作 PersonalName 的数据值对象。我们经常会碰到类似 Contact 这样的“嵌套数据值对象的数据值对象”。

我们还可以看到，Person 的 ID 类型是值对象 PersonId，它的属性包括 PersonalName（人名）与 SequenceId（序号）——因为不同的人可能有同样的名字，所以我们需要加上一个序号，使用两者的组合作为“人”的标识。这是一个略显生硬的例子，也许你会认为这里使用一个 UUID 作为 Person 的 ID 就可以了，这里只是为了展示在代码层面如何处理这样“复杂”的数据值对象。

也许有读者会认为，我们可以避免使用这样“复杂”的值对象作为实体的 ID。领域模型应该是整个软件开发团队交流的基础，并且应该被忠实地影射到实现代码中。如果在领域建模的时候，大家一致认为像 PersonId 这样“复杂”的数据值对象就应该是某个实体的 ID，那么 DDDML 就应该允许这么做，而不是因为技术上的原因要求大家绕过。

事实上，实体 ID 的选择，在概念建模阶段就应该仔细考量。那种不分青红皂白地要求实体必须使用一个没有任何业务含义的 ID（代理主键）的做法是值得商榷的，前文对此已经做过讨论。我们应该把实体不变的、具备唯一性的属性建模为它的 ID——我们认为 ID 是实体的一个特殊属性。如果实体有多个具备唯一性的属性，那么选择在现实世界中有最多机会使用它来查询、获取（GET）实体实例（状态）的那个属性。在确定好实体的 ID 之后，就应该尽可能地使用它来引用（获取）实体的实例。在数据库层面，考虑给实体的 ID 建立聚集索引，聚集索引可能是非常宝贵的（一个表只有一个）。恰当地选择实体的 ID 也有助于实现底层数据存储的多样性（比如使用 Cassandra、MongoDB 这样的 NoSQL 数据库）。在某些分布式存储系统中，除了聚合根的 ID，其他属性的唯一性可能是没有强一致性保证的。

10.2.2 使用 Hibernate 存储数据值对象

考虑一个问题，如果我们在 Java 代码中，使用了 Hibernate ORM 框架来实现 Person 实体的持久化，那么如何处理像 EmergencyContact 这样（类型为 Contact）的属性呢？

先看一下使用笔者制作的 DDDML 工具为值对象 PersonalName 生成的 Java 代码，大致如下：

```
package org.dddml.templates.tests.domain;

import java.io.Serializable;
import org.dddml.templates.tests.domain.*;

public class PersonalName implements Serializable {
    private String firstName;
    public String getFirstName() {
```

```
        return this.firstName;
    }
    public void setFirstName(String firstName) {
        this.firstName = firstName;
    }

    private String lastName;
    public String getLastName() {
        return this.lastName;
    }
    public void setLastName(String lastName) {
        this.lastName = lastName;
    }

    public PersonalName() {
    }
    public PersonalName(String firstName, String lastName) {
        this.firstName = firstName;
        this.lastName = lastName;
    }

    @Override
    public boolean equals(Object obj) {
        // 省略代码
    }

    @Override
    public int hashCode() {
        // 省略代码
    }
}
```

也许有读者会建议这里生成一个不可变的（immutable）PersonalName 类——也就是把它的那些 setter 方法去掉——是一个更好的选择。笔者也赞同，只是这可能会给 PersonalName 的序列化/反序列化以及持久化带来更多的挑战。为了简化问题，我们还是先选择为数据值对象的属性都生成 getter 和 setter 方法。

DDDML 工具为 Contact 值对象生成的 Java 代码如下：

```
public class Contact implements Serializable {
    private PersonalName personalName = new PersonalName();
    public PersonalName getPersonalName() {
        return this.personalName;
    }
    public void setPersonalName(PersonalName personalName) {
        this.personalName = personalName;
    }

    private String phoneNumber;
    public String getPhoneNumber() {
        return this.phoneNumber;
```

```
    }
    public void setPhoneNumber(String phoneNumber) {
        this.phoneNumber = phoneNumber;
    }

    private String address;
    public String getAddress() {
        return this.address;
    }
    public void setAddress(String address) {
        this.address = address;
    }

    // 注意这里
    protected String getPersonalNameFirstName() {
        return getPersonalName().getFirstName();
    }
    protected void setPersonalNameFirstName(String personalNameFirstName) {
        getPersonalName().setFirstName(personalNameFirstName);
    }

    // 注意这里
    protected String getPersonalNameLastName() {
        return getPersonalName().getLastName();
    }
    protected void setPersonalNameLastName(String personalNameLastName) {
        getPersonalName().setLastName(personalNameLastName);
    }

    public Contact() {
    }

    public Contact(PersonalName personalName, String phoneNumber, String address) {
        this.personalName = personalName;
        this.phoneNumber = phoneNumber;
        this.address = address;
    }

    @Override
    public boolean equals(Object obj) {
        // 省略实现代码
    }

    @Override
    public int hashCode() {
        // 省略实现代码
    }
}
```

从上述 Java 代码可以看到，Contact 类的属性 personalName 的类型是 PersonalName 这

个类（class）。我们选择在 Contact 类中生成派生的 protected 属性：personalNameFirstName、personalNameLastName。通过这样的方式，可以把值对象 Contact 的属性“压平”，以便实现基于 SQL 数据库的持久化。

然后，DDDML 工具生成的 Hibernate 映射文件就可以采用如下方式处理 emergencyContact 属性了：

```
<?xml version="1.0"?>
<!DOCTYPE hibernate-mapping PUBLIC
        "-//Hibernate/Hibernate Mapping DTD 3.0//EN"
        "http://www.hibernate.org/dtd/hibernate-mapping-3.0.dtd">
<hibernate-mapping package="org.dddml.templates.tests.domain.person">
    <class name="AbstractPersonState$SimplePersonState" table="People">
        <!-- 省略其他代码 -->
        <component name="emergencyContact"
            class="org.dddml.templates.tests.domain.Contact">
            <property name="personalNameFirstName">
                <column name="emergencyContactPersonalNameFirstName"
                    length="50"/>
            </property>
            <property name="personalNameLastName">
                <column name="emergencyContactPersonalNameLastName" length="50"/>
            </property>
            <property name="phoneNumber">
                <column name="emergencyContactPhoneNumber"/>
            </property>
            <property name="address">
                <column name="emergencyContactAddress"/>
            </property>
        </component>
        <!-- 省略其他代码 -->
    </class>
</hibernate-mapping>
```

10.2.3 处理值对象的集合

在 10.2.2 节的 DDDML 文档示例中，聚合根 Person 的属性 Titles 的类型是 String 的集合。

代码生成工具为 Person 生成的状态对象代码如下（Java 语言）：

```
public abstract class AbstractPersonState implements PersonState.SqlPersonState,
    Saveable {
    private PersonId personId;
    public PersonId getPersonId() {
        return this.personId;
    }
    public void setPersonId(PersonId personId) {
        this.personId = personId;
```

```
    }

    private Set<String> titles;
    public Set<String> getTitles() {
        return this.titles;
    }
    public void setTitles(Set<String> titles) {
        this.titles = titles;
    }
    // 省略其他代码
}
```

我们的工具会为 Person 实体的状态对象生成如下 Hibernate 映射文件，可以留意一下对属性 titles 的处理：

```
<?xml version="1.0"?>
<!DOCTYPE hibernate-mapping PUBLIC
        "-//Hibernate/Hibernate Mapping DTD 3.0//EN"
        "http://www.hibernate.org/dtd/hibernate-mapping-3.0.dtd">
<hibernate-mapping package="org.dddml.templates.tests.domain.person">
    <class name="AbstractPersonState$SimplePersonState" table="People">
        <composite-id name="personId"
            class="org.dddml.templates.tests.domain.PersonId">
            <key-property name="personalNameFirstName">
                <column name="PersonIdPersonalNameFirstName" length="50"/>
            </key-property>
            <key-property name="personalNameLastName">
                <column name="PersonIdPersonalNameLastName" length="50"/>
            </key-property>
            <key-property name="sequenceId">
                <column name="PersonIdSequenceId"/>
            </key-property>
        </composite-id>
        <!-- 省略其他代码 -->

        <set name="titles" table="PersonTitles" lazy="false">
            <!-- 这里是属性 titles 的映射信息 -->
            <key>
                <column name="PersonIdPersonalNameFirstName"/>
                <column name="PersonIdPersonalNameLastName"/>
                <column name="PersonIdSequenceId"/>
            </key>
            <element column="TitlesItem" type="string" not-null="true"/>
        </set>

        <!-- 省略其他代码 -->
    </class>
</hibernate-mapping>
```

10.2.4 在 URL 中使用数据值对象

对于 DDDML 文档中定义的 Person 聚合，我们希望自动生成相应的 RESTful API。比如，希望可以通过发送一个 HTTP GET 请求到以下 URL 来获取一个 Person 实体的状态：

```
{BASE_URL}/People/{personId}
```

Person 实体的 ID 类型是值对象 PersonId，那么，如何把 PersonId 序列化为 URL 中使用的路径字符串（也就是上面 URL 中的 {personId} 部分）呢？

诚然，可以选择将 PersonId 序列化为 JSON 字符串，然后将其 URL 编码之后用在 URL 中。

比如，一个 PersonId 的实例可以序列化为如下形式的 JSON：

```
{
    "personalName": {
        "firstName": "Yang",
        "lastName": "Jiefeng"
    },
    "sequenceId": 1
}
```

将它 URL 编码之后，得到的字符串结果如下：

```
%7B%0D%0A++++%22personalName%22%3A+%7B%0D%0A++++++++%22firstName%22%3A+%22Yang%2
    2%2C%0D%0A++++++++%22lastName%22%3A+%22Jiefeng%22%0D%0A++++%7D%2C%0D%0A++++
    %22sequenceId%22%3A+1%0D%0A%7D
```

这未免太过烦琐了，不利于在浏览器中输入 URL 进行测试。所以，当需要将 PersonId 这样的（嵌套数据值对象的）数据值对象序列化为一个简单的字符串时，我们选择的做法是：按照值对象的属性在 DDDML 文档中出现的先后顺序，以深度优先的方式获取属性的值，并将其转换成字符串，然后拼接成以特定的分隔符（默认是逗号“,”）分隔的字符串。也就是说，我们可以通过类似如下一个 URL 定位到一个 Person 的实例：

```
{BASE_URL}/People/Yang,Jiefeng,1
```

DDDML 工具生成的 PersonId 值对象的代码包含了属性的遍历逻辑（Java 代码）：

```
package org.dddml.templates.tests.domain;

import java.io.Serializable;
import org.dddml.templates.tests.domain.*;

public class PersonId implements Serializable {
    private PersonalName personalName = new PersonalName();
    // 省略 personalName 的 getter/setter 方法的代码
    private Integer sequenceId;
    // 省略 sequenceId 的 getter/setter 方法的代码
```

```
protected String getPersonalNameFirstName() {
    return getPersonalName().getFirstName();
}

protected void setPersonalNameFirstName(String personalNameFirstName) {
    getPersonalName().setFirstName(personalNameFirstName);
}

protected String getPersonalNameLastName() {
    return getPersonalName().getLastName();
}

protected void setPersonalNameLastName(String personalNameLastName) {
    getPersonalName().setLastName(personalNameLastName);
}

public PersonId() {
}

public PersonId(PersonalName personalName, Integer sequenceId) {
    this.personalName = personalName;
    this.sequenceId = sequenceId;
}

@Override
public boolean equals(Object obj) {
    // …
}

@Override
public int hashCode() {
    // …
}

protected static final String[] FLATTENED_PROPERTY_NAMES = new String[]{
        "personalNameFirstName",
        "personalNameLastName",
        "sequenceId",
};

protected static final String[] FLATTENED_PROPERTY_TYPES = new String[]{
        "String",
        "String",
        "Integer",
};

protected static final java.util.Map<String, String>
    FLATTENED_PROPERTY_TYPE_MAP;

static {
    java.util.Map<String, String> m = new java.util.HashMap<String,
```

```
            String>();
        for (int i = 0; i < FLATTENED_PROPERTY_NAMES.length; i++) {
            m.put(FLATTENED_PROPERTY_NAMES[i], FLATTENED_PROPERTY_TYPES[i]);
        }
        FLATTENED_PROPERTY_TYPE_MAP = m;
    }

    protected void forEachFlattenedProperty(java.util.function.BiConsumer<String,
        Object> consumer) {
        for (int i = 0; i < FLATTENED_PROPERTY_NAMES.length; i++) {
            String pn = FLATTENED_PROPERTY_NAMES[i];
            Object pv = null;
            // 省略使用反射读取属性值的代码
            consumer.accept(pn, pv);
        }
    }

    protected void setFlattenedPropertyValues(Object... values) {
        for (int i = 0; i < FLATTENED_PROPERTY_NAMES.length; i++) {
            String pn = FLATTENED_PROPERTY_NAMES[i];
            // 省略使用反射设置属性值的代码
        }
    }
    // ...
}
```

在需要将 PersonId 的实例序列化为一个简单字符串的时候，我们只需要调用它的 forEachFlattenedProperty 方法，就可以遍历它所有属性的值，并将它们转换为字符串（这个转换可能需要使用某种“类型转换工具类”），然后进行拼接。

如果需要把一个“简单”的字符串反序列化为 PersonId 的实例，则可以新创建（new）一个 PersonID 实例，然后将字符串以分隔符进行分割，把分割出来的子字符串转换成各个属性的类型，然后调用 setFlattenedPropertyValues 方法设置这个 PersonId 的实例。

10.2.5 处理领域基础类型

在笔者的实践中，领域基础类型都是在 DDDML 文档的 /typeDefinitions 结点下定义的。举例来说，可以按如下形式定义一个名为 Money 的类型：

```
typeDefinitions:
    Money:
        javaType: org.joda.money.Money
        cSharpType: MyMoneyLib.Money
```

这几行代码的含义如下：

- 在需要生成 Java 代码的时候，把属于领域概念的 Money 类型映射为 Joda Money 类库中的 org.joda.money.Money 类。

- 在需要生成 C# 代码的时候，把 Money 类型映射为在 MyMoneyLib 这个 namespace 下的 Money 类。

像 Joda Time、Joda Money 这样的类库，如果不是十分了解相关的领域知识，程序员是不可能在短时间内写出来的。

构建这样的领域专用基础类型值对象对提高代码质量可能有巨大帮助，虽然实现过程可能并不简单，但有时候确实非常值得考虑。

1. 使用 Hibernate 持久化

如果打算使用 Hibernate ORM 框架来实现 Joda Money 对象的持久化，需要实现 Money 类对应的 Hibernate 映射类型。假设把它命名为 MoneyType，因为我们打算在数据库中使用两列来存储 Money 对象，所以可以让这个映射类型实现 Hibernate 提供的 CompositeUserType 接口，它的实现代码如下：

```
package org.dddml.wms.domain.hibernate.usertypes;

import org.hibernate.*;
import org.hibernate.engine.spi.SharedSessionContractImplementor;
import org.hibernate.type.*;
import org.hibernate.usertype.CompositeUserType;
import org.joda.money.*;
import java.io.Serializable;
import java.math.BigDecimal;
import java.sql.*;

public class MoneyType implements CompositeUserType {

    @Override
    public String[] getPropertyNames() {
        return new String[]{"amount", "currency"};
    }

    @Override
    public Type[] getPropertyTypes() {
        return new Type[]{BigDecimalType.INSTANCE, StringType.INSTANCE};
    }

    @Override
    public Object getPropertyValue(Object component, int propertyIndex) throws
        HibernateException {
        if (component == null) {
            return null;
        }
        final Money money = (Money) component;
        switch (propertyIndex) {
            case 0: {
                return money.getAmount();
```

```
        }
        case 1: {
            return money.getCurrencyUnit().getCurrencyCode();
        }
        default: {
            throw new HibernateException("INVALID property index: " +
                propertyIndex);
        }
    }
}

@Override
public void setPropertyValue(Object component, int propertyIndex, Object
    value) throws HibernateException {
    throw new HibernateException("Component is immutable.");
}

@Override
public Class returnedClass() {
    return Money.class;
}

@Override
public boolean equals(Object x, Object y) throws HibernateException {
    if (x == null) {
        return y == null;
    }
    return x.equals(y);
}

@Override
public int hashCode(Object x) throws HibernateException {
    assert (x != null);
    return x.hashCode();
}

@Override
public Object nullSafeGet(ResultSet rs, String[] names,
    SharedSessionContractImplementor sharedSessionContractImplementor,
    Object owner) throws HibernateException, SQLException {
    assert names.length == 2;
    BigDecimal amount = BigDecimalType.INSTANCE.nullSafeGet(rs, names[0],
        sharedSessionContractImplementor);
    String currencyCode = StringType.INSTANCE.nullSafeGet(rs, names[1],
        sharedSessionContractImplementor);
    return amount == null && currencyCode == null
            ? null
            : BigMoney.of(CurrencyUnit.getInstance(currencyCode), amount).
                toMoney();
}
```

```
    @Override
    public void nullSafeSet(PreparedStatement st, Object value, int index,
        SharedSessionContractImplementor sharedSessionContractImplementor)
        throws HibernateException, SQLException {
        if (value == null) {
            BigDecimalType.INSTANCE.set(st, null, index,
                sharedSessionContractImplementor);
            StringType.INSTANCE.set(st, null, index + 1,
                sharedSessionContractImplementor);
        } else {
            final Money money = (Money) value;
            BigDecimalType.INSTANCE.set(st, money.getAmount(), index,
                sharedSessionContractImplementor);
            StringType.INSTANCE.set(st, money.getCurrencyUnit().
                getCurrencyCode(), index + 1, sharedSessionContractImplementor);
        }
    }

    @Override
    public Object deepCopy(Object value) throws HibernateException {
        if (value == null)
            return null;
        Money money = (Money) value;
        return Money.of(money);
    }

    @Override
    public boolean isMutable() {
        return false;
    }

    @Override
    public Serializable disassemble(Object value, SharedSessionContractImplementor
        sharedSessionContractImplementor) throws HibernateException {
        return (Serializable) value;
    }

    @Override
    public Object assemble(Serializable cached, SharedSessionContractImplementor
        sharedSessionContractImplementor, Object owner) throws HibernateException
        {
        return cached;
    }

    @Override
    public Object replace(Object original, Object target,
        SharedSessionContractImplementor sharedSessionContractImplementor,
        Object owner) throws HibernateException {
        return deepCopy(original);
    }
}
```

为了生成 Hibernate 映射代码，可能还需要在限界上下文的 DDDML 配置文件中给代码生成工具提供更多的信息：

```
configuration:

    # 省略部分代码 …
    hibernate:
        hibernateTypes:
            Money:
                mappingType: "org.dddml.wms.domain.hibernate.usertypes.MoneyType"
                propertyNames: ["Amount", "Currency"]
                propertyTypes: ["decimal", "string"]

    nHibernate:
        nHibernateTypes:
            Money:
                mappingType: "Dddml.Wms.Services.Domain.NHibernate.MyMoneyType,
                    Dddml.Wms.Services"
                propertyNames: ["Amount", "Currency"]
                propertyTypes: ["decimal", "string"]
```

作为 Hibernate 的 .NET 移植版本，在 NHibernate 中也存在类似 CompositeUserType 的 ICompositeUserType 接口，NHibernate XML 映射文件的写法也与 Hibernate 大同小异，在此不再赘述。

2. 序列化

（1）使用 Jackson JSON 库

如果想要使用 Jackson JSON 库来实现 Money 类的序列化和反序列化，首先需要实现 Money 的 JsonSerializer，示例如下：

```java
package org.dddml.wms.restful.json;

import com.fasterxml.jackson.core.*;
import com.fasterxml.jackson.databind.*;
import org.joda.money.Money;
import java.io.IOException;

public class JodaMoneyJacksonSerializer extends JsonSerializer<Money> {
    @Override
    public void serialize(Money value, JsonGenerator gen, SerializerProvider
        serializers) throws IOException, JsonProcessingException {
        gen.writeStartObject();
        gen.writeStringField("amount", value.getAmount().toString());
        gen.writeStringField("currency", value.getCurrencyUnit().
            getCurrencyCode());
        gen.writeEndObject();
    }
}
```

为了支持 Money 的反序列化，还需要实现一个 JsonDeserializer：

```
package org.dddml.wms.restful.json;

import com.fasterxml.jackson.core.*;
import com.fasterxml.jackson.databind.*;
import org.joda.money.*;
import java.io.IOException;
import java.math.BigDecimal;

public class JodaMoneyJacksonDeserializer extends JsonDeserializer<Money> {
    @Override
    public Money deserialize(JsonParser p, DeserializationContext ctxt) throws
        IOException {
        try {
            JsonNode node = p.getCodec().readTree(p);
            String amount = node.get("amount").asText();
            String currency = node.get("currency").asText();
            Money money = Money.of(CurrencyUnit.of(currency), new
                BigDecimal(amount));
            return money;
        } catch (Exception ex) {
            throw new JsonParseException(p, ex.getMessage());
        }
    }
}
```

如果你在 Spring MVC 开发的应用中使用了 Jackson JSON 库来序列化 / 反序列化 Money 对象，那么，可能需要客制化 Spring MVC 应用所使用的 ObjectMapper 组件，让 Money 的序列化器与反序列化器生效。通过 Google 搜索关键字“ Spring MVC Customize the Jackson ObjectMapper”可以找到设置它的方法，这里不再赘述。

（2）使用 Json.NET 库

如果想要使用 Json.NET 库来实现 MyMoneyLib.Money 对象的序列化和反序列化，可能需要先实现一个名为 MoneyJsonConverter 的 JsonConverter。然后，编写一个 CustomContractResolver 类（C# 代码），示例如下：

```
public class CustomContractResolver : DefaultContractResolver
{
    private static readonly Type _moneyType = typeof(Money);

    private static readonly JsonConverter _moneyJsonConverter = new
        MoneyJsonConverter();

    protected override JsonConverter ResolveContractConverter(Type objectType)
    {
        if (objectType != null && _moneyType.IsAssignableFrom(objectType))
        {
            return _moneyJsonConverter;
```

```
        }
        return base.ResolveContractConverter(objectType);
    }
}
```

如果我们想要在 ASP.NET Web API 应用中使用它们，可能需要以如下方式设置应用所使用的 System.Web.Http.HttpConfiguration 配置对象（如果是使用 Visual Studio 的 ASP.NET Web API 模板生成的项目，可能可以在名为“ WebApiConfig.cs”的 C# 代码文件中找到设置 HttpConfiguration 的地方）：

```
config.Formatters.JsonFormatter.SerializerSettings.ContractResolver = new
    CustomContractResolver();
```

3. 处理时间值对象

在对领域进行建模的时候，有必要分辨领域中那些看上去相似、互相有联系但是存在微妙区别的概念。概念混淆的反面典型之一是 Java 8 之前的时间处理 API。以下是后来 Java 8 在 java.time 包下引入的部分类（它们借鉴自 Joda Time 类库）：

- LocalDateTime，表示“当地日期时间”，它不能表示“时刻”，但是可以通过调用方法，指定时区（“本地”是哪里）后得到一个“时刻”。
- LocalDate，表示当地日期。时区不明确。
- LocalTime，表示当地时间。时区不明确。
- ZonedDateTime，有时区的日期时间，它可以表示时刻。

这些时间相关的类都可以认为是值对象。当你开发的应用所服务的领域需要使用时间的值对象时，建议考虑一下是否可以使用上面的名词与概念。另外，也许还可以考虑使用以下概念：

- ZondedDate，带时区的日期，不是一个时刻。表示比如“北京时间 2020 年 1 月 30 号”这样的概念，但是没有明确是这一天中的哪个时刻。
- ZonedTime，带时区的时间，不是一个时刻。表示比如“北京时间早上 8 点”这样的概念。

如果你想要在一个限界上下文中把值对象命名为 DateTime 或者 Timestamp，那应该尽可能地澄清它们的确切含义：

- 对于 DateTime，建议明确说明它是 LocalDateTime 还是 ZonedDateTime 的别名。如果你想使用 Date 这个名字，也请做类似的考虑。
- 对于 Timestamp，我们经常看到“时间戳”这个词，它的含义往往取决于上下文。有时它可能是指“时刻”，有时可能是指一个自动增长的整数序号。不同的 SQL 数据库中 Timestamp 类型所指的概念可能存在明显差异。请认真考虑是否有必要在限界上下文中使用 Timestamp 作为值对象的名称，如果确有需要，对其做出准确的定义。

决定将这些与时间相关的领域对象映射为特定语言（Java、C#、PHP 等）的何种类型，要从它们代表的领域概念出发。在 JSON 序列化 / 反序列化这些对象的过程中，首先应该注意不能丢失信息，还应该考虑序列化结果的可读性。当然，也建议不要“自作多情”地往序列化结果中添加值对象在领域概念中不存在的信息。比如，把时区不明确的 LocalDate 序列化为 JSON 字符串，在序列化结果中添加“时区指示”信息等。

关于时间对象的持久化问题，相信不少读者都曾为此大伤脑筋。更具体一点说，假如要使用 Hibernate 与 MySQL 开发应用，需要存储 java.time.ZonedDateTime 类型的值对象，应该如何处理？

如果我们尽可能不做设置（即使用默认设置），那么 Hibernate 的行为大致是：

- Java 类型 java.time.ZonedDateTime 的 Hibernate 映射类型为 org.hibernate.type.ZonedDateTimeType。如果使用 MySQL，其对应的列类型默认为 MySQL 的 DateTime 类型。
- 不管是什么时区的 ZonedDateTime 实例，在写入数据库时都会被统一转为系统默认时区的日期时间值后存入数据库。MySQL 的 DateTime 类型不包含时区信息，可以将其想象成是一个“没有时区的日期时间”字符串。
- 当需要从数据库中取回 ZonedDateTime 时，只能先获得一个“没有时区的日期时间”值（在概念上可以理解为 LocalDateTime 类型），然后指定时区为系统默认时区，并将其转换为 ZonedDateTime。

在这种情况下，如果应用需要在不同时区的机器上运行，很容易引发混乱。

所以，我们可以考虑的一个处理方案是，告诉 Hibernate 总是使用 UTC 时区：

```
hibernate.jdbc.time_zone=UTC
```

但是这还不够，我们还需要阻止 MySQL JDBC Connector“自作聪明”。读者可自行通过 Google 搜索 *How to store date, time, and timestamps in UTC time zone with JDBC and Hibernate* 这篇文章[⊖]，参考文章中的方法进行处理。其中的关键点是：

If you're using the MySQL JDBC Connector/J prior to version 8, you need to set the useLegacyDatetimeCode connection property to false as, otherwise, the hibernate.jdbc.time_zone has no effect.

也就是说，如果你使用的是版本 8 之前的 MySQL JDBC Connector/J，需要把“useLegacyDatetimeCode”这个连接属性设置为 false，否则设置“hibernate.jdbc.time_zone”不会生效。

为了更保险，我们可以进一步指定 serverTimezone 连接属性，给应用配置的数据源的 JDBC URL 如下：

```
jdbc:mysql://localhost/test?characterEncoding=utf8&serverTimezone=
    GMT%2b0&useLegacyDatetimeCode=false
```

⊖ 见 https://vladmihalcea.com/how-to-store-date-time-and-timestamps-in-utc-time-zone-with-jdbc-and-hibernate/。

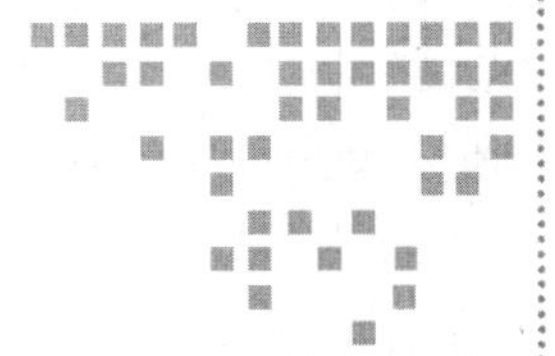

第 11 章 Chapter 11

处理聚合与实体

有了值对象，包括数据值对象和领域基础类型，就有了实体的构造块。实体总是属于某个聚合的，因此需要在 DDDML 文档的 /aggregates 结点下定义聚合。

聚合是 DDD 战术层面最重要的概念，如何生成聚合的代码是 DDDML 代码生成工具的核心。默认情况下，笔者制作的工具会为聚合生成的代码使用事件溯源模式。

DDDML 工具为聚合生成的代码大部分都不应该依赖于特定的外部框架。比如说，依赖于 Hibernate 与 Spring 框架的代码都应该被剥离到特定的子类或接口的特定实现类中。

但是我们确实有一些应该在不同的聚合之间共享的代码，包括一些接口、基类以及工具类。笔者的做法是，将这样的代码部分放在限界上下文的“ Specialization Namespace”中，这个 Namespace 是上下文中“基础 Namespace”的一个子空间。

> 提示 映射到具体的语言，这里说的 Namespace 是指 Java 的关键字 package 所代表的概念；对于 C# 来说，这个 Namespace 就是 C# 的关键字 namespace 代表的概念。

我们希望工具生成的代码无须修改就可以通过编译，并且可以工作起来。生成的代码可以分成两部分：

- 一部分代码在修改领域模型的 DDDML 文档之后需要被重新生成、覆盖，这部分代码应该预留足够的扩展点，我们不应该手动去修改它们。对于 Java 来说，扩展方式之一是使用 extends 工具生成的基类；对于 C# 来说，可以使用 partial class 作为生成代码的扩展方式。
- 另外一部分代码可以看作是脚手架代码，在生成之后不会被代码生成工具静默地覆盖。开发人员可以根据领域的需要修改（特别化）它们。我们在 Specialization

Namespace 内生成的代码就属于这种情况。

对于在 DDDML 中定义的存在继承关系的实体，本章会演示在使用 Hibernate ORM 框架的情况下该如何处理这些继承关系。

本章还会介绍代码生成工具可以如何利用 DDDML 文档中的模式信息，以第 9 章中展示过的库存单元聚合中的那些在库数量、在途数量之类的账目，以及入库 / 出库单聚合中的单据状态的状态机为例，讲解工具能给开发人员的编码工作提供什么帮助。

11.1 生成聚合的代码

下面以前文使用过的 DDDML 文档中定义的 Car 聚合为例进行说明，笔者制作的 DDDML 工具生成的 Rotate 方法（命令）的默认执行逻辑大致如图 11-1 所示（使用 UML 顺序图表示）。

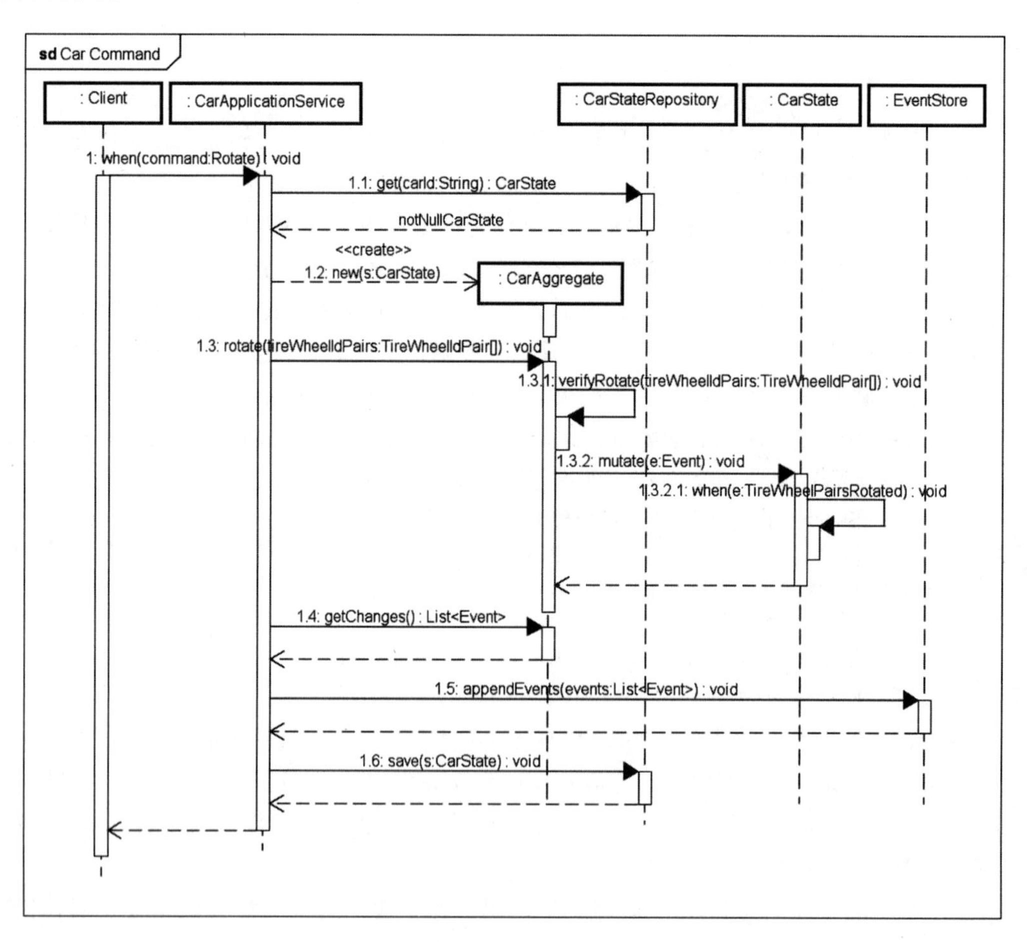

图 11-1 Car 聚合 Rotate 方法的执行顺序图

在默认的情况下，生成的代码使用了事件溯源模式。要想改变 Car 的状态，必须先生成一个事件（Event），然后调用 CarState 的 mutate 方法。

可能有读者已经注意到了，虽然在 DDDML 中定义了一个名为 Car 实体，但是在上面的顺序图中并不存在一个名为 Car 的对象，却存在一个叫 CarAggregate 的对象。我们把像 CarAggregate 这样的对象叫作聚合对象，把 CarState 这样的对象叫作状态对象。Car 聚合的业务逻辑由 CarAggregate 实现，也就是说它负责维护 Car 聚合内所有实体状态的一致性。

需要说明的是，图 11-1 其实是概念性的。具体来说，我们使用的 DDDML 工具为这个聚合生成的 Java 代码中会包括一些对象的接口（interface）以及这些接口的实现类，在图 11-1 中并没有体现这些代码细节。接下来，看看工具生成的代码中具体都包含些什么。

11.1.1　接口

1. 状态

工具生成的表示 Car 的状态接口（Java 语言）如下：

```
package org.dddml.templates.tests.domain.car;

import java.util.*;
import org.dddml.templates.tests.domain.*;
import org.dddml.templates.tests.specialization.Event;

public interface CarState {
    Long VERSION_ZERO = 0L;
    Long VERSION_NULL = VERSION_ZERO - 1;

    String getId();
    String getDescription();
    Long getVersion();
    String getCreatedBy();
    Date getCreatedAt();
    String getUpdatedBy();
    Date getUpdatedAt();
    Boolean getActive();
    Boolean getDeleted();

    EntityStateCollection<String, WheelState> getWheels();
    EntityStateCollection<String, TireState> getTires();

    interface MutableCarState extends CarState {
        void setId(String id);
        void setDescription(String description);
        void setVersion(Long version);
        void setCreatedBy(String createdBy);
        void setCreatedAt(Date createdAt);
        void setUpdatedBy(String updatedBy);
```

```
        void setUpdatedAt(Date updatedAt);
        void setActive(Boolean active);
        void setDeleted(Boolean deleted);

        // 注意，这个 mutate 方法会修改 Car 的状态:
        void mutate(Event e);
    }

    interface SqlCarState extends MutableCarState {
        boolean isStateUnsaved();
        boolean getForReapplying();
    }
}
```

在这里，org.dddml.templates.tests 是测试限界上下文对应的 Java 包（package）。

Car 实体的状态接口 CarState 的属性都是只读的，我们把修改属性的那些 setter 方法都放在它的子类型 MutableCarState 接口中。

聚合内可能有多个实体，所谓“聚合的状态”自然需要包括聚合根的状态以及聚合内部其他（非聚合根）实体的状态。

工具生成的接口 EntityStateCollection 表示聚合内部实体的状态对象的集合，接口的代码如下：

```
package org.dddml.templates.tests.domain;

import java.util.Collection;

public interface EntityStateCollection<TId, TState> extends Collection<TState> {
    TState get(TId entityId);
    boolean isLazy();
    boolean isAllLoaded();
    Collection<TState> getLoadedStates();

    interface ModifiableEntityStateCollection<TId, TState> extends
        EntityStateCollection<TId, TState> {
        Collection<TState> getRemovedStates();
        TState getOrAdd(TId entityId);
    }
}
```

接口 EntityStateCollection 的 get(TId entityId) 方法用于根据实体的 ID（这里指的是聚合内部实体的 Local ID）返回实体的状态，如果该 ID 对应的实体实例不存在，则返回 null。

接口 ModifiableEntityStateCollection 的方法 getOrAdd(TId entityId) 则一定会返回非 null 的实体状态对象，如果从参数传入的 ID 尚未存在对应的实体实例，那么需要新建一个实体的状态对象添加到集合中，然后返回该状态对象。

接口 EntityStateCollection 的实现有可能使用懒（Lazy）加载的方式来加载实体的状态。

已经加载的实体状态则可以通过 getLoadedStates() 方法获取。

再来看看聚合内部实体 Wheel 的状态对象接口（文件 WheelState.java）：

```
public interface WheelState {
    Long VERSION_ZERO = 0L;
    Long VERSION_NULL = VERSION_ZERO - 1;

    String getWheelId();
    Long getVersion();
    String getCreatedBy();
    // 省略部分代码
    String getCarId();

    interface MutableWheelState extends WheelState {
        void setWheelId(String wheelId);
        void setVersion(Long version);
        void setCreatedBy(String createdBy);
        // 省略部分代码
        void setCarId(String carId);

        void mutate(Event e);
    }

    interface SqlWheelState extends MutableWheelState {
        CarWheelId getCarWheelId();
        void setCarWheelId(CarWheelId carWheelId);
        boolean isStateUnsaved();
        boolean getForReapplying();
    }
}
```

可以看到，WheelState 接口的子类型 SqlWheelState 接口有个 carWheelId 属性，它表示 Wheel 实体的 Global ID。工具为实体 Wheel 生成了它的 Global ID 值对象（Java 代码，有删节）：

```
public class CarWheelId implements java.io.Serializable {
    private String carId;
    public String getCarId() {
        return this.carId;
    }
    public void setCarId(String carId) {
        this.carId = carId;
    }

    private String wheelId;
    public String getWheelId() {
        return this.wheelId;
    }
    public void setWheelId(String wheelId) {
```

```
        this.wheelId = wheelId;
    }

    public CarWheelId() {
    }
    public CarWheelId(String carId, String wheelId) {
        this.carId = carId;
        this.wheelId = wheelId;
    }

    @Override
    public boolean equals(Object obj) {
        // …
    }
    @Override
    public int hashCode() {
        // …
    }
    // …
}
```

2. 命令

代码生成工具会生成 Car 的命令对象的基类接口（CarCommand）。在默认情况下，生成的 Java 代码还包括创建 Car(CreateCar)、更新 Car(MergePatchCar)、删除 Car(DeleteCar) 的命令对象的接口（Java 代码）:

```
public interface CarCommand extends Command {
    String getId();
    void setId(String id);
    Long getVersion();
    void setVersion(Long version);

    static void throwOnInvalidStateTransition(CarState state, Command c) {
        if (state.getVersion() == null) {
            if (isCommandCreate((CarCommand) c)) {
                return;
            }
            throw DomainError.named("premature",
                "Can't do anything to unexistent aggregate");
        }
        if (state.getDeleted() != null && state.getDeleted()) {
            throw DomainError.named("zombie",
                "Can't do anything to deleted aggregate.");
        }
        if (isCommandCreate((CarCommand) c))
            throw DomainError.named("rebirth",
                "Can't create aggregate that already exists");
    }

    static boolean isCommandCreate(CarCommand c) {
```

```
        return c.getVersion().equals(CarState.VERSION_NULL);
    }

    interface CreateOrMergePatchCar extends CarCommand {
        String getDescription();
        void setDescription(String description);
        Boolean getActive();
        void setActive(Boolean active);
    }

    interface CreateCar extends CreateOrMergePatchCar {
        CreateWheelCommandCollection getCreateWheelCommands();
        WheelCommand.CreateWheel newCreateWheel();
        CreateTireCommandCollection getCreateTireCommands();
        TireCommand.CreateTire newCreateTire();
    }

    interface MergePatchCar extends CreateOrMergePatchCar {
        Boolean getIsPropertyDescriptionRemoved();
        void setIsPropertyDescriptionRemoved(Boolean removed);
        Boolean getIsPropertyActiveRemoved();
        void setIsPropertyActiveRemoved(Boolean removed);
        WheelCommandCollection getWheelCommands();
        WheelCommand.CreateWheel newCreateWheel();
        WheelCommand.MergePatchWheel newMergePatchWheel();
        WheelCommand.RemoveWheel newRemoveWheel();
        TireCommandCollection getTireCommands();
        TireCommand.CreateTire newCreateTire();
        TireCommand.MergePatchTire newMergePatchTire();
        TireCommand.RemoveTire newRemoveTire();
    }

    interface DeleteCar extends CarCommand {
    }

    interface CreateWheelCommandCollection extends Iterable<WheelCommand.
        CreateWheel> {
        void add(WheelCommand.CreateWheel c);
        void remove(WheelCommand.CreateWheel c);
        void clear();
    }

    interface WheelCommandCollection extends Iterable<WheelCommand> {
        void add(WheelCommand c);
        void remove(WheelCommand c);
        void clear();
    }

    interface CreateTireCommandCollection extends Iterable<TireCommand.
        CreateTire> {
```

```
        void add(TireCommand.CreateTire c);
        void remove(TireCommand.CreateTire c);
        void clear();
    }

    interface TireCommandCollection extends Iterable<TireCommand> {
        void add(TireCommand c);
        void remove(TireCommand c);
        void clear();
    }
}
```

这里生成的用于更新（Update）Car 的命令对象的接口名叫 MergePatchCar，这是因为服务端在收到 MergePatchCar 命令后，它的处理逻辑有点类似于 JSON Merge Patch[⊖]，但是又有所不同。

按照 JSON Merge Patch 规范，在客户端传过来的 JSON 实体（对象）中：

- 如果某个属性（名字）的值被显式地设置为 null，表示需要将该属性从资源中移除。
- 如果不存在某个属性（名字），则资源的这个属性（名字）保留原值。

也就是说，可以认为 JSON 的对象是动态类型。和 JSON Merge Patch 不同，在这里会使用静态类型的命令对象。对于静态类型来说，在代码中定义的属性总是存在的，无法被移除，最多只能把它的值设置为 null。很多时候，静态类型的属性默认值本来就是 null。我们希望能很方便地使用“常用”的 JSON 序列化库对静态类型进行序列化 / 反序列化，并且在序列化 / 反序列化的过程中不丢失信息。当我们使用 JSON 序列化库对这些命令对象进行序列化的时候，如果不针对某个类型进行设置，那么序列化库的默认处理方式一般是：值为 null 的属性要么全部被序列化到 JSON，要么全部被忽略。

问题是，工具生成的静态类型的命令对象 MergePatch{ENTITY_NAME} 需要分别表示：

- {ENTITY_NAME} State 的某个属性要被移除——对于静态类型的状态对象来说，移除属性也就是将属性设置为 null。
- 让 {ENTITY_NAME} State 的某个属性保留原值，不做修改。

一个可选的解决方法是给 MergePatch{ENTITY_NAME} 命令对象添加像 isProperty{PROPERTY_NAME}Removed 这样的属性。可以根据静态类型的命令对象的属性 isProperty{PROPERTY_NAME}Removed 的值来确定是否需要将对应的实体的状态对象的 {PROPERTY_NAME} 属性设置为 null。

以 MergePatchCar 为例，当它的 isPropertyDescriptionRemoved 为 true 时，表示要将 CarState 的 description 属性修改为 null；否则，只有当 MergePatchCar 的 description 属性的值不为 null 时，才使用这个属性的值去更新 CarState 的 description。

⊖ 见 https://tools.ietf.org/html/rfc7386。

对于 DDDML 中定义的 Car 实体的 Rotate 方法，工具生成了对应的命令对象，作为 CarCommands 类的一个内部类（Java 代码），示例如下：

```
public class CarCommands {
    private CarCommands() {
    }

    public static class Rotate extends AbstractCommand implements CarCommand {
        public String getCommandType() {
            return "Rotate";
        }
        public void setCommandType(String commandType) {
        }

        /**
         * Car Id.
         */
        private String id;
        public String getId() {
            return this.id;
        }
        public void setId(String id) {
            this.id = id;
        }

        private TireWheelIdPair[] tireWheelIdPairs;
        public TireWheelIdPair[] getTireWheelIdPairs() {
            return this.tireWheelIdPairs;
        }
        public void setTireWheelIdPairs(TireWheelIdPair[] tireWheelIdPairs) {
            this.tireWheelIdPairs = tireWheelIdPairs;
        }

        private Long version;
        public Long getVersion() { return this.version; }
        public void setVersion(Long version) { this.version = version; }
    }
}
```

默认情况下，工具也会生成聚合内部实体（比如 Wheel）的命令对象的接口，这些非聚合根实体的命令对象不能独立使用，应该被理解为“聚合的命令对象”的一部分（Java 代码），示例如下：

```
public interface WheelCommand extends Command {
    String getWheelId();
    void setWheelId(String wheelId);

    interface CreateOrMergePatchWheel extends WheelCommand {
        Boolean getActive();
```

```
        void setActive(Boolean active);
    }

    interface CreateWheel extends CreateOrMergePatchWheel {
    }

    interface MergePatchWheel extends CreateOrMergePatchWheel {
        Boolean getIsPropertyActiveRemoved();
        void setIsPropertyActiveRemoved(Boolean removed);
    }

    interface RemoveWheel extends WheelCommand {
    }
}
```

3. 事件

工具生成的表示 Car 的事件对象的接口（Java 代码）如下：

```
import org.dddml.templates.tests.specialization.Event;

public interface CarEvent extends Event {
    interface SqlCarEvent extends CarEvent {
        CarEventId getCarEventId();
        boolean getEventReadOnly();
        void setEventReadOnly(boolean readOnly);
    }

    String getId();
    Long getVersion();
    String getCreatedBy();
    void setCreatedBy(String createdBy);
    Date getCreatedAt();
    void setCreatedAt(Date createdAt);
    String getCommandId();
    void setCommandId(String commandId);

    interface CarStateEvent extends CarEvent {
        String getDescription();
        void setDescription(String description);
        Boolean getActive();
        void setActive(Boolean active);
    }

    interface CarStateCreated extends CarStateEvent {
        Iterable<WheelEvent.WheelStateCreated> getWheelEvents();
        void addWheelEvent(WheelEvent.WheelStateCreated e);
        WheelEvent.WheelStateCreated newWheelStateCreated(String wheelId);
        Iterable<TireEvent.TireStateCreated> getTireEvents();
        void addTireEvent(TireEvent.TireStateCreated e);
        TireEvent.TireStateCreated newTireStateCreated(String tireId);
```

```
    }

    interface CarStateMergePatched extends CarStateEvent {
        Boolean getIsPropertyDescriptionRemoved();
        void setIsPropertyDescriptionRemoved(Boolean removed);
        Boolean getIsPropertyActiveRemoved();
        void setIsPropertyActiveRemoved(Boolean removed);
        Iterable<WheelEvent> getWheelEvents();
        void addWheelEvent(WheelEvent e);
        WheelEvent.WheelStateCreated newWheelStateCreated(String wheelId);
        WheelEvent.WheelStateMergePatched newWheelStateMergePatched(String
            wheelId);
        WheelEvent.WheelStateRemoved newWheelStateRemoved(String wheelId);
        Iterable<TireEvent> getTireEvents();
        void addTireEvent(TireEvent e);
        TireEvent.TireStateCreated newTireStateCreated(String tireId);
        TireEvent.TireStateMergePatched newTireStateMergePatched(String tireId);
        TireEvent.TireStateRemoved newTireStateRemoved(String tireId);
    }

    interface CarStateDeleted extends CarStateEvent {
        Iterable<WheelEvent.WheelStateRemoved> getWheelEvents();
        void addWheelEvent(WheelEvent.WheelStateRemoved e);
        WheelEvent.WheelStateRemoved newWheelStateRemoved(String wheelId);
        Iterable<TireEvent.TireStateRemoved> getTireEvents();
        void addTireEvent(TireEvent.TireStateRemoved e);
        TireEvent.TireStateRemoved newTireStateRemoved(String tireId);
    }
}
```

我们可以看到，对于DDDML中定义的实体，假设这个实体的名称为{Xxxx}，默认情况下，工具会生成名称为{Xxxx}StateEvent的事件对象的接口，以及它的子类型{Xxxx}StateCreated、{Xxxx}StateMergePatched、{Xxxx}StateDeleted。一般来说，这些事件类型表示实体的状态因为执行Create{Xxxx}、MergePatch{Xxxx}、Delete{Xxxx}命令而发生的变化。但是，如前文所述，事件与命令并非一定要存在严格的一一对应关系，所以其他命令的执行也有可能产生这些事件。一个实体的事件类型是可以扩展的，但是如果一个命令产生的后果可以用{Xxxx}StateCreated、{Xxxx}StateMergePatched来表示，那么直接使用它们也无妨，在后文会看到这样的例子。

默认情况下，工具生成的代码会为每个实体创建对应的事件表，实体的事件会存储到各自的事件表中。工具会为事件表的主键生成对应的值对象的代码，比如对于Car聚合根，工具会生成CarEventId：

```
public class CarEventId implements java.io.Serializable {
    private String id; //Car Id.
    public String getId() { return this.id; }
    public void setId(String id) { this.id = id; }
```

```
    private Long version;
    public Long getVersion() { return this.version; }
    public void setVersion(Long version) { this.version = version; }

    public CarEventId() {
    }
    public CarEventId(String id, Long version) {
        this.id = id;
        this.version = version;
    }

    @Override
    public boolean equals(Object obj) {
        // …
    }
    @Override
    public int hashCode() {
        // …
    }
}
```

工具也生成了 WheelEvent 接口，WheelEvent 是非聚合根实体的事件对象，应该被理解为 CarEvent 的一部分（Java 代码），示例如下：

```
public interface WheelEvent extends Event {
    interface SqlWheelEvent extends WheelEvent {
        WheelEventId getWheelEventId();
        boolean getEventReadOnly();
        void setEventReadOnly(boolean readOnly);
    }

    String getWheelId();
    String getCreatedBy();
    // 省略代码
    interface WheelStateEvent extends WheelEvent {
        // …
    }
    interface WheelStateCreated extends WheelStateEvent {
        // …
    }
    interface WheelStateMergePatched extends WheelStateEvent {
        // …
    }
    interface WheelStateRemoved extends WheelStateEvent {
    }
}
```

为了方便地将 WheelEvent 存储到 SQL 数据库中，工具会生成 WheelEventId 数据值对象（Java 代码），示例如下：

```
public class WheelEventId implements Serializable {
    private String carId;
    public String getCarId() { return this.carId; }
    public void setCarId(String carId) { this.carId = carId; }

    private String wheelId;
    public String getWheelId() { return this.wheelId; }
    public void setWheelId(String wheelId) { this.wheelId = wheelId; }

    private Long carVersion;
    public Long getCarVersion() {
        return this.carVersion;
    }
    public void setCarVersion(Long carVersion) {
        this.carVersion = carVersion;
    }

    public WheelEventId() {
    }
    public WheelEventId(String carId, String wheelId, Long carVersion) {
        this.carId = carId;
        this.wheelId = wheelId;
        this.carVersion = carVersion;
    }

    @Override
    public boolean equals(Object obj) {
        // …
    }
    @Override
    public int hashCode() {
        // …
    }
}
```

如果成功执行实体 Car 的命令方法 Rotate，会产生类型为 TireWheelPairsRotated 的事件，这是一个 Java 类（不是接口），它的代码在本节的后面展示。

在生成的代码中，那些看着很相似的状态、命令、事件对象之间是没有继承关系，也没有共同的基类的。比如 CarState 、CreateCar、CarStateCreated，从表面上看有很多名字一样的属性，但是它们之间没有继承关系，也没有共同的基类。

其实，笔者制作的代码生成工具在刚开始生成状态、命令、事件时，它们之间是有继承关系的，但是笔者很快就发现这是个错误，因为它们在概念上是不同的东西，这在前文已经做过阐述。比如，对于使用了账务模式的聚合来说，账目的状态对象（AccountState）中可能存在一个余额属性，但是在创建账目（CreateAccount）这个命令对象中绝不应该存在同名的属性。如果让 CreateAccount 继承自 AccountState 是个再明显不过的错误，它打破了账务模式“用心良苦”的封装，即使是让 CreateAccount 命令对象重写（override）余额属性的 setter 方法，在方法中抛出异常，这也不是一个好做法。

再比如，我们的工具生成 C# 代码时，根据需要，某个名称为 {Xxx} 的实体，其状态对象 {Xxx}State 中可能存在一个绝对不能为空的值类型属性 Foo。而它的事件对象 {Xxx}StateCreated 的 Foo 属性，可能需要的是一个可空的值类型的包装类型（这个包装类型是个引用类型）。这两个不同对象的 Foo 属性的类型并不相同。当一个 {Xxx}StateCreated 对象的 Foo 的值为 null 时，表示创建该实体时没有显式地设置 Foo 属性的值——所以在 {Xxx}StateCreated 事件发生后，对应的 {Xxx}State 的属性 Foo 应该会保留在构造对象时获得的初始值。

提示 这里提到的“值类型”“引用类型”是 .NET（CLR）中的概念，和 DDD 的“值对象”和“引用对象”概念不同。其实在 Java（JVM）中也存在值类型和引用类型的概念，像 int、long 这样的基本类型（Primitive Types）都是值类型，它们对应的包装类 Integer、Long 则是引用类型。也许有读者已经注意到，在本书展示的 Java 示例代码中，领域值对象都没有映射为 Java 的基本类型。

4. Aggregate

工具为 Car 聚合生成名为 CarAggregate 的聚合对象的接口（Java 代码）如下：

```
public interface CarAggregate {
    CarState getState();

    List<Event> getChanges();

    void create(CarCommand.CreateCar c);

    void mergePatch(CarCommand.MergePatchCar c);

    void delete(CarCommand.DeleteCar c);

    void rotate(TireWheelIdPair[] tireWheelIdPairs, Long version, String
        commandId, String requesterId, CarCommands.Rotate c);

    void throwOnInvalidStateTransition(Command c);
}
```

在 CarAggregate 接口的方法中，工具在默认情况下会生成的 create、mergePatch、delete 方法，它们的参数只有一个，因为像 CreateCar 这样的用于创建实体的命令对象可能有很多属性。而对于 rotate 这样的开发人员“自定义”的方法（命令），不鼓励使用太多的参数。

为什么我们需要 CarAggregate 与 CarState 这两个不同的对象？

聚合对象收到命令后，会根据业务规则检验命令，决定是否允许发生对应的“事件”，这是聚合的核心业务逻辑。如果“事件”可以发生，那么聚合对象会生成“事件对象”，然后把它交给状态对象，由状态对象根据事件对象修改（mutate）自身的状态。也就是说修改状态的逻辑是由状态对象负责的。如果把这些逻辑都放在同一个对象里，那这个对象的职责就太多了。

事件是已经发生的事实。应用事件修改状态的逻辑一般来说比较简单。比如，当名称为 {Xxx} 的实体的状态对象（{Xxx}State）收到一个 Renamed 事件时，它可能只是简单地设置自身的 name 属性（Java 代码），示例如下：

```
public class {Xxx}StateImpl implements {Xxx}State {
    private String name;

    public void setName(String name) {
        this.name = name;
    }
    // …

    public void mutate(Event e) {
        if (e instanceof Renamed) {
            Renamed renamed = (Renamed) e;
            setName(renamed.getNewName());
        }
        // …
    }
    // …
}
```

5. 事件存储

DDDML 工具生成的表示事件存储（Event Store）的接口如下（Java 代码）：

```
import java.util.Collection;
import java.util.function.Consumer;

public interface EventStore {
    EventStream loadEventStream(EventStoreAggregateId aggregateId);

    void appendEvents(EventStoreAggregateId aggregateId, long version,
        Collection<Event> events, Consumer<Collection<Event>>
        afterEventsAppended);

    Event getEvent(Class eventType, EventStoreAggregateId eventStoreAggregateId,
        long version);

    Event getEvent(EventStoreAggregateId eventStoreAggregateId, long version);

    EventStream loadEventStream(Class eventType, EventStoreAggregateId
        eventStoreAggregateId, long version);
}
```

6. 存储库（Repository）

聚合与实体是两个不同的概念，因为有了聚合，所以我们才有必要引入对应的 Repository 的概念。Repository 会把一个聚合当成一个整体对待。在没有聚合这个概念时，在数据访问层中与实体对应的那个东西往往被称为 DAO（数据访问对象），我们需要把 Repository 和 DAO 这两个概念区分开。

DDDML 工具为聚合 Car 生成了两个 Repository 接口。在实现命令方法的时候，一般只会用到 CarStateRepository 接口：

```
public interface CarStateRepository {
    CarState get(String id, boolean nullAllowed);

    void save(CarState state);
}
```

默认情况下，Repository 返回的实体的状态对象是只读的。调用 Repository 的客户端（Client）代码不能直接设置（set）状态对象的属性。想要修改状态对象，需要生成事件对象，然后调用状态对象的 mutate 方法——这是在 Aggregate 对象中完成的。

另外一个接口 CarStateQueryRepository 主要用于查询聚合的状态，示例如下：

```
import java.util.*;
import org.dddml.support.criterion.Criterion;

public interface CarStateQueryRepository {
    CarState get(String id);

    Iterable<CarState> getAll(Integer firstResult, Integer maxResults);
    Iterable<CarState> get(Iterable<Map.Entry<String, Object>> filter,
        List<String> orders, Integer firstResult, Integer maxResults);
    Iterable<CarState> get(Criterion filter, List<String> orders, Integer
        firstResult, Integer maxResults);
    Iterable<CarState> getByProperty(String propertyName, Object propertyValue,
        List<String> orders, Integer firstResult, Integer maxResults);

    CarState getFirst(Iterable<Map.Entry<String, Object>> filter, List<String>
        orders);
    CarState getFirst(Map.Entry<String, Object> keyValue, List<String> orders);

    long getCount(Iterable<Map.Entry<String, Object>> filter);
    long getCount(Criterion filter);

    WheelState getWheel(String carId, String wheelId);
    Iterable<WheelState> getWheels(String carId, Criterion filter, List<String>
        orders);

    TireState getTire(String carId, String tireId);
    Iterable<TireState> getTires(String carId, Criterion filter, List<String>
        orders);
```

```
    PositionState getPosition(String carId, String tireId, Long positionId);
    Iterable<PositionState> getPositions(String carId, String tireId,
        Criterion filter, List<String> orders);
}
```

7. 应用服务

工具生成的 Car 聚合的应用服务接口 CarApplicationService（Java 代码）如下：

```
import java.util.*;
import org.dddml.support.criterion.Criterion;

public interface CarApplicationService {
    void when(CarCommand.CreateCar c);
    void when(CarCommand.MergePatchCar c);
    void when(CarCommand.DeleteCar c);
    void when(CarCommands.Rotate c);

    CarState get(String id);

    Iterable<CarState> getAll(Integer firstResult, Integer maxResults);
    Iterable<CarState> get(Iterable<Map.Entry<String, Object>> filter,
        List<String> orders, Integer firstResult, Integer maxResults);
    Iterable<CarState> get(Criterion filter, List<String> orders, Integer
        firstResult, Integer maxResults);
    Iterable<CarState> getByProperty(String propertyName, Object propertyValue,
        List<String> orders, Integer firstResult, Integer maxResults);

    long getCount(Iterable<Map.Entry<String, Object>> filter);
    long getCount(Criterion filter);

    CarEvent getEvent(String id, long version);

    CarState getHistoryState(String id, long version);

    WheelState getWheel(String carId, String wheelId);
    Iterable<WheelState> getWheels(String carId, Criterion filter, List<String>
        orders);

    TireState getTire(String carId, String tireId);
    Iterable<TireState> getTires(String carId, Criterion filter, List<String>
        orders);

    PositionState getPosition(String carId, String tireId, Long positionId);
    Iterable<PositionState> getPositions(String carId, String tireId,
        Criterion filter, List<String> orders);
}
```

要特别说明的是，以上生成的这些代码的结构，较大程度地受《实现领域驱动设计》[⊖]

⊖ Vaughn Vernon. 实现领域驱动设计 . 电子工业出版社 , 2014. 见 https://book.douban.com/subject/25844633/。

一书中提到的示例项目“lokad-iddd-sample”的影响。

11.1.2 代码中的命名问题

1. Delete 与 Remove

读者可能已经注意到，在默认情况下，我们为聚合根 Car 生成了一个 DeleteCar 命令对象，而为聚合内部实体 Wheel 生成的是名为 RemoveWheel 的内部命令对象。

为什么命名会不一样？因为对这两个命令的处理逻辑是有明显差异的。我们允许移除（Remove）一个聚合内部的（非聚合根）实体，然后再把它添加回去。而删除（Delete）聚合根的时候，默认生成的实现代码其实只是设置聚合根的状态对象的一个特殊标记属性，然后它就变成了“僵尸”。没有经过特殊的回收处理之前，僵尸会一直躺在那里，这时是不能重复创建同样 ID 的聚合根的实例的。也就是说，我们不允许僵尸随便复活。这样做的部分原因是工具生成的代码默认就使用了事件溯源模式，且聚合的事件 ID 默认是由聚合根的 ID 加上事件发生时聚合根的版本号（Version）组成的，允许删除聚合根会导致产生重复的事件 ID。

很多应用都是不允许删除聚合根的，因为允许删除聚合根可能会导致重要的信息不可追溯，所以这算不上不近人情的决定。

很多时候，在聚合根的 ID 如何生成、是否允许 Delete 这样重要的问题上，多花时间思考再做决定是非常必要的。

我们的工具生成的代码是这样做的：被删除的（Deleted）聚合根不能重新创建（至少不能马上重新创建），在默认情况下，应用层不提供查询被删除的聚合根的方法。如果开发人员实在很讨厌这样，还可以考虑禁止工具生成 Delete 操作的代码，转而使用一个标记属性（比如叫作 Active）来实现“软删除”，即通过设置这个标记属性来启用 / 禁用一个聚合根的实例。

2. 处理聚合与实体的命名问题

在第 7 章中就讨论过聚合与实体的命名问题：

- 聚合的名称一般与聚合根的名称相同。
- 但是聚合的名称也有可能与聚合内所有实体的名称都不相同。比如一个名为 Order 的聚合，其聚合根的名字可能是 OrderHead，而 OrderItem 则是这个聚合的一个内部实体的名称。
- 聚合的名称还有可能和聚合内部的某个非聚合根实体的名称相同。比如 ProductPrice 聚合的聚合根是 ProductPriceMaster，ProductPrice 实体则是这个聚合的内部实体。

那么，对代码中的众多对象应该怎么命名，以避免名称的冲突呢？以下是相关建议，供读者参考。

对于 Client 来说，它们对聚合发出的各种命令对象，包括默认生成的 Create/Update/

Delete 命令对象，其实都应该理解为针对聚合的命令。所以：

- 当聚合名称与聚合内的所有实体的名称都不一样时，生成聚合的命令对象可以基于聚合的名称来命名，比如 CreateOrder。
- 当聚合名称与聚合内部的（非聚合根）实体名称一样时，生成聚合的命令对象考虑基于聚合根的名称来命名，比如 CreateProductPriceMaster。否则就可能和默认生成的创建聚合内部实体的内部命令对象（比如 CreateProductPrice）的名称冲突。

对于聚合的事件对象，包括默认会生成表示聚合的状态已经被修改的事件对象（即那些名为 {XxxState}Created/{XxxState}Updated/{XxxState}Deleted 的对象），采用与聚合的命令对象类似的命名规则即可（记得使用动词的过去分词形式哦）。

对于那些状态对象，如前所述，聚合是一个“边界”，我们不关心边界的状态，所以状态对象似乎基于实体（聚合根也是一种实体）的名称来命名比较合适。比如 OrderHeaderState、ProductPriceMaterState、ProductPriceState 等。

对于在生成的 RESTful API 的路径中使用的名词，可以有如下考虑。

1）总是可以在路径中使用实体的名称访问相应的资源。比如：

- {BASE_URL}/orderHeaders/{orderId}/orderItems/{orderItemSeqId} 指向某个订单的某个订单行项（OrderItem）。
- {BASE_URL}/productPriceMasters/{masterId}/productPrices/{fromDate} 指向某个产品的价格。

2）对于聚合的名称和聚合根以及聚合内部实体的名称都不一样的情况，还可以考虑支持使用聚合的名称来访问相应的资源。比如：{BASE_URL}/orders/{orderId}/orderItems/{orderItemSeqId} 同样指向某个订单的某个订单行项。

11.1.3 接口的实现

1. 状态

工具生成的聚合根 Car 的状态对象接口的实现类（Java 代码）如下：

```
public abstract class AbstractCarState implements CarState.SqlCarState, Saveable {
    private String id;
    private String description;
    // getter/seter 方法省略

    private EntityStateCollection<String, WheelState> wheels;
    public EntityStateCollection<String, WheelState> getWheels() {
        return this.wheels;
    }
    public void setWheels(EntityStateCollection<String, WheelState> wheels) {
        this.wheels = wheels;
    }
```

```
// …
private EntityStateCollection<String, TireState> tires;
private Long version;
private String createdBy;
private Date createdAt;
private String updatedBy;
private Date updatedAt;
private Boolean active;
private Boolean deleted;
private Boolean stateReadOnly;
private boolean forReapplying;
// 省略部分 getter/setter 方法的代码

public boolean isStateUnsaved() {
    return this.getVersion() == null;
}

public AbstractCarState(List<Event> events) {
    initializeForReapplying();
    if (events != null && events.size() > 0) {
        this.setId(((CarEvent.SqlCarEvent) events.get(0)).getCarEventId().
            getId());
        for (Event e : events) {
            mutate(e);
            this.setVersion((this.getVersion() == null ? CarState.
                VERSION_NULL : this.getVersion()) + 1);
        }
    }
}

public AbstractCarState() {
    initializeProperties();
}

protected void initializeForReapplying() {
    this.forReapplying = true;
    initializeProperties();
}

protected void initializeProperties() {
    wheels = new SimpleWheelStateCollection(this);
    tires = new SimpleTireStateCollection(this);
}

@Override
public int hashCode() {
    // 省略实现代码
}

@Override
public boolean equals(Object obj) {
```

```
        // 省略实现代码 …
    }

    public void mutate(Event e) {
        setStateReadOnly(false);
        if (e instanceof CarStateCreated) {
            when((CarStateCreated) e);
        } else if (e instanceof CarStateMergePatched) {
            when((CarStateMergePatched) e);
        } else if (e instanceof CarStateDeleted) {
            when((CarStateDeleted) e);
        } else if (e instanceof AbstractCarEvent.TireWheelPairsRotated) {
            when((AbstractCarEvent.TireWheelPairsRotated) e);
        } else {
            throw new UnsupportedOperationException(String.format(
                "Unsupported event type: %1$s", e.getClass().getName()));
        }
    }

    public void when(CarStateCreated e) {
        throwOnWrongEvent(e);
        this.setDescription(e.getDescription());
        this.setActive(e.getActive());
        this.setDeleted(false);
        this.setCreatedBy(e.getCreatedBy());
        this.setCreatedAt(e.getCreatedAt());
        for (WheelEvent.WheelStateCreated innerEvent : e.getWheelEvents()) {
            WheelState innerState = ((EntityStateCollection.
                ModifiableEntityStateCollection<String, WheelState>)
                this.getWheels()).
                getOrAdd(((WheelEvent.SqlWheelEvent) innerEvent).
                getWheelEventId().getWheelId());
            ((WheelState.SqlWheelState) innerState).mutate(innerEvent);
        }
        for (TireEvent.TireStateCreated innerEvent : e.getTireEvents()) {
            // 省略部分代码
        }
    }

    protected void merge(CarState s) {
        if (s == this) {
            return;
        }
        this.setDescription(s.getDescription());
        this.setActive(s.getActive());

        if (s.getWheels() != null) {
            Iterable<WheelState> iterable;
            if (s.getWheels().isLazy()) {
                iterable = s.getWheels().getLoadedStates();
            } else {
                iterable = s.getWheels();
```

```
            }
            if (iterable != null) {
                for (WheelState ss : iterable) {
                    WheelState thisInnerState = ((EntityStateCollection.
                        ModifiableEntityStateCollection<String, WheelState>)
                        this.getWheels()).getOrAdd(ss.getWheelId());
                    ((AbstractWheelState) thisInnerState).merge(ss);
                }
            }
        }
        if (s.getWheels() != null) {
            if (s.getWheels() instanceof EntityStateCollection.
                ModifiableEntityStateCollection) {
                if (((EntityStateCollection.ModifiableEntityStateCollection)
                    s.getWheels()).getRemovedStates() != null) {
                    for (WheelState ss : ((EntityStateCollection.
                       ModifiableEntityStateCollection<String, WheelState>)
                       s.getWheels()).getRemovedStates()) {
                        WheelState thisInnerState = ((EntityStateCollection.
                            ModifiableEntityStateCollection<String, WheelState>)
                            this.getWheels()).getOrAdd(ss.getWheelId());
                        ((AbstractWheelStateCollection) this.getWheels()).
                            remove(thisInnerState);
                    }
                }
            } else {
                if (s.getWheels().isAllLoaded()) {
                    Set<String> removedStateIds = new HashSet<>(this.getWheels().
                        stream().map(i -> i.getWheelId()).collect(java.util.
                        stream.Collectors.toList()));
                    s.getWheels().forEach(i -> removedStateIds.remove(i.
                        getWheelId()));
                    for (String i : removedStateIds) {
                        WheelState thisInnerState = ((EntityStateCollection.
                            ModifiableEntityStateCollection<String, WheelState>)
                            this.getWheels()).getOrAdd(i);
                        ((AbstractWheelStateCollection) this.getWheels()).
                            remove(thisInnerState);
                    }
                }
            }
        }
        // 省略部分代码
    }

    public void when(CarStateMergePatched e) {
        throwOnWrongEvent(e);
        if (e.getDescription() == null) {
            if (e.getIsPropertyDescriptionRemoved() != null && e.
                getIsPropertyDescriptionRemoved()) {
                this.setDescription(null);
```

```
        }
    } else {
        this.setDescription(e.getDescription());
    }
    // 省略部分代码
    this.setUpdatedBy(e.getCreatedBy());
    this.setUpdatedAt(e.getCreatedAt());

    for (WheelEvent innerEvent : e.getWheelEvents()) {
        WheelState innerState = ((EntityStateCollection.
            ModifiableEntityStateCollection<String, WheelState>)
            this.getWheels()).
            getOrAdd(((WheelEvent.SqlWheelEvent) innerEvent).
            getWheelEventId().getWheelId());
        ((WheelState.SqlWheelState) innerState).mutate(innerEvent);
        if (innerEvent instanceof WheelEvent.WheelStateRemoved) {
            ((AbstractWheelStateCollection) this.getWheels()).
                remove(innerState);
        }
    }
    for (TireEvent innerEvent : e.getTireEvents()) {
        TireState innerState = ((EntityStateCollection.
            ModifiableEntityStateCollection<String, TireState>)
            this.getTires()).
            getOrAdd(((TireEvent.SqlTireEvent) innerEvent).
            getTireEventId().getTireId());
        ((TireState.SqlTireState) innerState).mutate(innerEvent);
        if (innerEvent instanceof TireEvent.TireStateRemoved) {
            ((AbstractTireStateCollection) this.getTires()).
                remove(innerState);
        }
    }
}

public void when(CarStateDeleted e) {
    // 省略实现代码
}

public void when(AbstractCarEvent.TireWheelPairsRotated e) {
    throwOnWrongEvent(e);
    TireWheelIdPair[] tireWheelIdPairs = e.getTireWheelIdPairs();
    if (this.getCreatedBy() == null) { this.setCreatedBy(e.getCreatedBy()); }
    if (this.getCreatedAt() == null) { this.setCreatedAt(e.getCreatedAt()); }
    this.setUpdatedBy(e.getCreatedBy());
    this.setUpdatedAt(e.getCreatedAt());

    CarState updatedCarState = (CarState) ReflectUtils.invokeStaticMethod(
            "org.dddml.templates.tests.domain.car.RotateLogic",
            "mutate",
            new Class[]{CarState.class, TireWheelIdPair[].class,
               MutationContext.class},
            new Object[]{this, tireWheelIdPairs, MutationContext.forEvent(e,
               s -> {
```

```
                if (s == this) {
                    return this;
                } else {
                    throw new UnsupportedOperationException();
                }
            }})
        );
        if (this != updatedCarState) {
            merge(updatedCarState);
        }
    }

    public void save() {
        ((Saveable) wheels).save();
        ((Saveable) tires).save();
    }

    protected void throwOnWrongEvent(CarEvent event) {
        // 省略实现代码
    }

    public static class SimpleCarState extends AbstractCarState {
        // 省略实现代码
    }
    static class SimpleWheelStateCollection extends AbstractWheelStateCollection {
        // 省略实现代码
    }
    static class SimpleTireStateCollection extends AbstractTireStateCollection {
        // 省略实现代码
    }
}
```

在上面的实体Car的状态对象实现类的代码中，when(AbstractCarEvent.TireWheelPairsRotated e)方法会使用反射机制去调用位于同一个包（package）内的RotateLogic类的静态的mutate方法 。这里之所以使用反射，部分原因是我们希望代码生成之后马上可以编译和执行。也就是说，需要编写如下RotateLogic类：

```
package org.dddml.templates.tests.domain.car;

public class RotateLogic {
    // …
    public static CarState mutate(CarState carState, TireWheelIdPair[]
        tireWheelIdPairs, MutationContext<CarState, CarState.MutableCarState>
        mutationContext) {
        // 返回一个修改后的 CarState 的实例
    }
}
```

在上面的mutate方法中实现了当TireWheelPairsRotated事件发生时修改状态的逻辑。

从这个方法的参数 carState 传入的是事件发生前 Car 的状态，这个方法需要返回事件发生后 Car 的新状态。

为什么不生成一个叫作 RotateLogic 的接口，然后让开发人员实现这个接口呢？这是因为我们希望开发人员使用函数式编程风格来编写实体方法的业务逻辑。也就是说，不希望开发人员在这里使用实例的字段成员，这里的业务逻辑代码最好是无状态的。

提示 想要实现 Car 实体的 Rotate 方法，可以选择如下方式。

- 像前面这样写一个 RotateLogic 类。
- 用 Override（重写）DDDML 工具生成的 CarAggregate 实现类中的 rotate 方法。
- 用 Override（重写）DDDML 工具生成的 CarApplicationService 实现类中的 when（CarCommands.Rotate c）方法。

后文可以看到后面两种做法的例子。

表示车轮（Wheel）的状态对象的集合的 SimpleWheelStateCollection 类扩展自 AbstractWheelStateCollection，后者的代码如下：

```
public abstract class AbstractWheelStateCollection implements
    EntityStateCollection.ModifiableEntityStateCollection<String, WheelState>,
    Saveable {
    protected WheelStateDao getWheelStateDao() {
        return (WheelStateDao) ApplicationContext.current.get("wheelStateDao");
    }

    private CarState carState;

    private Map<CarWheelId, WheelState> loadedWheelStates = new
        HashMap<CarWheelId, WheelState>();
    private Map<CarWheelId, WheelState> removedWheelStates = new
        HashMap<CarWheelId, WheelState>();

    protected Iterable<WheelState> getLoadedWheelStates() {
        return this.loadedWheelStates.values();
    }

    private boolean forReapplying;
    public boolean getForReapplying() {
        return forReapplying;
    }
    public void setForReapplying(boolean forReapplying) {
        this.forReapplying = forReapplying;
    }

    private Boolean stateCollectionReadOnly;

    public Boolean getStateCollectionReadOnly() {
```

```
        if (this.carState instanceof AbstractCarState) {
            if (((AbstractCarState) this.carState).getStateReadOnly() != null &&
                ((AbstractCarState) this.carState).getStateReadOnly()) {
                return true;
            }
        }
        if (this.stateCollectionReadOnly == null) {
            return false;
        }
        return this.stateCollectionReadOnly;
    }

    public void setStateCollectionReadOnly(Boolean readOnly) {
        this.stateCollectionReadOnly = readOnly;
    }

    private boolean allLoaded;
    public boolean isAllLoaded() {
        return this.allLoaded;
    }

    protected Iterable<WheelState> getInnerIterable() {
        if (!getForReapplying()) {
            assureAllLoaded();
            return this.loadedWheelStates.values();
        } else {
            List<WheelState> ss = new ArrayList<WheelState>();
            for (WheelState s : loadedWheelStates.values()) {
                if (!(removedWheelStates.containsKey(((WheelState.SqlWheelState)
                    s).getCarWheelId()) && s.getDeleted())) {
                    ss.add(s);
                }
            }
            return ss;
        }
    }

    public boolean isLazy() {
        return true;
    }

    protected void assureAllLoaded() {
        if (!allLoaded) {
            Iterable<WheelState> ss = getWheelStateDao().findByCarId(carState.
                getId(), carState);
            for (WheelState s : ss) {
                if (!this.loadedWheelStates.containsKey(((WheelState.
                    SqlWheelState) s).getCarWheelId())
                        && !this.removedWheelStates.containsKey(((WheelState.
                            SqlWheelState) s).getCarWheelId())) {
                    this.loadedWheelStates.put(((WheelState.SqlWheelState)
```

```
                    s).getCarWheelId(), s);
            }
        }
        allLoaded = true;
    }
}

public AbstractWheelStateCollection(CarState outerState) {
    this.carState = outerState;
    this.setForReapplying(((CarState.SqlCarState) outerState).
        getForReapplying());
}

@Override
public Iterator<WheelState> iterator() {
    return getInnerIterable().iterator();
}

public WheelState get(String wheelId) {
    return get(wheelId, true, false);
}

public WheelState getOrAdd(String wheelId) {
    return get(wheelId, false, false);
}

protected WheelState get(String wheelId, boolean nullAllowed, boolean
    forCreation) {
    CarWheelId globalId = new CarWheelId(carState.getId(), wheelId);
    if (loadedWheelStates.containsKey(globalId)) {
        WheelState state = loadedWheelStates.get(globalId);
        if (state instanceof AbstractWheelState) {
            ((AbstractWheelState) state).setStateReadOnly(
                getStateCollectionReadOnly());
        }
        return state;
    }
    boolean justNewIfNotLoaded = forCreation || getForReapplying();
    if (justNewIfNotLoaded) {
        if (getStateCollectionReadOnly()) {
            throw new UnsupportedOperationException(
                "State collection is ReadOnly.");
        }
        WheelState state = AbstractWheelState.SimpleWheelState.
            newForReapplying();
        ((WheelState.SqlWheelState) state).setCarWheelId(globalId);
        loadedWheelStates.put(globalId, state);
        return state;
    } else {
        WheelState state = getWheelStateDao().get(globalId, nullAllowed,
            carState);
```

```
            if (state != null) {
                if (state instanceof AbstractWheelState) {
                    ((AbstractWheelState) state).setStateReadOnly
                        (getStateCollectionReadOnly());
                }
                if (((WheelState.SqlWheelState) state).isStateUnsaved() &&
                    getStateCollectionReadOnly()) {
                    return state;
                }
                loadedWheelStates.put(globalId, state);
            }
            return state;
        }
    }

    public boolean remove(WheelState state) {
        if (getStateCollectionReadOnly()) {
            throw new UnsupportedOperationException(
                "State collection is ReadOnly.");
        }
        this.loadedWheelStates.remove(((WheelState.SqlWheelState) state).
            getCarWheelId());
        if (this.removedWheelStates.containsKey(((WheelState.SqlWheelState)
            state).getCarWheelId())) {
            return false;
        }
        this.removedWheelStates.put(((WheelState.SqlWheelState) state).
            getCarWheelId(), state);
        return true;
    }

    public boolean add(WheelState state) {
        if (getStateCollectionReadOnly()) {
            throw new UnsupportedOperationException(
                "State collection is ReadOnly.");
        }
        this.removedWheelStates.remove(((WheelState.SqlWheelState) state).
            getCarWheelId());
        if (this.loadedWheelStates.containsKey(((WheelState.SqlWheelState)
            state).getCarWheelId())) {
            return false;
        }
        this.loadedWheelStates.put(((WheelState.SqlWheelState) state).
            getCarWheelId(), state);
        return true;
    }

    public Collection<WheelState> getLoadedStates() {
        return Collections.unmodifiableCollection(this.loadedWheelStates.
            values());
    }
```

```
public Collection<WheelState> getRemovedStates() {
    return Collections.unmodifiableCollection(this.removedWheelStates.
        values());
}

public int size() {
    assureAllLoaded();
    return this.loadedWheelStates.size();
}

public boolean isEmpty() {
    assureAllLoaded();
    return this.loadedWheelStates.isEmpty();
}

public boolean contains(Object o) {
    if (loadedWheelStates.values().contains(o)) {
        return true;
    }
    assureAllLoaded();
    return this.loadedWheelStates.containsValue(o);
}

public Object[] toArray() {
    assureAllLoaded();
    return this.loadedWheelStates.values().toArray();
}

public <T> T[] toArray(T[] a) {
    assureAllLoaded();
    return this.loadedWheelStates.values().toArray(a);
}

public boolean containsAll(Collection<?> c) {
    assureAllLoaded();
    return this.loadedWheelStates.values().containsAll(c);
}

public boolean addAll(Collection<? extends WheelState> c) {
    boolean b = false;
    for (WheelState s : c) {
        if (add(s)) { b = true; }
    }
    return b;
}

public boolean remove(Object o) {
    return remove((WheelState) o);
}

public boolean removeAll(Collection<?> c) {
```

```
        boolean b = false;
        for (Object s : c) {
            if (remove(s)) { b = true; }
        }
        return b;
    }

    public boolean retainAll(Collection<?> c) {
        throw new UnsupportedOperationException();
    }

    public void clear() {
        assureAllLoaded();
        this.loadedWheelStates.values().forEach(s -> this.removedWheelStates.
            put(((WheelState.SqlWheelState) s).getCarWheelId(), s));
        this.loadedWheelStates.clear();
    }

    public void save() {
        for (WheelState s : this.getLoadedWheelStates()) {
            getWheelStateDao().save(s);
        }
        for (WheelState s : this.removedWheelStates.values()) {
            getWheelStateDao().delete(s);
        }
    }
}
```

在上面的代码中，可以看到有个名为 WheelStateDao 的接口。这个接口负责 Wheel 实体的状态对象的懒（Lazy）加载以及持久化。可以认为，这个 WheelStateDao 接口只是基于关系数据库实现的 Car 聚合的 Repository 的一部分。如果我们不使用关系数据库或者不打算这样实现聚合内部的实体集合的懒加载，那么这个接口以及它的实现类可能是没有必要的。比如说，如果我们使用的是 MongoDB 这样的文档型数据库，那么把一个 Car 以及它的 Wheel 的状态都保存到一个文档中可能是一个不错的选择。

另外，在这个例子里并没有使用 Hibernate 的 One to Many 映射，这是因为我们想让开发人员直接控制集合的加载逻辑。这样做的另外一个考虑是，如果有必要，可以更容易地将 Repository 从使用 Hibernate 的实现替换为使用 MyBatis 或直接使用 JDBC 的实现。

2. 命令

工具生成的 Car 的命令对象的实现类代码如下：

```
public abstract class AbstractCarCommand extends AbstractCommand implements
    CarCommand {
    private String id;
    private Long version;
    // 省略这些 fields 的 getter/setter 方法
```

```
public static abstract class AbstractCreateOrMergePatchCar extends
    AbstractCarCommand implements CreateOrMergePatchCar {
    private String description;
    private Boolean active;
    // 省略这些 fields 的 getter/setter 方法

    public WheelCommand.CreateWheel newCreateWheel() {
        AbstractWheelCommand.SimpleCreateWheel c = new AbstractWheelCommand.
            SimpleCreateWheel();
        c.setCarId(this.getId());
        return c;
    }

    public WheelCommand.MergePatchWheel newMergePatchWheel() {
        AbstractWheelCommand.SimpleMergePatchWheel c = new
            AbstractWheelCommand.SimpleMergePatchWheel();
        c.setCarId(this.getId());
        return c;
    }

    public WheelCommand.RemoveWheel newRemoveWheel() {
        AbstractWheelCommand.SimpleRemoveWheel c = new AbstractWheelCommand.
            SimpleRemoveWheel();
        c.setCarId(this.getId());
        return c;
    }

    public TireCommand.CreateTire newCreateTire() {
        // …
    }

    public TireCommand.MergePatchTire newMergePatchTire() {
        // …
    }

    public TireCommand.RemoveTire newRemoveTire() {
        // …
    }
}

public static abstract class AbstractCreateCar extends
    AbstractCreateOrMergePatchCar implements CreateCar {
    @Override
    public String getCommandType() {
        return COMMAND_TYPE_CREATE;
    }

    private CreateWheelCommandCollection createWheelCommands = new
        SimpleCreateWheelCommandCollection();

    public CreateWheelCommandCollection getCreateWheelCommands() {
```

```
            return this.createWheelCommands;
        }

        public CreateWheelCommandCollection getWheels() {
            return this.createWheelCommands;
        }

        private CreateTireCommandCollection createTireCommands =
            new SimpleCreateTireCommandCollection();

        public CreateTireCommandCollection getCreateTireCommands() {
            return this.createTireCommands;
        }

        public CreateTireCommandCollection getTires() {
            return this.createTireCommands;
        }
    }

    public static abstract class AbstractMergePatchCar extends
        AbstractCreateOrMergePatchCar implements MergePatchCar {
        @Override
        public String getCommandType() {
            return COMMAND_TYPE_MERGE_PATCH;
        }

        private Boolean isPropertyDescriptionRemoved;
        private Boolean isPropertyActiveRemoved;
        private WheelCommandCollection wheelCommands = new
            SimpleWheelCommandCollection();
        // 省略这些 fields 的 getter/setter 方法
    }

    public static class SimpleCreateCar extends AbstractCreateCar {
    }
    public static class SimpleMergePatchCar extends AbstractMergePatchCar {
    }
    public static class SimpleDeleteCar extends AbstractCarCommand implements
        DeleteCar {
        @Override
        public String getCommandType() {
            return COMMAND_TYPE_DELETE;
        }
    }

    public static class SimpleCreateWheelCommandCollection implements
        CreateWheelCommandCollection {
        private List<WheelCommand.CreateWheel> innerCommands = new
            ArrayList<WheelCommand.CreateWheel>();

        public void add(WheelCommand.CreateWheel c) {
```

```
            innerCommands.add(c);
        }

        public void remove(WheelCommand.CreateWheel c) {
            innerCommands.remove(c);
        }

        public void clear() {
            innerCommands.clear();
        }

        @Override
        public Iterator<WheelCommand.CreateWheel> iterator() {
            return innerCommands.iterator();
        }
    }

    public static class SimpleWheelCommandCollection implements
        WheelCommandCollection {
        private List<WheelCommand> innerCommands = new ArrayList<WheelCommand>();

        public void add(WheelCommand c) {
            innerCommands.add(c);
        }

        public void remove(WheelCommand c) {
            innerCommands.remove(c);
        }

        public void clear() {
            innerCommands.clear();
        }

        @Override
        public Iterator<WheelCommand> iterator() {
            return innerCommands.iterator();
        }
    }

    public static class SimpleCreateTireCommandCollection implements
        CreateTireCommandCollection {
        // …
    }

    public static class SimpleTireCommandCollection implements
        TireCommandCollection {
        // …
    }
}
```

这些命令对象的抽象基类 AbstractCommand 的代码如下：

```
package org.dddml.templates.tests.domain;

public abstract class AbstractCommand implements Command {
    protected String commandType;
    private String commandId;
    private String requesterId;
    private java.util.Map<String, Object> commandContext = new java.util.
        HashMap<>();
    // 省略这些 fields 的 getter/setter 方法
}
```

3. 事件

实现 Car 的事件对象接口的抽象基类 AbstractCarEvent 的部分代码如下：

```
import org.dddml.templates.tests.domain.AbstractEvent;

public abstract class AbstractCarEvent extends AbstractEvent implements CarEvent.
    SqlCarEvent {
    private CarEventId carEventId;
    public CarEventId getCarEventId() {
        return this.carEventId;
    }
    public void setCarEventId(CarEventId eventId) {
        this.carEventId = eventId;
    }

    public String getId() {
        return getCarEventId().getId();
    }
    public void setId(String id) {
        getCarEventId().setId(id);
    }

    private boolean eventReadOnly;
    // 省略 getter/setter 方法

    public Long getVersion() {
        return getCarEventId().getVersion();
    }
    public void setVersion(Long version) {
        getCarEventId().setVersion(version);
    }

    private String createdBy;
    private Date createdAt;
    private String commandId;
    private String commandType;
    // 省略以上 fields 的 getter/setter 方法

    protected AbstractCarEvent() {
```

```
}
protected AbstractCarEvent(CarEventId eventId) {
    this.carEventId = eventId;
}
// 省略部分代码
public abstract String getEventType();

public static class CarClobEvent extends AbstractCarEvent {
    protected Map<String, Object> getLobProperties() {
        return lobProperties;
    }
    protected void setLobProperties(Map<String, Object> lobProperties) {
        if (lobProperties == null) {
            throw new IllegalArgumentException("lobProperties is null.");
        }
        this.lobProperties = lobProperties;
    }

    private Map<String, Object> lobProperties = new HashMap<>();
    protected String getLobText() {
        return ApplicationContext.current.getClobConverter().
            toString(getLobProperties());
    }
    protected void setLobText(String text) {
        getLobProperties().clear();
        Map<String, Object> ps = ApplicationContext.current.
            getClobConverter().parseLobProperties(text);
        if (ps != null) {
            for (Map.Entry<String, Object> kv : ps.entrySet()) {
                getLobProperties().put(kv.getKey(), kv.getValue());
            }
        }
    }

    @Override
    public String getEventType() {
        return "CarClobEvent";
    }
}

public static class TireWheelPairsRotated extends CarClobEvent {
    @Override
    public String getEventType() {
        return "TireWheelPairsRotated";
    }

    public TireWheelIdPair[] getTireWheelIdPairs() {
        Object val = getLobProperties().get("tireWheelIdPairs");
        if (val instanceof TireWheelIdPair[]) {
            return (TireWheelIdPair[]) val;
        }
```

```
            return ApplicationContext.current.getTypeConverter().
                convertValue(val, TireWheelIdPair[].class);
        }

        public void setTireWheelIdPairs(TireWheelIdPair[] value) {
            getLobProperties().put("tireWheelIdPairs", value);
        }
    }
```

可以看到，对于在 DDDML 中定义的方法（命令），工具默认生成的命令对象 Rotate 以及执行该命令可能产生的事件对象 TireWheelPairsRotated 具有相似的属性，比如它们都有 tireWheelIdPairs 属性。除了一些特殊的属性，事件对象 TireWheelPairsRotated 内部会使用一个 Map（lobProperties 字段）来实现各个属性的 getter 和 setter 方法。这样在使用 SQL 数据库实现事件的持久化时，直接把这个 Map 序列化后保存到数据库中的一个列即可，从而避免频繁更新数据库 Schema。

4. Aggregate

表示聚合对象的 CarAggregate 接口的实现类的代码如下：

```
public abstract class AbstractCarAggregate extends AbstractAggregate implements
    CarAggregate {
    private CarState.MutableCarState state;
    private List<Event> changes = new ArrayList<Event>();

    public AbstractCarAggregate(CarState state) {
        this.state = (CarState.MutableCarState) state;
    }

    public CarState getState() {
        return this.state;
    }
    public List<Event> getChanges() {
        return this.changes;
    }

    public void create(CarCommand.CreateCar c) {
        if (c.getVersion() == null) {
            c.setVersion(CarState.VERSION_NULL);
        }
        CarEvent e = map(c);
        apply(e);
    }

    public void mergePatch(CarCommand.MergePatchCar c) {
        CarEvent e = map(c);
        apply(e);
    }
```

```
public void delete(CarCommand.DeleteCar c) {
    CarEvent e = map(c);
    apply(e);
}

public void throwOnInvalidStateTransition(Command c) {
    CarCommand.throwOnInvalidStateTransition(this.state, c);
}

protected void apply(Event e) {
    onApplying(e);
    state.mutate(e);
    changes.add(e);
}

protected CarEvent map(CarCommand.CreateCar c) {
    CarEventId stateEventId = new CarEventId(c.getId(), c.getVersion());
    CarEvent.CarStateCreated e = newCarStateCreated(stateEventId);
    e.setDescription(c.getDescription());
    e.setActive(c.getActive());
    ((AbstractCarEvent) e).setCommandId(c.getCommandId());
    e.setCreatedBy(c.getRequesterId());
    e.setCreatedAt((java.util.Date) ApplicationContext.current.
        getTimestampService().now(java.util.Date.class));
    Long version = c.getVersion();
    for (WheelCommand.CreateWheel innerCommand : c.getCreateWheelCommands())
       {
        throwOnInconsistentCommands(c, innerCommand);
        WheelEvent.WheelStateCreated innerEvent = mapCreate(innerCommand, c,
            version, this.state);
        e.addWheelEvent(innerEvent);
    }
    for (TireCommand.CreateTire innerCommand : c.getCreateTireCommands()) {
        throwOnInconsistentCommands(c, innerCommand);
        TireEvent.TireStateCreated innerEvent = mapCreate(innerCommand, c,
            version, this.state);
        e.addTireEvent(innerEvent);
    }
    return e;
}

protected CarEvent map(CarCommand.MergePatchCar c) {
    CarEventId stateEventId = new CarEventId(c.getId(), c.getVersion());
    CarEvent.CarStateMergePatched e = newCarStateMergePatched(stateEventId);
    e.setDescription(c.getDescription());
    e.setActive(c.getActive());
    e.setIsPropertyDescriptionRemoved(c.getIsPropertyDescriptionRemoved());
    e.setIsPropertyActiveRemoved(c.getIsPropertyActiveRemoved());
    ((AbstractCarEvent) e).setCommandId(c.getCommandId());
    e.setCreatedBy(c.getRequesterId());
    e.setCreatedAt((java.util.Date) ApplicationContext.current.
```

```
            getTimestampService().now(java.util.Date.class));
        Long version = c.getVersion();
        for (WheelCommand innerCommand : c.getWheelCommands()) {
            throwOnInconsistentCommands(c, innerCommand);
            WheelEvent innerEvent = map(innerCommand, c, version, this.state);
            e.addWheelEvent(innerEvent);
        }
        for (TireCommand innerCommand : c.getTireCommands()) {
            throwOnInconsistentCommands(c, innerCommand);
            TireEvent innerEvent = map(innerCommand, c, version, this.state);
            e.addTireEvent(innerEvent);
        }
        return e;
    }

    protected CarEvent map(CarCommand.DeleteCar c) {
        CarEventId stateEventId = new CarEventId(c.getId(), c.getVersion());
        CarEvent.CarStateDeleted e = newCarStateDeleted(stateEventId);
        ((AbstractCarEvent) e).setCommandId(c.getCommandId());
        e.setCreatedBy(c.getRequesterId());
        e.setCreatedAt((java.util.Date) ApplicationContext.current.
            getTimestampService().now(java.util.Date.class));
        return e;
    }

    protected WheelEvent map(WheelCommand c, CarCommand outerCommand, Long
        version, CarState outerState) {
        WheelCommand.CreateWheel create = (c.getCommandType().equals(CommandType.
            CREATE)) ? ((WheelCommand.CreateWheel) c) : null;
        if (create != null) {
            return mapCreate(create, outerCommand, version, outerState);
        }
        WheelCommand.MergePatchWheel merge = (c.getCommandType().
            equals(CommandType.MERGE_PATCH)) ? ((WheelCommand.MergePatchWheel) c)
            : null;
        if (merge != null) {
            return mapMergePatch(merge, outerCommand, version, outerState);
        }
        WheelCommand.RemoveWheel remove = (c.getCommandType().equals(CommandType.
            REMOVE)) ? ((WheelCommand.RemoveWheel) c) : null;
        if (remove != null) {
            return mapRemove(remove, outerCommand, version, outerState);
        }
        throw new UnsupportedOperationException();
    }

    protected WheelEvent.WheelStateCreated mapCreate(WheelCommand.CreateWheel c,
        CarCommand outerCommand, Long version, CarState outerState) {
        ((AbstractCommand) c).setRequesterId(outerCommand.getRequesterId());
        WheelEventId stateEventId = new WheelEventId(outerState.getId(),
            c.getWheelId(), version);
```

```
    WheelEvent.WheelStateCreated e = newWheelStateCreated(stateEventId);
    WheelState s = ((EntityStateCollection.ModifiableEntityStateCollection<
        String, WheelState>) outerState.getWheels()).getOrAdd(c.getWheelId());
    e.setActive(c.getActive());
    e.setCreatedBy(c.getRequesterId());
    e.setCreatedAt((java.util.Date) ApplicationContext.current.
        getTimestampService().now(java.util.Date.class));
    return e;
}// END map(Create… ////////////////////////////

protected WheelEvent.WheelStateMergePatched mapMergePatch(WheelCommand.
    MergePatchWheel c, CarCommand outerCommand, Long version, CarState
    outerState) {
    ((AbstractCommand) c).setRequesterId(outerCommand.getRequesterId());
    WheelEventId stateEventId = new WheelEventId(outerState.getId(),
        c.getWheelId(), version);
    WheelEvent.WheelStateMergePatched e = newWheelStateMergePatched(
        stateEventId);
    WheelState s = ((EntityStateCollection.ModifiableEntityStateCollection<
        String, WheelState>) outerState.getWheels()).getOrAdd(c.getWheelId());
    e.setActive(c.getActive());
    e.setIsPropertyActiveRemoved(c.getIsPropertyActiveRemoved());
    e.setCreatedBy(c.getRequesterId());
    e.setCreatedAt((java.util.Date) ApplicationContext.current.
        getTimestampService().now(java.util.Date.class));
    return e;
}// END map(MergePatch… ////////////////////////////

protected WheelEvent.WheelStateRemoved mapRemove(WheelCommand.RemoveWheel c,
    CarCommand outerCommand, Long version, CarState outerState) {
    ((AbstractCommand) c).setRequesterId(outerCommand.getRequesterId());
    WheelEventId stateEventId = new WheelEventId(outerState.getId(),
        c.getWheelId(), version);
    WheelEvent.WheelStateRemoved e = newWheelStateRemoved(stateEventId);
    e.setCreatedBy(c.getRequesterId());
    e.setCreatedAt((java.util.Date) ApplicationContext.current.
        getTimestampService().now(java.util.Date.class));
    return e;
}// END map(Remove… ////////////////////////////


protected TireEvent map(TireCommand c, CarCommand outerCommand, Long version,
    CarState outerState) {
    // …
}

protected TireEvent.TireStateCreated mapCreate(TireCommand.CreateTire c,
    CarCommand outerCommand, Long version, CarState outerState) {
    // …
}
```

```
protected TireEvent.TireStateMergePatched mapMergePatch(TireCommand.
    MergePatchTire c, CarCommand outerCommand, Long version, CarState
    outerState) {
    // …
}

protected TireEvent.TireStateRemoved mapRemove(TireCommand.RemoveTire c,
    CarCommand outerCommand, Long version, CarState outerState) {
    // …
}

protected PositionEvent map(PositionCommand c, TireCommand outerCommand,
    Long version, TireState outerState) {
    // …
}

protected PositionEvent.PositionStateCreated mapCreate(PositionCommand.
    CreatePosition c, TireCommand outerCommand, Long version, TireState
    outerState) {
    // …
}

protected PositionEvent.PositionStateMergePatched
    mapMergePatch(PositionCommand.MergePatchPosition c, TireCommand
    outerCommand, Long version, TireState outerState) {
    // …
}

protected PositionEvent.PositionStateRemoved mapRemove(PositionCommand.
    RemovePosition c, TireCommand outerCommand, Long version, TireState
    outerState) {
    // …
}

protected void throwOnInconsistentCommands(CarCommand command, WheelCommand
    innerCommand) {
    // …
}
protected void throwOnInconsistentCommands(CarCommand command, TireCommand
    innerCommand) {
    // …
}
protected void throwOnInconsistentCommands(TireCommand command,
    PositionCommand innerCommand) {
    // …
}

protected CarEvent.CarStateCreated newCarStateCreated(Long version, String
    commandId, String requesterId) {
    CarEventId stateEventId = new CarEventId(this.state.getId(), version);
    CarEvent.CarStateCreated e = newCarStateCreated(stateEventId);
```

```
        ((AbstractCarEvent) e).setCommandId(commandId);
        e.setCreatedBy(requesterId);
        e.setCreatedAt((java.util.Date) ApplicationContext.current.
            getTimestampService().now(java.util.Date.class));
        return e;
    }

    protected CarEvent.CarStateMergePatched newCarStateMergePatched(Long version,
        String commandId, String requesterId) {
        CarEventId stateEventId = new CarEventId(this.state.getId(), version);
        CarEvent.CarStateMergePatched e = newCarStateMergePatched(stateEventId);
        ((AbstractCarEvent) e).setCommandId(commandId);
        e.setCreatedBy(requesterId);
        e.setCreatedAt((java.util.Date) ApplicationContext.current.
            getTimestampService().now(java.util.Date.class));
        return e;
    }

    protected CarEvent.CarStateDeleted newCarStateDeleted(Long version, String
        commandId, String requesterId) {
        CarEventId stateEventId = new CarEventId(this.state.getId(), version);
        CarEvent.CarStateDeleted e = newCarStateDeleted(stateEventId);
        ((AbstractCarEvent) e).setCommandId(commandId);
        e.setCreatedBy(requesterId);
        e.setCreatedAt((java.util.Date) ApplicationContext.current.
            getTimestampService().now(java.util.Date.class));
        return e;
    }

    protected CarEvent.CarStateCreated newCarStateCreated(CarEventId
        stateEventId) {
        return new AbstractCarEvent.SimpleCarStateCreated(stateEventId);
    }
    protected CarEvent.CarStateMergePatched newCarStateMergePatched(CarEventId
        stateEventId) {
        return new AbstractCarEvent.SimpleCarStateMergePatched(stateEventId);
    }
    protected CarEvent.CarStateDeleted newCarStateDeleted(CarEventId
        stateEventId) {
        return new AbstractCarEvent.SimpleCarStateDeleted(stateEventId);
    }

    protected WheelEvent.WheelStateCreated newWheelStateCreated(WheelEventId
        stateEventId) {
        return new AbstractWheelEvent.SimpleWheelStateCreated(stateEventId);
    }

    protected WheelEvent.WheelStateMergePatched newWheelStateMergePatched(
        WheelEventId stateEventId) {
        return new AbstractWheelEvent.SimpleWheelStateMergePatched(
            stateEventId);
```

```
    }

    protected WheelEvent.WheelStateRemoved newWheelStateRemoved(WheelEventId
        stateEventId) {
        return new AbstractWheelEvent.SimpleWheelStateRemoved(stateEventId);
    }
    // 省略部分代码

    public static class SimpleCarAggregate extends AbstractCarAggregate {
        public SimpleCarAggregate(CarState state) {
            super(state);
        }

        @Override
        public void rotate(TireWheelIdPair[] tireWheelIdPairs, Long version,
            String commandId, String requesterId, CarCommands.Rotate c) {
            try {
                verifyRotate(tireWheelIdPairs, c);
            } catch (Exception ex) {
                throw new DomainError("VerificationFailed", ex);
            }
            Event e = newTireWheelPairsRotated(tireWheelIdPairs, version,
                commandId, requesterId);
            apply(e);
        }

        protected void verifyRotate(TireWheelIdPair[] tireWheelIdPairs,
            CarCommands.Rotate c) {
            TireWheelIdPair[] TireWheelIdPairs = tireWheelIdPairs;
            ReflectUtils.invokeStaticMethod(
                    "org.dddml.templates.tests.domain.car.RotateLogic",
                    "verify",
                    new Class[]{CarState.class, TireWheelIdPair[].class,
                       VerificationContext.class},
                    new Object[]{getState(), tireWheelIdPairs,
                       VerificationContext.forCommand(c)}
            );
        }

        protected AbstractCarEvent.TireWheelPairsRotated newTireWheelPairsRotated
            (TireWheelIdPair[] tireWheelIdPairs, Long version, String commandId,
            String requesterId) {
            CarEventId eventId = new CarEventId(getState().getId(), version);
            AbstractCarEvent.TireWheelPairsRotated e = new AbstractCarEvent.
                TireWheelPairsRotated();
            e.setTireWheelIdPairs(tireWheelIdPairs);
            e.setCommandId(commandId);
            e.setCreatedBy(requesterId);
            e.setCreatedAt((java.util.Date) ApplicationContext.current.
                getTimestampService().now(java.util.Date.class));
            e.setCarEventId(eventId);
```

```
            return e;
        }
    }
}
```

可以看到，在应用事件之前，SimpleCarAggregate 使用 verifyRotate 方法对客户端传入的命令信息进行了检验。这个方法的默认逻辑是使用反射调用位于同一个包内的 RotateLogic 类的静态 verify 方法。之所以使用反射，部分原因是我们希望代码生成之后是马上可以编译和执行的。也就是说，需要编写如下 RotateLogic 类：

```
package org.dddml.templates.tests.domain.car;

public class RotateLogic {
    public static void verify(CarState carState, TireWheelIdPair[]
        tireWheelIdPairs, VerificationContext verificationContext) {
        // 在这里检验命令信息，如命令“不合法”则抛出异常！
    }

    public static CarState mutate(CarState carState, TireWheelIdPair[]
        tireWheelIdPairs, MutationContext<CarState, CarState.MutableCarState>
        mutationContext) {
        //…
    }
}
```

5. 应用服务

表示应用服务的 CarApplicationService 接口的实现类如下：

```
import java.util.function.Consumer;
import org.dddml.support.criterion.Criterion;

public abstract class AbstractCarApplicationService implements
    CarApplicationService {
    private EventStore eventStore;
    protected EventStore getEventStore() {
        return eventStore;
    }

    private CarStateRepository stateRepository;
    protected CarStateRepository getStateRepository() {
        return stateRepository;
    }

    private CarStateQueryRepository stateQueryRepository;
    protected CarStateQueryRepository getStateQueryRepository() {
        return stateQueryRepository;
    }

    public AbstractCarApplicationService(EventStore eventStore,
```

```
        CarStateRepository stateRepository, CarStateQueryRepository
        stateQueryRepository) {
        this.eventStore = eventStore;
        this.stateRepository = stateRepository;
        this.stateQueryRepository = stateQueryRepository;
    }

    public void when(CarCommand.CreateCar c) {
        update(c, ar -> ar.create(c));
    }

    public void when(CarCommand.MergePatchCar c) {
        update(c, ar -> ar.mergePatch(c));
    }

    public void when(CarCommand.DeleteCar c) {
        update(c, ar -> ar.delete(c));
    }

    public void when(CarCommands.Rotate c) {
        update(c, ar -> ar.rotate(c.getTireWheelIdPairs(), c.getVersion(),
            c.getCommandId(), c.getRequesterId(), c));
    }

    public CarState get(String id) {
        CarState state = getStateRepository().get(id, true);
        return state;
    }

    public Iterable<CarState> getAll(Integer firstResult, Integer maxResults) {
        return getStateQueryRepository().getAll(firstResult, maxResults);
    }

    public Iterable<CarState> get(Iterable<Map.Entry<String, Object>> filter,
        List<String> orders, Integer firstResult, Integer maxResults) {
        return getStateQueryRepository().get(filter, orders, firstResult,
            maxResults);
    }

    public Iterable<CarState> get(Criterion filter, List<String> orders, Integer
        firstResult, Integer maxResults) {
        return getStateQueryRepository().get(filter, orders, firstResult,
            maxResults);
    }

    public Iterable<CarState> getByProperty(String propertyName, Object
        propertyValue, List<String> orders, Integer firstResult, Integer
        maxResults) {
        return getStateQueryRepository().getByProperty(propertyName,
            propertyValue, orders, firstResult, maxResults);
    }
```

```
public long getCount(Iterable<Map.Entry<String, Object>> filter) {
    return getStateQueryRepository().getCount(filter);
}

public long getCount(Criterion filter) {
    return getStateQueryRepository().getCount(filter);
}

public CarEvent getEvent(String id, long version) {
    CarEvent e = (CarEvent) getEventStore().getEvent(toEventStoreAggregateId
        (id), version);
    if (e != null) {
        ((CarEvent.SqlCarEvent) e).setEventReadOnly(true);
    } else if (version == -1) {
        return getEvent(id, 0);
    }
    return e;
}

public CarState getHistoryState(String id, long version) {
    EventStream eventStream = getEventStore().loadEventStream(
        AbstractCarEvent.class, toEventStoreAggregateId(id), version - 1);
    return new AbstractCarState.SimpleCarState(eventStream.getEvents());
}

public WheelState getWheel(String carId, String wheelId) {
    return getStateQueryRepository().getWheel(carId, wheelId);
}

public Iterable<WheelState> getWheels(String carId, Criterion filter,
    List<String> orders) {
    return getStateQueryRepository().getWheels(carId, filter, orders);
}

public TireState getTire(String carId, String tireId) {
    return getStateQueryRepository().getTire(carId, tireId);
}

public Iterable<TireState> getTires(String carId, Criterion filter,
    List<String> orders) {
    return getStateQueryRepository().getTires(carId, filter, orders);
}

public PositionState getPosition(String carId, String tireId, Long
    positionId) {
    return getStateQueryRepository().getPosition(carId, tireId, positionId);
}

public Iterable<PositionState> getPositions(String carId, String tireId,
    Criterion filter, List<String> orders) {
    return getStateQueryRepository().getPositions(carId, tireId, filter,
```

```
            orders);
    }


    public CarAggregate getCarAggregate(CarState state) {
        return new AbstractCarAggregate.SimpleCarAggregate(state);
    }

    public EventStoreAggregateId toEventStoreAggregateId(String aggregateId) {
        return new EventStoreAggregateId.SimpleEventStoreAggregateId(
            aggregateId);
    }

    protected void update(CarCommand c, Consumer<CarAggregate> action) {
        String aggregateId = c.getId();
        EventStoreAggregateId eventStoreAggregateId = toEventStoreAggregateId(
            aggregateId);
        CarState state = getStateRepository().get(aggregateId, false);
        boolean duplicate = isDuplicateCommand(c, eventStoreAggregateId, state);
        if (duplicate) {
            return;
        }

        CarAggregate aggregate = getCarAggregate(state);
        aggregate.throwOnInvalidStateTransition(c);
        action.accept(aggregate);
        persist(eventStoreAggregateId, c.getVersion() ==
            null ? CarState.VERSION_NULL : c.getVersion(), aggregate, state);

    }

    private void persist(EventStoreAggregateId eventStoreAggregateId, long
        version, CarAggregate aggregate, CarState state) {
        getEventStore().appendEvents(eventStoreAggregateId, version,
                aggregate.getChanges(), (events) -> {
                    getStateRepository().save(state);
                });
    }

    public void initialize(CarEvent.CarStateCreated stateCreated) {
        String aggregateId = ((CarEvent.SqlCarEvent) stateCreated).
            getCarEventId().getId();
        CarState.SqlCarState state = new AbstractCarState.SimpleCarState();
        state.setId(aggregateId);

        CarAggregate aggregate = getCarAggregate(state);
        ((AbstractCarAggregate) aggregate).apply(stateCreated);

        EventStoreAggregateId eventStoreAggregateId = toEventStoreAggregateId(
            aggregateId);
        persist(eventStoreAggregateId, ((CarEvent.SqlCarEvent) stateCreated).
```

```
            getCarEventId().getVersion(), aggregate, state);
    }

    protected boolean isDuplicateCommand(CarCommand command,
        EventStoreAggregateId eventStoreAggregateId, CarState state) {
        boolean duplicate = false;
        if (command.getVersion() == null) {
            command.setVersion(CarState.VERSION_NULL);
        }
        if (state.getVersion() != null && state.getVersion() > command.
            getVersion()) {
            Event  lastEvent  =  getEventStore().getEvent(AbstractCarEvent.class,
                eventStoreAggregateId, command.getVersion());
            if (lastEvent != null && lastEvent instanceof AbstractEvent
                    && command.getCommandId() != null && command.getCommandId().
                        equals(((AbstractEvent) lastEvent).getCommandId())) {
                duplicate = true;
            }
        }
        return duplicate;
    }

    public static class SimpleCarApplicationService extends
        AbstractCarApplicationService {
        public SimpleCarApplicationService(EventStore eventStore,
            CarStateRepository stateRepository, CarStateQueryRepository
            stateQueryRepository) {
            super(eventStore, stateRepository, stateQueryRepository);
        }
    }
}
```

在上面的代码中，方法 isDuplicateCommand 用于判断聚合是否收到了重复的命令。默认情况下，生成的代码的实现逻辑是根据命令中聚合根的 ID、聚合根的版本号（Version）以及 Command ID 来判断在事件存储中是否已经存在相应的事件，如果事件已存在则说明命令重复。重复的命令会被忽略，从而实现聚合更新操作的幂等性。如果对这个聚合的更新没有必要使用离线乐观锁，可以在 DDDML 文档中该聚合的 metadata 结点内增加如下键值对声明：IgnoringConcurrencyConflict: true，这样客户端调用该聚合的命令方法时就不需要提供版本号了，服务端在执行命令时会使用最新的聚合根的版本号。这时，如果想修改工具生成的 isDuplicateCommand 方法的实现逻辑，（忽略聚合根的版本号）只使用聚合根的 ID 与 Command ID 来判断命令是否重复，则需要在 metadata 结点内增加如下声明：DetectingDuplicateCommandIdEnabled: true。

11.1.4　事件存储与持久化

默认情况下，DDDML 工具所生成的事件存储（Event Store）以及管理聚合状态的存储库的代码都是基于 SQL 数据库实现的。

1. 为何不使用 NoSQL

绝大部分应用在起步阶段使用 SQL 都是正确的选择。我们很容易找到足够的掌握 SQL 的技术人员。

我们尤其喜欢 SQL 数据库的 Schema，就像喜欢静态类型的编程语言一样。在开发比较复杂的企业应用时，有很多 NoSQL 的 Schema-Free（没有数据库模式）可不是什么好特性。使用 Schema 会让程序的 Bug 更少。其实同样重要的是 Schema 具备文档的作用。Schema 拯救了很多代码即文档（约等于没有文档）的开发团队。很多新人进入某个软件开发团队的第一件事情，就是去“读”数据库。Schema 是机器可以处理的设计文档，如果没有 Schema，那么数据迁移工具的实现难度就会加大很多。数据迁移工具可以比较新旧版本数据库的 Schema 差异，自动生成迁移脚本——即使自动生成的这些脚本可能只是脚手架代码，还需要开发人员或 DBA（数据库管理员）去检查和手动修改，但是这仍然可以节省相当的工作量。

2. 事件存储

使用了事件溯源模式后，只有不变的、一直追加的事件才是绝对必须存储（持久化）的东西。聚合的最新状态（当前状态）的持久化是可选的，因为通过事件我们可以追溯聚合在任意时间点的状态。

默认的情况下，我们的工具生成的代码会启用事件溯源模式，并且在保存聚合事件的同时持久化聚合的最新状态，这个过程是在一个数据库事务内完成。这可能会给想要“手动维护数据”的人带来麻烦，因为修改数据时需要保证数据库中聚合事件与聚合当前状态之间的一致性。如果不使用事件溯源，那么手动维护数据可能只需要更新一个表（即更新聚合的当前状态）就可以了。如果想要解决这个问题，可以考虑不持久化聚合的最新状态，当需要聚合的最新状态时，可以通过重放事件派生出来。从一个聚合最初的创建事件开始重放它的所有事件可能会存在性能问题，所以我们可以考虑在适当的时间点（“检查点”）保存聚合的状态快照，这样当我们需要聚合的最新状态时，从最近的那个快照开始重放之后的事件即可。

默认情况下，我们为每个聚合生成了单独的事件存储。以下是使用 Hibernate 实现的聚合 Car 的事件存储：

```
package org.dddml.templates.tests.domain.car.hibernate;

import java.io.Serializable;
import java.util.*;
import org.dddml.templates.tests.domain.*;
import org.dddml.templates.tests.specialization.*;
import org.dddml.templates.tests.specialization.hibernate.
    AbstractHibernateEventStore;
```

```
import org.hibernate.*;
import org.hibernate.criterion.*;
import org.springframework.transaction.annotation.Transactional;
import org.dddml.templates.tests.domain.car.*;

public class HibernateCarEventStore extends AbstractHibernateEventStore {
    @Override
    protected Serializable getEventId(EventStoreAggregateId
        eventStoreAggregateId, long version) {
        return new CarEventId((String) eventStoreAggregateId.getId(), version);
    }

    @Override
    protected Class getSupportedEventType() {
        return AbstractCarEvent.class;
    }

    @Transactional(readOnly = true)
    @Override
    public EventStream loadEventStream(Class eventType, EventStoreAggregateId
        eventStoreAggregateId, long version) {
        Class supportedEventType = AbstractCarEvent.class;
        if (!eventType.isAssignableFrom(supportedEventType)) {
            throw new UnsupportedOperationException();
        }
        String idObj = (String) eventStoreAggregateId.getId();
        Criteria criteria = getCurrentSession().createCriteria(AbstractCarEvent.
            class);
        criteria.add(Restrictions.eq("carEventId.id", idObj));
        criteria.add(Restrictions.le("carEventId.version", version));
        criteria.addOrder(Order.asc("carEventId.version"));
        List es = criteria.list();
        for (Object e : es) {
            ((AbstractCarEvent) e).setEventReadOnly(true);
        }
        EventStream eventStream = new EventStream();
        if (es.size() > 0) {
            eventStream.setSteamVersion(((AbstractCarEvent) es.get(es.size() -
                1)).getCarEventId().getVersion());
        }
        eventStream.setEvents(es);
        return eventStream;
    }
}
```

它的基类AbstractHibernateEventStore的代码如下：

```
package org.dddml.templates.tests.specialization.hibernate;

import org.dddml.templates.tests.specialization.*;
import org.hibernate.*;
```

```java
import org.springframework.transaction.annotation.Transactional;
import java.io.Serializable;
import java.util.Collection;
import java.util.function.Consumer;

public abstract class AbstractHibernateEventStore implements EventStore {
    private SessionFactory sessionFactory;

    public SessionFactory getSessionFactory() {
        return this.sessionFactory;
    }

    public void setSessionFactory(SessionFactory sessionFactory) {
        this.sessionFactory = sessionFactory;
    }

    protected Session getCurrentSession() {
        return this.sessionFactory.getCurrentSession();
    }

    @Transactional(readOnly = true)
    public EventStream loadEventStream(EventStoreAggregateId aggregateId) {
        throw new UnsupportedOperationException();
    }

    @Transactional
    public void appendEvents(EventStoreAggregateId aggregateId, long
        version, Collection<Event> events, Consumer<Collection<Event>>
        afterEventsAppended) {
        for (Event e : events) {
            getCurrentSession().save(e);
            if (e instanceof Saveable) {
                Saveable saveable = (Saveable) e;
                saveable.save();
            }
        }
        afterEventsAppended.accept(events);
    }

    @Transactional(readOnly = true)
    public Event getEvent(Class eventType, EventStoreAggregateId
        eventStoreAggregateId, long version) {
        Class supportedEventType = getSupportedEventType();
        if (!eventType.isAssignableFrom(supportedEventType)) {
            throw new UnsupportedOperationException();
        }
        Serializable eventId = getEventId(eventStoreAggregateId, version);
        return (Event) getCurrentSession().get(eventType, eventId);
    }

    @Transactional(readOnly = true)
```

```
    @Override
    public Event getEvent(EventStoreAggregateId eventStoreAggregateId, long
        version) {
        Serializable eventId = getEventId(eventStoreAggregateId, version);
        return (Event) getCurrentSession().get(getSupportedEventType(), eventId);
    }

    protected abstract Class getSupportedEventType();
    protected abstract Serializable getEventId(EventStoreAggregateId
        eventStoreAggregateId, long version);
}
```

为了实现聚合内部实体的事件的存储与加载，我们的工具生成了 WheelEventDao 接口：

```
package org.dddml.templates.tests.domain.car;

import java.util.*;
import org.dddml.templates.tests.domain.*;

public interface WheelEventDao {
    void save(WheelEvent e);

    Iterable<WheelEvent> findByCarEventId(CarEventId carEventId);
}
```

和 WheelStateDao 接口类似，可以认为这里生成的 WheelEventDao 接口只是基于关系数据库的事件存储（Event Store）实现的一部分。如果不使用关系数据库，它可能就不是必须的。实现 WheelEventDao 的 HibernateWheelEventDao 类的代码比较简单，这里不再列出。

Car 事件对象的 Hibernate 映射文件（文件 CarEvent.hbm.xml）如下：

```
<?xml version="1.0"?>
<!DOCTYPE hibernate-mapping PUBLIC
        "-//Hibernate/Hibernate Mapping DTD 3.0//EN"
        "http://www.hibernate.org/dtd/hibernate-mapping-3.0.dtd">

<hibernate-mapping package="org.dddml.templates.tests.domain.car">
    <class name="AbstractCarEvent" table="CarEvents" mutable="false"
        abstract="true">
        <composite-id name="carEventId"
            class="org.dddml.templates.tests.domain.car.CarEventId">
            <key-property name="id">
                <column name="Id" length="50"/>
            </key-property>
            <key-property name="version"></key-property>
        </composite-id>
        <discriminator column="EventType" type="string"/>
        <property name="createdBy" column="CreatedBy"/>
        <property name="createdAt" column="CreatedAt"/>
```

```
        <property name="commandId" column="CommandId"/>
        <property name="commandType" column="CommandType" length="50"/>

        <subclass name="AbstractCarEvent$CarClobEvent"
            discriminator-value="CarClobEvent">
            <property name="LobText" column="LobText"/>
            <subclass name="AbstractCarEvent$TireWheelPairsRotated"
                discriminator-value="TireWheelPairsRotated"/>
        </subclass>

        <subclass name="AbstractCarEvent$AbstractCarStateEvent" abstract="true">
            <property name="description"></property>
            <property name="active"></property>

            <subclass name="AbstractCarEvent$SimpleCarStateCreated"
                discriminator-value="Created">
            </subclass>
            <subclass name="AbstractCarEvent$SimpleCarStateMergePatched"
                discriminator-value="MergePatched">
                <property name="isPropertyDescriptionRemoved"
                    column="IsPropertyDescriptionRemoved"/>
                <property name="isPropertyActiveRemoved"
                    column="IsPropertyActiveRemoved"/>
            </subclass>
            <subclass name="AbstractCarEvent$SimpleCarStateDeleted"
                discriminator-value="Deleted">
            </subclass>
        </subclass>
    </class>
</hibernate-mapping>
```

Wheel 事件对象的 Hibernate 映射文件（文件 WheelEvent.hbm.xml）如下：

```
<hibernate-mapping package="org.dddml.templates.tests.domain.car">
    <class name="AbstractWheelEvent" table="WheelEvents" mutable="false"
        abstract="true">
        <composite-id name="wheelEventId"
            class="org.dddml.templates.tests.domain.car.WheelEventId">
            <key-property name="carId">
                <column name="CarWheelIdCarId" length="50"/>
            </key-property>
            <key-property name="wheelId">
                <column name="CarWheelIdWheelId"/>
            </key-property>
            <key-property name="carVersion"></key-property>
        </composite-id>
        <discriminator column="EventType" type="string"/>
        <property name="createdBy" column="CreatedBy"/>
        <property name="createdAt" column="CreatedAt"/>
        <property name="commandId" column="CommandId"/>
```

```
        <subclass name="AbstractWheelEvent$AbstractWheelStateEvent"
            abstract="true">
            <property name="active"></property>
            <property name="version" column="Version" not-null="true"/>
            <subclass name="AbstractWheelEvent$SimpleWheelStateCreated"
                discriminator-value="Created">
            </subclass>
            <subclass name="AbstractWheelEvent$SimpleWheelStateMergePatched"
                discriminator-value="MergePatched">
                <property name="isPropertyActiveRemoved"
                    column="IsPropertyActiveRemoved"/>
            </subclass>
            <subclass name="AbstractWheelEvent$SimpleWheelStateRemoved"
                discriminator-value="Removed">
            </subclass>
        </subclass>
    </class>
</hibernate-mapping>
```

3. 状态的持久化

使用 Hibernate 实现 CarStateRepository 接口的 HibernateCarStateRepository 类的代码如下：

```
package org.dddml.templates.tests.domain.car.hibernate;

import java.util.*;
import org.dddml.templates.tests.domain.*;
import org.hibernate.*;
import org.hibernate.Criteria;
import org.hibernate.criterion.*;
import org.dddml.templates.tests.domain.car.*;
import org.dddml.templates.tests.specialization.*;
import org.dddml.templates.tests.specialization.hibernate.*;
import org.springframework.transaction.annotation.Transactional;

public class HibernateCarStateRepository implements CarStateRepository {
    private SessionFactory sessionFactory;

    public SessionFactory getSessionFactory() {
        return this.sessionFactory;
    }

    public void setSessionFactory(SessionFactory sessionFactory) {
        this.sessionFactory = sessionFactory;
    }

    protected Session getCurrentSession() {
        return this.sessionFactory.getCurrentSession();
    }
```

```
    @Transactional(readOnly = true)
    public CarState get(String id, boolean nullAllowed) {
        CarState.SqlCarState state = (CarState.SqlCarState) getCurrentSession().
            get(AbstractCarState.SimpleCarState.class, id);
        if (!nullAllowed && state == null) {
            state = new AbstractCarState.SimpleCarState();
            state.setId(id);
        }
        return state;
    }

    public void save(CarState state) {
        CarState s = state;
        if (getReadOnlyProxyGenerator() != null) {
            s = (CarState) getReadOnlyProxyGenerator().getTarget(state);
        }
        if (s.getVersion() == null) {
            getCurrentSession().save(s);
        } else {
            getCurrentSession().update(s);
        }
        if (s instanceof Saveable) {
            Saveable saveable = (Saveable) s;
            saveable.save();
        }
        getCurrentSession().flush();
    }
}
```

实现 WheelStateDao 接口的 HibernateWheelStateDao 类的代码如下：

```
package org.dddml.templates.tests.domain.car.hibernate;

import org.dddml.templates.tests.domain.*;
import java.util.*;
import org.hibernate.*;
import org.hibernate.criterion.*;
import org.dddml.templates.tests.domain.car.*;
import org.dddml.templates.tests.specialization.*;
import org.springframework.transaction.annotation.Transactional;

public class HibernateWheelStateDao implements WheelStateDao {
    private SessionFactory sessionFactory;
    // 省略 getter/setter 方法

    protected Session getCurrentSession() {
        return this.sessionFactory.getCurrentSession();
    }

    @Transactional(readOnly = true)
    @Override
```

```
public WheelState get(CarWheelId id, boolean nullAllowed, CarState
    aggregateState) {
    Long aggregateVersion = aggregateState.getVersion();
    WheelState.SqlWheelState state = (WheelState.SqlWheelState)
        getCurrentSession().get(AbstractWheelState.SimpleWheelState.class,
        id);
    if (!nullAllowed && state == null) {
        state = new AbstractWheelState.SimpleWheelState();
        state.setCarWheelId(id);
    }
    if (state != null) {
        ((AbstractWheelState) state).setCarState(aggregateState);
    }
    if (nullAllowed && aggregateVersion != null) {
        assertNoConcurrencyConflict(id.getCarId(), aggregateVersion);
    }
    return state;
}

private void assertNoConcurrencyConflict(String aggregateId, Long
    aggregateVersion) {
    Criteria crit = getCurrentSession().createCriteria(AbstractCarState.
       SimpleCarState.class);
    crit.setProjection(Projections.property("version"));
    crit.add(Restrictions.eq("id", aggregateId));
    Long v = (Long) crit.uniqueResult();
    if (!aggregateVersion.equals(v)) {
        throw DomainError.named("concurrencyConflict",
            "Conflict between new state version (%1$s) and old version (%2$s)",
            v, aggregateVersion);
    }
}

@Override
public void save(WheelState state) {
    WheelState s = state;
    if (s.getVersion() == null) {
        getCurrentSession().save(s);
    } else {
        getCurrentSession().update(s);
    }
    if (s instanceof Saveable) {
        Saveable saveable = (Saveable) s;
        saveable.save();
    }
}

@Transactional(readOnly = true)
@Override
public Iterable<WheelState> findByCarId(String carId, CarState
    aggregateState) {
```

```
        Long aggregateVersion = aggregateState.getVersion();
        Criteria criteria = getCurrentSession().createCriteria(
            AbstractWheelState.SimpleWheelState.class);
        Junction partIdCondition = Restrictions.conjunction()
                .add(Restrictions.eq("carWheelId.carId", carId));
        List<WheelState> list = criteria.add(partIdCondition).list();
        list.forEach(i -> ((AbstractWheelState) i).setCarState(aggregateState));
        if (aggregateVersion != null) {
            assertNoConcurrencyConflict(carId, aggregateVersion);
        }
        return list;
    }

    @Override
    public void delete(WheelState state) {
        WheelState s = state;
        if (s instanceof Saveable) {
            Saveable saveable = (Saveable) s;
            saveable.save();
        }
        getCurrentSession().delete(s);
    }
}
```

Car 实体的状态对象的 Hibernate 映射文件（文件 CarState.hbm.xml）如下：

```
<hibernate-mapping package="org.dddml.templates.tests.domain.car">
    <class
        name="org.dddml.templates.tests.domain.car.AbstractCarState$SimpleCarState"
        table="Cars"> <id name="id" length="50" column="Id">
            <generator class="assigned"/>
        </id>
        <version name="version" column="Version" type="long"/>
        <property name="description"></property>
        <property name="createdBy"></property>
        <property name="updatedBy"></property>
        <property name="active"></property>
        <property name="deleted"></property>
        <property name="createdAt" column="CreatedAt"/>
        <property name="updatedAt" column="UpdatedAt"/>
    </class>
</hibernate-mapping>
```

Wheel 实体的状态对象的 Hibernate 映射文件（文件 WheelState.hbm.xml）如下：

```
<hibernate-mapping package="org.dddml.templates.tests.domain.car">
    <class
        name="org.dddml.templates.tests.domain.car.
        AbstractWheelState$SimpleWheelState"
        table="Wheels"> <composite-id name="carWheelId"
        class="org.dddml.templates.tests.domain.car.CarWheelId">
```

```
            <key-property name="carId">
                <column name="CarWheelIdCarId" length="50"/>
            </key-property>
            <key-property name="wheelId">
                <column name="CarWheelIdWheelId"/>
            </key-property>
        </composite-id>
        <version name="version" column="Version" type="long"/>
        <property name="createdBy"></property>
        <property name="updatedBy"></property>
        <property name="active"></property>
        <property name="deleted"></property>
        <property name="createdAt" column="CreatedAt"/>
        <property name="updatedAt" column="UpdatedAt"/>
    </class>
</hibernate-mapping>
```

4. 处理数据库的名称

我们可以在限界上下文的 DDDML 配置文件内指定一个全局的数据库命名规则，示例如下：

```
configuration:
    # …
    databaseNamingConvention: "SimpleUnderscoredNamingConvention"
```

这个名为 SimpleUnderscoredNamingConvention 的命名规则，其对名称的处理逻辑借鉴自开源项目 Apache OFBiz[⊖]的如下代码：

```
public static String javaNameToDbName(String javaName) {
    if (javaName == null) return null;
    if (javaName.length() <= 0) return "";
    StringBuilder dbName = new StringBuilder();
    dbName.append(Character.toUpperCase(javaName.charAt(0)));
    int namePos = 1;
    while (namePos < javaName.length()) {
        char curChar = javaName.charAt(namePos);
        if (Character.isUpperCase(curChar)) dbName.append('_');
        dbName.append(Character.toUpperCase(curChar));
        namePos++;
    }
    return dbName.toString();
}
```

也可以在聚合的定义内声明实体的数据表命名，示例如下：

```
aggregates:
    Person:
        tableName: PERSON_T
```

⊖ 见 https://ofbiz.apache.org/。

```
# …
properties:
    BirthDate:
        type: DateTime
metadata:
    EventDatabaseTableName: PERSON_EVENT_T
```

我们的工具以这样的优先级获取实体相关对象的数据库名称：

- 如果在 DDDML 中指定了这些对象对应的数据表的名称，那么优先使用这些名称。比如，上面 DDDML 示例代码中的 Person 实体，它的状态表名称为 PERSON_T，事件表的名称为 PERSON_EVENT_T。
- 如果在 DDDML 中指定了限界上下文的全局数据库命名规则，那么，在实体的名称上应用这个命名规则，得到它的状态表的名称；将实体的名称拼接上"Event"后，应用这个命名规则，得到实体的事件表名称。比如，对"Person"这个字符串应用 SimpleUnderscoredNamingConvention 命名规则进行转换后，得到的结果是"PERSON"；对"PersonEvent"应用这个命名规则后，得到的结果是"PERSON_EVENT"。
- 如果上面所说的关于数据库名称的设置在 DDDML 中都不存在，代码生成工具就会使用内置的默认命名规则。即以实体名称的复数形式命名实体的状态表，以实体的名称拼接"Events"命名实体的事件表。

5. Hibernate 与 NHibernate 的差异

在笔者制作的工具生成的 Java 版本的服务端代码中，使用 Hibernate 来实现事件存储以及聚合的状态持久化时，存储的第一个聚合事件的 Version（版本号）是 -1。而在使用 NHibernate 的 .NET 版本的服务端，数据库中保存的第一个聚合事件的 Version 是 0。

这是因为在使用 Hibernate 支持的乐观锁特性时，一个实体的状态对象被创建出来之后，它的 Version 属性的默认值是 null（如果 Version 类型是 Long / Integer）或 0（如果 Version 类型是 long / int）。第一次把实体的状态对象保存到数据库之后，它在数据库中的 Version 就是 0。此后每次修改、保存实体的状态，它在数据库中的 Version 都会加 1。

而在使用 NHibernate 的情况下，一个实体的状态对象被创建出来之后，它的 Version 属性的默认值是 0（如果 Version 的类型是 long 或 int）。第一次保存状态对象到数据库，它在数据库中 Version 的值会变成 1。

其实在这个问题上，我认为 NHibernate 的处理更合理、更具有一致性。但不管是使用 Hibernate 还是使用 NHibernate，我们希望保存在事件存储 / 数据库中的某个聚合的最后一个事件的 Version 总是比保存在数据库中的聚合根的最新状态的 Version 小 1，那么，如果使用的是 Hibernate，就让聚合第一个事件的 Version 属性的值是 -1。

11.1.5 使用 Validation 框架

正如前文所言，在将概念显现出来时，约束（Constraints）是非常有用的概念。我们可以使用 Validation 框架来确认实体的状态在修改后仍然满足那些重要的约束。如果已经选择了将实体的最新状态存储到数据库，那么可以在将实体的状态存储到数据库之前执行确认。

1. 使用 Hibernate Validator

对于 Java 项目，在 resources 目录下的“META-INF/validation.xml”的文件形式如下：

```
<validation-config
        xmlns="http://jboss.org/xml/ns/javax/validation/configuration"
        xmlns:xsi="http://www.w3.org/2001/XMLSchema-instance"

        xsi:schemaLocation=
            "http://jboss.org/xml/ns/javax/validation/configuration"
        version="1.1">

    <constraint-mapping>META-INF/validation/state-constraints.xml
        </constraint-mapping>
    <property name="hibernate.validator.fail_fast">false</property>
</validation-config>
```

在 resources 目录下的 META-INF/validation/state-constraints.xml 文件是由 DDDML 工具生成的。对于第 7 章的“约束”一节中使用的 Locator 聚合示例来说，工具可能会生成如下代码（文件 state-constraints.xml）：

```
<constraint-mappings
        xmlns:xsi="http://www.w3.org/2001/XMLSchema-instance"

        xsi:schemaLocation=
    "http://jboss.org/xml/ns/javax/validation/mapping validation-mapping-1.1.xsd"
        xmlns="http://jboss.org/xml/ns/javax/validation/mapping" version="1.1">

    <default-package>org.dddml.templates.tests.domain</default-package>
    <bean class="org.dddml.templates.tests.domain.locator.AbstractLocatorState">
        <field name="locatorId">
            <constraint annotation="javax.validation.constraints.Pattern">
                <element name="regexp">^[0-9][A-Za-z0-9-]*</element>
            </constraint>
        </field>
    </bean>
</constraint-mappings>
```

2. 使用 NHibernate Validator

在 .NET 中，可以考虑使用 NHibernate Validator。可以在 Spring.NET 的 XML 配置文件中启用它，示例如下：

```
<object id="NHibernateSessionFactory" type=
    "Spring.Data.NHibernate.LocalSessionFactoryObject, Spring.Data.NHibernate4">
  <!-- ... -->
  <property name="EventListeners">
```

```
      <dictionary>
        <entry key="PreUpdate">
          <object type=
              "NHibernate.Validator.Event.ValidatePreUpdateEventListener,
              NHibernate.Validator" />
        </entry>
        <entry key="PreInsert">
          <object type=
              "NHibernate.Validator.Event.ValidatePreInsertEventListener,
              NHibernate.Validator" />
        </entry>
      </dictionary>
    </property>
    <!-- ... -->
  </object>
```

工具生成的 Validation 映射文件（文件 LocatorState.nhv.xml）如下：

```
<?xml version="1.0" encoding="utf-8" ?>
<nhv-mapping xmlns="urn:nhibernate-validator-1.0">
  <class name="Dddml.T4.Templates.Tests.Generated.Domain.Locator.LocatorState,
      Dddml.T4.Templates.Tests">
    <property name="LocatorId">
      <pattern regex="^[0-9][A-Za-z0-9-]*" message="Must match
          numericDashAlphabetic"/>
    </property>
  </class>
</nhv-mapping>
```

11.1.6 保证静态方法与模型同步更新

在前面生成的代码中可以看到，为了实现 Car 实体的 Rotate 方法，我们使用反射调用了位于 org.dddml.templates.tests.domain.car 包内 RotateLogic 类中的两个静态方法（verify 与 mutate）。这种做法带来一个问题，如果在 DDDML 文档中，我们对 Rotate 方法的定义进行了修改，怎么保证开发人员"手写"的 RotateLogic 类也做了相应的修改？

还应该考虑这种情况，有时我们并没有修改模型中方法的签名（一般来说，方法的签名不包括参数的名称），也就是说方法名、参数列表的长度、每个参数的类型都没有被修改，但是我们修改了方法中某个参数的名称。修改参数的名称有可能意味着参数的含义已经出现了变化，客户端可能会改变这个参数的传入内容，我们需要让实现这个方法业务逻辑的开发人员注意到这一点，由他们来判断自己编写的代码是否需要修改。

所以有时需要对开发人员编写的静态方法的签名、参数的名称进行检查。代码生成工具会生成类似如下形式的检查代码：

```
public class StaticMethodConstraints {
    public static void assertStaticVerificationAndMutationMethods() {
```

```
        ReflectUtils.assertStaticMethodIfClassExists(
            "org.dddml.templates.tests.domain.car.RotateLogic",
            "verify",
            new Class[]{CarState.class, TireWheelIdPair[].class,
               VerificationContext.class},
            new String[]{"_", "tireWheelIdPairs"}
            ); // 下划线“_”表示可以匹配任何名称
        ReflectUtils.assertStaticMethodIfClassExists(
            "org.dddml.templates.tests.domain.car.RotateLogic",
            "mutate",
            new Class[]{CarState.class, TireWheelIdPair[].class, MutationContext.
               class},
            new String[]{"_", "tireWheelIdPairs"}
            );
    }
}
```

可以在必要的时候（比如应用启动的时候），调用 assertStaticVerificationAndMutationMethods 方法来保证开发人员编写的静态方法已经同步更新。

> 注意　在编译 RotateLogic 这样的 Java 类时，需要使用编译器参数（Compiler Argument）-parameters，使得源代码中方法参数的名称能保留在 Java 字节码中，这样才能够在运行时获取到它们。

这里用到的工具类 ReflectUtils 的代码大致如下：

```
package org.dddml.templates.tests.specialization;

import java.lang.reflect.*;
import java.util.*;

public class ReflectUtils {
    public static Method assertStaticMethodIfClassExists(String className,
        String methodName,
            Class<?>[] parameterTypes,
            String[] parameterNames) {
        return assertStaticMethod(className, methodName, parameterTypes,
            parameterNames, false);
    }

    private static Method assertStaticMethod(String className, String methodName,
            Class<?>[] parameterTypes,
            String[] parameterNames, boolean throwOnClassNotFound) {
        Class clazz = null;
        try {
            clazz = Class.forName(className);
        } catch (ClassNotFoundException e) {
            if (throwOnClassNotFound) { throw new RuntimeException(e); }
        }
```

```
        try {
            if (clazz != null) {
                return assertStaticMethod(clazz, methodName, parameterTypes,
                    parameterNames);
            } else { return null; }
        } catch (NoSuchMethodException e) { throw new RuntimeException(e); }
    }

    private static Method assertStaticMethod(Class clazz,
            String methodName, Class<?>[] parameterTypes,
            String[] parameterNames) throws NoSuchMethodException {
        Method method = clazz.getDeclaredMethod(methodName, parameterTypes);
        if (!Modifier.isStatic(method.getModifiers())) {
            throw new RuntimeException(String.format(
                "Method: %1$s.%2$s, MUST be static.",
                    clazz.getName(), methodName));
        }
        if (parameterNames != null) {
            for (int i = 0; i < parameterNames.length; i++) {
                if ("_".equals(parameterNames[i])) { continue; }
                if (i < method.getParameters().length) {
                    if (!parameterNames[i].equals(method.getParameters()[i].
                        getName())) {
                        throw new RuntimeException(String.format(
            "Method: %1$s.%2$s, parameters[%3$s] MUST be named as \"%4$s\".",
                            clazz.getName(), methodName, i, parameterNames[i]));
                    }
                }
            }
        }
        return method;
    }
}
```

11.1.7 不使用事件溯源

使用了事件溯源之后，生成的代码似乎有点烦琐，其实也可以声明一个聚合不使用数据溯源（ES），示例如下：

```
aggregates:
    JobLevel:
        id:
            name: JobLevelId
            type: id-ne
        properties:
            Description:
                name: Description
                type: very-long
        metadata:
            AbsolutelyNoEventSourcing: true
```

在上面的 DDDML 代码的最后一行，已把这个 JobLevel 聚合声明为不使用事件溯源，于是，DDDML 工具为这个聚合生成的服务端 Java 代码就不再包含 Event 相关的类，只剩下如下 Java 文件（这里不包括工具可能会生成的 RESTful API 层的代码）：

- JobLevelApplicationService.java
- JobLevelCommand.java
- JobLevelState.java
- JobLevelStateQueryRepository.java
- JobLevelStateRepository.java
- JobLevelStateDto.java
- AbstractJobLevelApplicationService.java
- AbstractJobLevelCommandDto.java
- AbstractJobLevelState.java
- CreateOrMergePatchJobLevelDto.java
- DeleteJobLevelDto.java
- HibernateJobLevelStateQueryRepository.java
- HibernateJobLevelStateRepository.java

其中后缀为“Dto”的那些类，被用作服务端 RESTful API 方法的参数类型或返回值类型。工具生成的 Java Client SDK 中也使用了它们。也就是说，在生成 Java Client SDK 时，只用到了 AbstractJobLevelCommandDto 类和它的两个子类 CreateOrMergePatchJobLevelDto、DeleteJobLevelDto，以及 JobLevelStateDto 类。

11.2　Override 聚合对象的方法

在代码中实现 DDDML 中定义的实体方法的方式之一，是重写（Override）工具生成的聚合对象的相应方法。

例如，我们开发过的一个 CRM 应用，在 DDDML 文档中给聚合根 Lead（线索）定义了一个 Discard 方法：

```
aggregates:
    Lead:
        id:
            name: LeadId
            type: id
        # …
        methods:
            # 丢弃线索
            Discard:
                parameters:
                    LeadStatusId:
```

```
                        type: id
                        referenceType: LeadStatus
```

提示 定义在实体（聚合根或非聚合根的实体）中的方法，表示这个方法只会改变一个聚合实例的状态（一个聚合根的实例以及生命周期由其控制的其他实体的实例可以看作一个整体，我们称之为“聚合实例”）。如果一个方法要改变多个聚合实例的状态，那么应该被定义为领域服务或领域服务的变体——聚合根的非实例方法。

如果我们告诉DDDML 工具在生成 Java 代码时不要生成聚合对象的 discard 方法的默认实现，那么在源代码文件中会有一个直接抛出异常的 discard 方法（文件 AbstractLeadAggregate.java）：

```
public class AbstractLeadAggregate {
    public static class SimpleLeadAggregate extends AbstractLeadAggregate {
        public SimpleLeadAggregate(LeadState state) {
            super(state);
        }

        @Override
        public void discard(String leadStatusId, String commandId, String
            requesterId) {
            throw new UnsupportedOperationException();
        }
    }
}
```

下一步打算通过扩展工具生成的 SimpleLeadAggregate 类去真正实现这个方法。我们可以增加一个扩展自 SimpleLeadApplicationService 的类 LeadApplicationServiceImpl，并在里面实现一个内部类 LeadAggregateImpl，示例如下：

```
public class LeadApplicationServiceImpl extends AbstractLeadApplicationService.
    SimpleLeadApplicationService {
    // 省略部分代码
    @Override
    public LeadAggregate getLeadAggregate(LeadState state) {
        return new LeadAggregateImpl(state);
    }

    public static class LeadAggregateImpl extends AbstractLeadAggregate.
        SimpleLeadAggregate{
        // 省略部分代码
        @Override
        public void discard(String leadStatusId, String commandId, String
            requesterId) {
            // 生成事件
            LeadStateEvent.LeadStateMergePatched e = newLeadStateMergePatched(
                commandId, requesterId);
```

```
                e.setActive(false);
                e.setLeadStatusId(leadStatusId);
                // 应用事件
                apply(e);
            }
        }
    }
```

这几行代码在 IDE 的帮助下可以很快完成。

在上面展示的代码中，方法 discard 的实现逻辑是使用已经生成了代码的 LeadStateMergePatched 事件对象，而不是创建更多的事件类型，来完成 Lead 实体的状态修改。

默认情况下，我们还会给这个 Discard 方法生成 RESTful API。这样就可以发送 HTTP PUT 请求到这样的一个 URL 中去调用它：

```
{BASE_URL}/Leads/{leadId}/_commands/Discard
```

只要客户端在请求的消息体中包含了合适的 Command ID，那么对 Discard 方法的调用是幂等的，所以这里支持 PUT 方法（HTTP PUT 应该是幂等的）。需要说明的是，这个示例中 URL 的风格确实“不怎么 RESTful”，但是在 DDDML 文档没有提供更多设置信息的情况下，使用这样的 URL 也是可以接受的。

以上演示的是使用 Java 语言的做法，我们通过 Override 基类的方法来扩展 DDDML 工具生成的 Java 代码。说到这里，不由得让人想念 C# 的“partial class”特性。对于 C# 来说，我们不需要 Override（重写）工具生成的类，只需要在一个独立的 C# 代码文件中直接实现 ILeadAggregate 接口的 Discard 方法即可，示例如下：

```
// …
public partial class LeadAggregate : ILeadAggregate
{
    public void Discard(string leadStatusId, string commandId, string
        requesterId)
    {
        // 业务逻辑实现
    }
}
```

11.3 处理继承

正如前文所述，笔者制作的 DDDML 工具在生成 Java 或 C# 的服务端代码时支持如下三种继承映射策略：Table per class hierarchy（TPCH）、Table per concrete class（TPCC）、Table per subclass: using a discriminator（TPS）。

如果在代码中使用了 ORM 框架，支持这三种映射策略需要生成的 Java 或 C# 代码很可能大同小异，主要差异体现在 ORM 的映射代码上。下面以我们的工具生成的 Hibernate XML 映射文件来举例说明。

11.3.1 TPCH

在我们开发的一个网上商城应用中，曾把产品组（ProductGroup）建模为产品（Product）实体的子类型。这样，产品组就可以像产品一样关联产品图片、供应商、价格等信息。这里的继承映射策略使用的是 TPCH。描述模型的 DDDML 代码大致如下：

```
aggregates:
    Product:
        id:
            name: ProductId
            type: id-ne
        properties:
            ProductTypeId:
                type: id
            # …
        inheritanceMappingStrategy: tpch
        discriminator: ProductTypeId
        discriminatorValue: "PRODUCT"
        subtypes:
            ProductGroup:
                discriminatorValue: "PRODUCT_GROUP"
```

DDDML 工具为产品的状态对象生成的 HBM 文件（文件 ProductState.hbm.xml）大致如下：

```
<hibernate-mapping package="org.dddml.pmall.domain.product">
    <class name="org.dddml.pmall.domain.product.AbstractProductState"
        table="PRODUCT" abstract="true">
        <id name="productId" length="20" column="PRODUCT_ID">
            <generator class="assigned"/>
        </id>
        <discriminator column="PRODUCT_TYPE_ID" type="string"/>
        <version name="version" column="VERSION" type="long"/>
        <property name="manufacturerPartyId">
            <column name="MANUFACTURER_PARTY_ID" sql-type="VARCHAR(20)"/>
        </property>
        <!-- 更多属性省略 -->
        <subclass name=
        "org.dddml.pmall.domain.product. AbstractProductState$SimpleProductState"
                  discriminator-value="PRODUCT">
        </subclass>

        <subclass name=
    "org.dddml.pmall.domain.product.AbstractProductGroupState" abstract="true">
<subclass name="org.dddml.pmall.domain.product.AbstractProductGroupState$SimpleProductGroupState"
                      discriminator-value="PRODUCT_GROUP" abstract="false">
            </subclass>
        </subclass>
```

```
    </class>
</hibernate-mapping>
```

11.3.2 TPCC

在我们开发的一个 CRM 系统中，对 Party（Party 是参与业务流程的业务实体）聚合采用如下方式建模：

- Person（个人）是 Party 的子类型。
- Organization（组织）是 Party 的子类型，LegalOrganization（法人组织）是 Organization 的子类型。
- Company（公司）是 LegalOrganization 的子类型，InformalOrganization（非正式组织）是 Organization 的子类型。
- Family（家庭）是 InformalOrganization 的子类型。

这里的继承映射策略选择使用 TPCC。描述模型的 DDDML 代码这里不再列出。

DDDML 工具为 Party 的状态对象生成的 HBM 文件（文件 PartyState.hbm.xml）大致如下：

```
<hibernate-mapping package="org.dddml.crm.domain.party">
    <class name="org.dddml.crm.domain.party.AbstractPartyState$SimplePartyState"
        table="PARTY">
        <id name="partyId" length="20" column="PARTY_ID">
            <generator class="assigned"/>
        </id>
        <version name="version" column="VERSION" type="long"/>
        <property name="externalId">
            <column name="EXTERNAL_ID" sql-type="VARCHAR(20)"/>
        </property>

        <union-subclass name=
            "org.dddml.crm.domain.party. AbstractPersonState$SimplePersonState"
            table="PERSON"
                        abstract="false">
            <property name="salutation">
                <column name="SALUTATION" sql-type="VARCHAR(100)"/>
            </property>
            <property name="firstName">
                <column name="FIRST_NAME" sql-type="VARCHAR(100)"/>
            </property>
            <property name="middleName">
                <column name="MIDDLE_NAME" sql-type="VARCHAR(100)"/>
            </property>
        </union-subclass>

        <union-subclass name=
```

```
            "org.dddml.crm.domain.party.AbstractOrganizationState$SimpleOrganiza
                tionState"
                        table="ORGANIZATION" abstract="false">
            <property name="organizationName">
                <column name="ORGANIZATION_NAME" sql-type="VARCHAR(250)"/>
            </property>
            <union-subclass name=
"org.dddml.crm.domain.party.AbstractLegalOrganizationState$SimpleLegalOrganizationState"
                            table="LEGAL_ORGANIZATION" abstract="false">
                <property name="taxIdNum">
                    <column name="TAX_ID_NUM"/>
                </property>
                <union-subclass name=
"org.dddml.crm.domain.party.AbstractCompanyState$SimpleCompanyState"
table="COMPANY"
                                abstract="false">
                </union-subclass>
            </union-subclass>

            <union-subclass name=
"org.dddml.crm.domain.party.AbstractInformalOrganizationState"
                            table="INFORMAL_ORGANIZATION" abstract="true">
                <union-subclass name=
"org.dddml.crm.domain.party.AbstractFamilyState$SimpleFamilyState"
table="FAMILY"
                                abstract="false">
                    <property name="familyName">
                        <column name="FAMILY_NAME" sql-type="VARCHAR(60)"/>
                    </property>
                </union-subclass>
            </union-subclass>
        </union-subclass>

    </class>
</hibernate-mapping>
```

11.3.3 TPS

在我们开发的一个 CRM 系统中，曾把投资项目的潜在投资者在“项目页面”下的留言（InvestmentComment）建模为销售线索（Lead）的子类型，这里使用的是 TPS 继承映射策略。因为 DDDML 比较简单，这里不再列出。

DDDML 工具为 Lead 的状态对象生成的 HBM 映射文件（文件 LeadState.hbm.xml）大致如下：

```
<hibernate-mapping package="org.dddml.crm.domain.lead">
    <class name="org.dddml.crm.domain.lead.AbstractLeadState" table="LEAD"
        abstract="true">
```

```
        <id name="leadId" length="60" column="LEAD_ID">
            <generator class="assigned"/>
        </id>
        <discriminator column="LEAD_TYPE_ID" type="string"/>
        <version name="version" column="VERSION" type="long"/>
        <property name="contactMechId">
            <column name="CONTACT_MECH_ID" sql-type="VARCHAR(20)"/>
        </property>
        <property name="leadStatusId">
            <column name="LEAD_STATUS_ID" sql-type="VARCHAR(60)"/>
        </property>
        <!-- 更多属性省略 -->
        <subclass name=
            "org.dddml.crm.domain.lead.AbstractLeadState$SimpleLeadState"
            discriminator-value="Lead">
        </subclass>

        <subclass name="org.dddml.crm.domain.lead.AbstractInvestmentCommentState"
            abstract="true">
            <join table="INVESTMENT_COMMENT">
                <key column="LEAD_ID"/>
                <property name="intendedInvestmentAmount">
                    <column name="INTENDED_INVESTMENT_AMOUNT" sql-
                        type="DECIMAL(18,2)"/>
                </property>
            </join>
            <subclass name=
"org.dddml.crm.domain.lead.AbstractInvestmentCommentState$SimpleInvestmentCommentState"
                      discriminator-value="InvComment">
            </subclass>
        </subclass>

    </class>
</hibernate-mapping>
```

11.4　处理模式

第 9 章展示了在 DDDML 文档中如何定义账目（使用关键字 accounts）和状态机（使用关键字 stateMachine），接下来看看 DDDML 代码生成工具可以如何利用这些模式信息。

11.4.1　处理账务模式

第 9 章曾展示一个描述 InventoryItem（库存单元）聚合的 DDDML 文档。这里继续以这个聚合为例，看看 DDDML 代码工具如何为它生成账务模式相关的代码。

默认情况下，工具生成的代码并不会把账目的当前值（余额）属性当作派生属性来处理。

1. 生成 DDL

使用 DDDML 代码工具为库存单元生成的 DDL 如下（假设我们使用的目标数据库是 MySQL）：

```
CREATE TABLE 'InventoryItems' (
    'ProductId' varchar(60) NOT NULL,
    'LocatorId' varchar(50) NOT NULL,
    'AttributeSetInstanceId' varchar(50) NOT NULL,
    'Version' bigint(20) NOT NULL,
    'OnHandQuantity' decimal(18,6) DEFAULT NULL,# 在库数量
    'InTransitQuantity' decimal(18,6) DEFAULT NULL,# 在途数量
    'ReservedQuantity' decimal(18,6) DEFAULT NULL,# 保留数量
    'OccupiedQuantity' decimal(18,6) DEFAULT NULL,# 占用数量
    'VirtualQuantity' decimal(18,6) DEFAULT NULL,# 虚拟数量
    'createdBy' varchar(255) DEFAULT NULL,
    'updatedBy' varchar(255) DEFAULT NULL,
    'CreatedAt' datetime DEFAULT NULL,
    'UpdatedAt' datetime DEFAULT NULL,
    PRIMARY KEY ('ProductId','LocatorId','AttributeSetInstanceId')
) ENGINE=InnoDB DEFAULT CHARSET=utf8mb4
```

它的主键包含 3 列。

- ProductId：产品 Id。
- LocatorId：货位 Id。
- AttributeSetInstanceId：属性集实例 Id。库存单元可能需要一些描述它的扩展属性信息，比如序列号、批次等，这些信息保存在 AttributeSetInstance 实体里。

工具为库存单元条目生成的 DDL 如下：

```
CREATE TABLE 'InventoryItemEntries' (
    'ProductId' varchar(60) NOT NULL,
    'LocatorId' varchar(50) NOT NULL,
    'AttributeSetInstanceId' varchar(50) NOT NULL,
    'entrySeqId' bigint(20) NOT NULL,
    'Version' bigint(20) NOT NULL,
    'OnHandQuantity' decimal(18,6) DEFAULT NULL,# 在库数量
    'InTransitQuantity' decimal(18,6) DEFAULT NULL,# 在途数量
    'ReservedQuantity' decimal(18,6) DEFAULT NULL,# 保留数量
    'OccupiedQuantity' decimal(18,6) DEFAULT NULL,# 占用数量
    'VirtualQuantity' decimal(18,6) DEFAULT NULL,# 虚拟数量
    'sourceDocumentTypeId' varchar(255) NOT NULL,
    'sourceDocumentNumber' varchar(255) NOT NULL,
    'sourceLineNumber' varchar(255) DEFAULT NULL,
    'sourceLineSubSeqId' int(11) DEFAULT NULL,
    'OccurredAt' datetime NOT NULL,
    'createdBy' varchar(255) DEFAULT NULL,
    'updatedBy' varchar(255) DEFAULT NULL,
    'CreatedAt' datetime DEFAULT NULL,
    'UpdatedAt' datetime DEFAULT NULL,
```

```
    'CommandId' varchar(255) DEFAULT NULL,
    PRIMARY KEY ('ProductId','LocatorId','AttributeSetInstanceId','entrySeqId'),
    UNIQUE KEY 'UK_8rt76iv8h9j6vel1hnw1pcahk' ('sourceDocumentTypeId','sourceDocument
        Number','sourceLineNumber','sourceLineSubSeqId')
) ENGINE=InnoDB DEFAULT CHARSET=utf8mb4
```

它的主键相比库存单元表多了一列，即entrySeqId（条目序号）。这个表中的数量列（OnHandQuantity、InTransitQuantity等）都是在库存单元表中相应数量的变化值（变化值有可能是正数也有可能是负数）。

因为在DDDML中声明了唯一约束，所以这个条目表中存在一个唯一索引，它由以下列组成：

- sourceDocumentTypeId：源单据类型ID。引起库存变化的源单据的类型ID，它的值可能是生产单（Production）、盘点单（PhysicalInventory）、入库出库单（InOut）、移动单（Movement）等。
- sourceDocumentNumber：源单据号。比如生产单号、盘点单号、入库出库单号等。
- sourceLineNumber：源单据行号。引起库存变化的单据中的行项序号。比如生产单的行号。
- sourceLineSubSeqId：源单据行的"子序号"。

为什么需要在唯一约束中设置sourceLineSubSeqId这一列？这是因为一个单据有可能在完成后还会被反转，在完成单据或反转（Reverse）单据时都需要触发库存数量的更新。比如，使用出库单（InOut）执行出库作业，如果在确认（完成）出库后才发现操作有误，这时可能需要执行反转操作（只允许反转一次）。那么，在确认出库的时候，这个sourceLineSubSeqId可能会记为0；在"反转"的时候，可能会记为1，如表11-1所示。

表11-1　一个出库单在"完成后反转"产生的条目记录

…	source DocumentTypeId	source DocumentNumber	source LineNumber	source LineSubSeqId
…	IN_OUT	OUT001234	PRD_00001	0
…	IN_OUT	OUT001234	PRD_00001	1

显然，如果那个唯一约束中只有前三列，没有sourceLineSubSeqId这一列，那么反转出库单的时候，就会因为违反了唯一约束导致条目记录插入失败。

2. 处理库存单元的命令对象

默认情况下，DDDML代码生成工具可以为聚合生成CRUD代码。比如，对于上面所说的InventoryItem聚合，我们的工具可能会生成用于"创建库存单元"的CreateInventoryItem命令对象（接口以及实现类），以及用于修改库存单元的MergePatchInventoryItem命令对象。

以CreateInventoryItem这个命令对象为例，因为在DDDML中我们将InventoryItem的OnHandQuantity属性声明为一个"账目"，所以在CreateInventoryItem中不会存在名字叫作onHandQuantity的属性。客户端不能通过设置发送给服务端的那个实体的onHandQuantity

属性去修改 InventoryItemState（表示库存单元状态的对象）的 onHandQuantity 属性。客户端只能发送 CreateInventoryItemEntry 命令，并通过创建库存单元条目间接地改变它（InventoryItemState.onHandQuantity 属性）。

我们可以看看为 InventoryItem 生成的聚合对象的实现类 AbstractInventoryItemAggregate 有何特别之处（Java 代码）：

```
package org.dddml.wms.domain.inventoryitem;

import java.util.*;
import java.math.BigDecimal;
import org.dddml.wms.domain.*;
import org.dddml.wms.specialization.*;

public abstract class AbstractInventoryItemAggregate extends
    AbstractAggregate implements InventoryItemAggregate {
    // …
    protected InventoryItemEvent map(InventoryItemCommand.CreateInventoryItem c)
        {
        InventoryItemEventId stateEventId = new InventoryItemEventId(c.
            getInventoryItemId(), c.getVersion());
        InventoryItemEvent.InventoryItemStateCreated e =
             newInventoryItemStateCreated(stateEventId);
        ((AbstractInventoryItemEvent) e).setCommandId(c.getCommandId());
        e.setCreatedBy(c.getRequesterId());
        e.setCreatedAt((java.util.Date) ApplicationContext.current.
            getTimestampService().now(java.util.Date.class));
        // 注意这里对“在库数量”这个账目的处理:
        BigDecimal onHandQuantity = BigDecimal.ZERO;
        // 省略其他数量的处理代码
        Long version = c.getVersion();
        for (InventoryItemEntryCommand.CreateInventoryItemEntry innerCommand :
           c.getCreateInventoryItemEntryCommands()) {
            throwOnInconsistentCommands(c, innerCommand);
            InventoryItemEntryEvent.InventoryItemEntryStateCreated innerEvent =
                mapCreate(innerCommand, c, version, this.state);
            e.addInventoryItemEntryEvent(innerEvent);

            onHandQuantity = onHandQuantity.add(innerEvent.getOnHandQuantity()
                != null ? innerEvent.getOnHandQuantity() : BigDecimal.ZERO);
            // 省略其他数量的处理代码
        }
        e.setOnHandQuantity(onHandQuantity);
        // 省略其他数量的处理代码
        return e;
    }

    protected InventoryItemEvent map(InventoryItemCommand.
        MergePatchInventoryItem c) {
        InventoryItemEventId stateEventId = new InventoryItemEventId(c.
```

```
            getInventoryItemId(), c.getVersion());
        InventoryItemEvent.InventoryItemStateMergePatched e =
            newInventoryItemStateMergePatched(stateEventId);
        ((AbstractInventoryItemEvent) e).setCommandId(c.getCommandId());
        e.setCreatedBy(c.getRequesterId());
        e.setCreatedAt((java.util.Date) ApplicationContext.current.
            getTimestampService().now(java.util.Date.class));

        BigDecimal onHandQuantity = this.state.getOnHandQuantity();
        // 省略其他数量的处理代码
        Long version = c.getVersion();
        for (InventoryItemEntryCommand innerCommand : c.
           getInventoryItemEntryCommands()) {
            throwOnInconsistentCommands(c, innerCommand);
            InventoryItemEntryEvent innerEvent = map(innerCommand, c, version,
                this.state);
            e.addInventoryItemEntryEvent(innerEvent);
            if (!(innerEvent instanceof InventoryItemEntryEvent.
                InventoryItemEntryStateCreated)) {
                continue;
            }
            InventoryItemEntryEvent.InventoryItemEntryStateCreated entryCreated
                = (InventoryItemEntryEvent.InventoryItemEntryStateCreated)
                innerEvent;
            onHandQuantity = onHandQuantity.add(entryCreated.getOnHandQuantity()
                != null ? entryCreated.getOnHandQuantity() : BigDecimal.ZERO);
            // 省略其他数量的处理代码
        }
        e.setOnHandQuantity(onHandQuantity);
        // 省略其他数量的处理代码
        return e;
    }
    //…
}
```

开发人员使用这些生成的代码，很容易保证一个账目的当前数量（余额）与它的条目的合计（Sum）数量总是一致的。

3. 确认约束

账务模式要求账目与条目之间满足如下约束：

账目（Account）的余额 = 账目的所有条目（Entries）的数量的合计（Sum）。

即不应该存在条目的合计数量不等于余额的账目的情况。以前面的库存单元为例，我们可以随时执行以下 SQL 对约束进行确认，如果没有意外，这个 SQL 查询的结果应该总是为 0：

```
select count(*) from
(
SELECT
```

```
    i.ProductId,
    i.LocatorId,
    i.AttributeSetInstanceId,
    ifnull(i.OnHandQuantity, 0) as OnHandQuantity,
    ifnull((select sum(e.OnHandQuantity)
                FROM InventoryItemEntries e # 条目表
        where e.ProductId = i.ProductId
                        and e.LocatorId = i.LocatorId
            and e.AttributeSetInstanceId = i.AttributeSetInstanceId
     ), 0) as SumOfEntryOnHandQuantiy
FROM InventoryItems i # 账目表
) a
where OnHandQuantity != a.SumOfEntryOnHandQuantiy
;
```

11.4.2 处理状态机模式

第 9 章曾展示一个描述 InOut（入库 / 出库单）聚合的 DDDML 文档。这里继续以这个聚合为例，看看 DDDML 工具如何为它生成状态机模式相关的代码。

与账务模式类似，工具生成的命令对象 CreateInOut、MergePatchInOut 中并不存在 DocumentStatusId 属性。也就是说，只有"触发"与 InOut 实体的 DocumentStatusId 属性关联的那个状态机执行转换，才能间接地改变 InOut 的状态对象的 DocumentStatusId 属性的值。

工具生成的状态机的处理逻辑主要位于 InOut 的聚合对象的实现类 AbstractInOut-Aggregate 中（Java 代码），示例如下：

```java
import org.dddml.wms.domain.*;
import org.dddml.wms.specialization.*;

public abstract class AbstractInOutAggregate extends AbstractAggregate implements
    InOutAggregate {
    // …

    protected InOutEvent map(InOutCommand.CreateInOut c) {
        InOutEventId stateEventId = new InOutEventId(c.getDocumentNumber(),
            c.getVersion());
        InOutEvent.InOutStateCreated e = newInOutStateCreated(stateEventId);
        newInOutDocumentActionCommandAndExecute(c, state, e);
        // …
        e.setDescription(c.getDescription());
        // …
        return e;
    }

    protected InOutEvent map(InOutCommand.MergePatchInOut c) {
        InOutEventId stateEventId = new InOutEventId(c.getDocumentNumber(),
            c.getVersion());
```

```
        InOutEvent.InOutStateMergePatched e = newInOutStateMergePatched(
            stateEventId);
        if (c.getDocumentAction() != null)
            newInOutDocumentActionCommandAndExecute(c, state, e);
        // …
        e.setDescription(c.getDescription());
        e.setIsPropertyDescriptionRemoved(c.getIsPropertyDescriptionRemoved());
        // …
        return e;
    }
    // …

    protected void newInOutDocumentActionCommandAndExecute(InOutCommand.
        MergePatchInOut c, InOutState s, InOutEvent.InOutStateMergePatched e) {
        PropertyCommandHandler<String, String> pCommandHandler =
            this.getInOutDocumentActionCommandHandler();
        String pCmdContent = c.getDocumentAction();
        PropertyCommand<String, String> pCmd = new AbstractPropertyCommand.
            SimplePropertyCommand<String, String>();
        pCmd.setContent(pCmdContent);
        pCmd.setStateGetter(() -> s.getDocumentStatusId());
        pCmd.setStateSetter(p -> e.setDocumentStatusId(p));
        pCmd.setOuterCommandType(CommandType.MERGE_PATCH);
        pCmd.setContext(getState());
        pCommandHandler.execute(pCmd);
    }

    protected void newInOutDocumentActionCommandAndExecute(InOutCommand.
        CreateInOut c, InOutState s, InOutEvent.InOutStateCreated e) {
        PropertyCommandHandler<String, String> pCommandHandler =
            this.getInOutDocumentActionCommandHandler();
        String pCmdContent = null;
        PropertyCommand<String, String> pCmd = new AbstractPropertyCommand.
            SimplePropertyCommand<String, String>();
        pCmd.setContent(pCmdContent);
        pCmd.setStateGetter(() -> s.getDocumentStatusId());
        pCmd.setStateSetter(p -> e.setDocumentStatusId(p));
        pCmd.setOuterCommandType(CommandType.CREATE);
        pCmd.setContext(getState());
        pCommandHandler.execute(pCmd);
    }

    private PropertyCommandHandler<String, String>
inOutDocumentActionCommandHandler = new SimpleInOutDocumentActionCommandHandler();

    public void setInOutDocumentActionCommandHandler(PropertyCommandHandler<
        String, String> h) {
        this.inOutDocumentActionCommandHandler = h;
    }
```

```
    protected PropertyCommandHandler<String, String>
        getInOutDocumentActionCommandHandler() {
        if (this.inOutDocumentActionCommandHandler != null) {
            return this.inOutDocumentActionCommandHandler;
        }
        Object h = ApplicationContext.current.get("
            InOutDocumentActionCommandHandler");
        if (h instanceof PropertyCommandHandler) {
            return (PropertyCommandHandler<String, String>) h;
        }
        return null;
    }

    public class SimpleInOutDocumentActionCommandHandler implements
        PropertyCommandHandler<String, String> {
        public void execute(PropertyCommand<String, String> command) {
            String trigger = command.getContent();
            if (Objects.equals(null, command.getStateGetter().get()) && Objects.
                equals(null, trigger)) {
                command.getStateSetter().accept("Drafted");
                return;
            }
            if (Objects.equals("Drafted", command.getStateGetter().get()) &&
                Objects.equals("Complete", trigger)) {
                command.getStateSetter().accept("Completed");
                return;
            }
            if (Objects.equals("Drafted", command.getStateGetter().get()) &&
                Objects.equals("Void", trigger)) {
                command.getStateSetter().accept("Voided");
                return;
            }
            if (Objects.equals("Completed", command.getStateGetter().get()) &&
                Objects.equals("Close", trigger)) {
                command.getStateSetter().accept("Closed");
                return;
            }
            if (Objects.equals("Completed", command.getStateGetter().get()) &&
                Objects.equals("Reverse", trigger)) {
                command.getStateSetter().accept("Reversed");
                return;
            }
            throw new IllegalArgumentException(String.format(
            "State: %1$s, command: %2$s", command.getStateGetter().get(), trigger));
        }
    }
    // …
}
```

上面的代码依赖的接口 PropertyCommandHandler 的代码如下：

```
package org.dddml.wms.specialization;

public interface PropertyCommandHandler<TContent, TState> {
    void execute(PropertyCommand<TContent, TState> command);
}
```

接口 PropertyCommand 的代码如下：

```
package org.dddml.wms.specialization;

import java.util.function.Consumer;
import java.util.function.Supplier;

public interface PropertyCommand<TContent, TState> {
    TContent getContent();
    void setContent(TContent content);

    Supplier<TState> getStateGetter();
    void setStateGetter(Supplier<TState> stateGetter);

    Consumer<TState> getStateSetter();
    void setStateSetter(Consumer<TState> stateSetter);

    String getOuterCommandType();
    void setOuterCommandType(String type);

    Object getContext();
    void setContext(Object context);
}
```

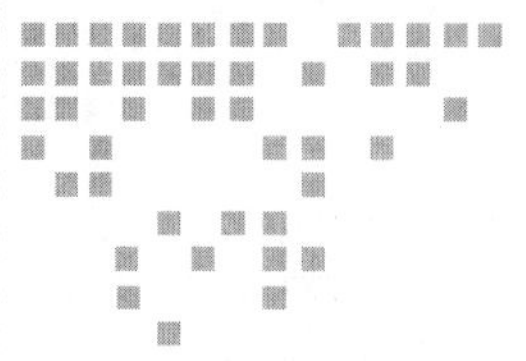

Chapter 12 第12章

处理领域服务

定义在实体中的方法一般来说只应该改变一个聚合实例的状态，如果一个方法要改变多个聚合实例的状态，那么它应该被定义为一个领域服务。对于只会修改单个聚合实例的状态的方法，我们自然可以使用数据库本地事务来保证所修改数据项的强一致性。但对于修改多个聚合实例的状态的领域服务，建议优先使用最终一致性模型。但是，部分初级应用开发人员在开发工作中会极度依赖数据库事务，无法在保证基本的开发效率的前提下手动编码实现数据的最终一致性。

虽然 DDD 的领域服务不等同于 MSA 的微服务，但是很多开发团队不敢把已经非常臃肿复杂的单体应用拆分开，不敢实践微服务架构（MSA），很大一部分原因也是对采用最终一致性模型心存畏惧。虽然微服务一词没有标准的定义，但是还是存在一些基本的实践上的共识：每个微服务应该使用自己独立的数据库，微服务架构应该采用最终一致性模型去实现分布在不同数据库中的数据项的最终一致性。

虽然大家都觉得聚合外最终一致是最好的，但是有时在做好聚合分析的前提下，也是可以妥协的。也就是说，在实现跨聚合操作的领域服务时，可以考虑使用数据库本地事务支持的强一致性模型。

如果打算使用最终一致性模型来实现领域服务，可以考虑使用 Saga 模式，包括基于协作的 Saga（Choreography-based saga）以及基于编制的 Saga（Orchestration-based saga）。DDDML 工具可以为这两种 Saga 的实现提供帮助。

我们的 DDDML 工具可以生成发布、订阅领域事件的代码，使开发人员在实现基于协作的 Saga 时可以专注于业务逻辑的编码。此外，它还可以生成支持使用基于消息的命令（消息通信的请求 / 异步响应模式）远程调用实体方法或服务方法的代码，这些代码使用了支持 DSL 的 Saga 框架，可以大大减少开发人员实现基于编制的 Saga 所需的编码工作量。

12.1　处理数据的一致性

为了实现可能会修改多个聚合实例状态的领域服务，我们可能需要在采用何种一致性模型上做出选择。一般来说，应该优先考虑使用最终一致性模型。

但是，离开了数据库事务，开发人员要自己实现一个业务事务（Business Transaction）涉及的所有数据项的最终一致并不简单。他们需要考虑：如果业务事务中的某个步骤（Step）在执行时发生了异常，是不是应该重试？这个步骤（方法）的执行逻辑是幂等的吗？如果不是幂等的怎么办？

此外，开发人员还要考虑业务事务之间的隔离性问题。业务事务没法提供像数据库本地事务那样强的隔离性。业务事务中的一个步骤结束之后其结果是确定的，所有人都能看得到这个结果，没有数据库事务那样的回滚功能可用。大家可能会在这个执行结果的基础上叠加更多的操作，这为开发人员正确地实现已执行步骤的“补偿”操作带来了更大的挑战。

来看个例子，假设在一个 WMS 应用的领域模型中，InventoryItem（库存单元）实体（聚合根）表示“某个产品在某个货位上的库存数量”。如果我们打算遵循聚合外最终一致的原则来实现一个库存调拨（Inventory Movement）服务，那么需要考虑执行这个调拨服务时可能存在如下场景：

- 在源货位上，某产品 A 本来的库存数量是 1000 个。
- 我们执行了一个调拨操作，打算把 100 个产品 A 转移到目标货位上。
- 一开始，库存调拨服务扣减了源货位的库存数量，在这个货位上产品 A 的库存数量变成了 900——这个结果是确定的，不能通过数据库事务回滚，但此时目标货位的库存数量还没有增加，调拨还没有最终完成。
- 接着，其他人因为生产加工的需要，用掉（出库）了在源货位上的 100 个产品 A，库存数量变成了 800——这个结果也是确定的，不能使用数据库事务回滚。
- 然后，因为某些原因，我们没法在目标货位上增加产品 A 的库存数量，所以需要取消这次调拨操作。
- 这时，应该把源货位上产品 A 的库存数量改为 900 个，也就是在数量 800 个的基础上加回 100 个，而不能直接将库存数量改回调拨操作发生前的数量（1000 个）。

可见，没有了数据库事务的帮助，开发人员在开发功能时需要面对很多问题。对于初级开发人员来说，这个过程很容易犯错，以至于有人说：引入最终一致性的结果一定是最终不一致。

我们希望 DDDML 工具能帮助我们降低采用最终一致性模型的成本。如前面展示过的，工具生成的聚合代码已经为此提供了一些基础支持。其中一个很关键的地方是，在默认情况下，为实体的方法所生成的代码中包含了基本的幂等性处理逻辑。在这些幂等的实体方法的基础上实现不同聚合的数据的最终一致性，能少牺牲很多脑细胞。并且，默认情况下，工具生成的实体命令方法的代码会使用离线乐观锁来检测并发冲突。我们以此提示开发人员："你所做的"必须基于"你看到的"——并且中间没有人改变过它。这对实现一个需要修改在不同的数据库内数据项的长时间运行的事务来说尤其有用，因为我们没法通过提高数据库事务的隔离级别或者使用数据库层面的锁机制（悲观锁）来简单地绕过问题。我们需要开发人员在编写调用这些实体方法的客户端（Client）代码时直面问题，而不是先"凑合"搞出一个可能会产生错误结果的实现。

12.1.1 使用数据库事务实现一致性

如果开发人员能完全按照聚合外最终一致的原则来编码，那么系统会具备良好的水平扩展能力，因为只要按聚合来拆分数据库（微服务）就可以了。但很多时候，确实没有必要上来就搞"一个聚合一个数据库"——先开发一个单体应用也是可以考虑的。如果领域服务访问的各项数据都在同一个数据库内，基于可投入资源、项目期限等因素，直接使用数据库本地事务就可以支持的强一致性模型来实现领域服务并非完全不能接受。

以一个 CRM 应用为例，这里定义了一个线索跟进服务用于记录线索跟进的结果，DDDML 代码片段如下：

```
services:
    LeadFollowupService:
        methods:
            UpdateAfterFollowup:
                parameters:
                    LeadId:
                        type: id
                        referenceType: Lead
                    Salutation:
                        type: name
                    # …
```

然后使用代码生成工具从这个 DDDML 文档生成服务端的接口（LeadFollowup-ApplicationService，Java 代码）：

```
package org.dddml.crm.domain.service;

import org.dddml.crm.domain.*;

public interface LeadFollowupApplicationService {
    void when(LeadFollowupServiceCommands.UpdateAfterFollowup c);
}
```

默认情况下，工具会自动生成这个服务的 RESTful API 层的代码。这样，客户端可以发送 POST 请求到如下 URL 调用服务：

```
{BASE_URL}/LeadFollowupService/UpdateAfterFollowup
```

然后，开发人员可以添加一个 LeadFollowupApplicationService 接口的实现类（Java 代码）：

```
package org.dddml.crm.domain.service;

import org.springframework.transaction.annotation.Transactional;

public class LeadFollowupApplicationServiceImpl implements
    LeadFollowupApplicationService {

    @Transactional
    public void when(LeadFollowupServiceCommands.UpdateAfterFollowup c) {
        // 在这里实现业务逻辑
    }

}
```

上面展示的 LeadFollowupApplicationServiceImpl 类中的 when 方法使用了 Spring 框架的 AOP 事务注解（@Transactional），也就是说，这个服务方法打算使用数据库事务来保证多个聚合状态之间的强一致。

如果打算在领域服务上使用数据库事务，如下问题可能需要注意：

- 尽可能让客户端通过参数传入服务执行所需的信息，在服务执行过程中尽可能减少对数据库的查询。如果需要查询，理想情况是只依赖于写模型的存储库（Repository）的“Get By ID”方法来查询单个实体的状态。
- 有些时候，一个服务方法可能会调用多个标注了 @Transactional 的其他方法，可能这些方法并不需要在同一个数据库事务内执行才能得到正确的结果，但是通过在服务方法上声明 AOP 事务可以减少事务开启和关闭的次数，从而提升性能表现。
- 如果使用只读的事务（@Transactional(readOnly = true)）就能解决问题，那么不要使用非只读的事务。

12.1.2　使用 Saga 实现最终一致性

如果打算使用最终一致性模型来实现多个聚合之间状态（数据）的一致性，有必要考虑使用 Saga 模式[1]。

这里说的 Saga 是什么？

Saga 又叫“长时间运行的事务”（Long-running transaction），它是跨越多个服务的业务事务的实现。Saga 由一系列本地事务组成，每个本地事务在更新数据库之后通过发布消息或事件触发下一个本地事务执行。如果一个本地事务因为违反了业务规则而失败，那么就

[1] 见 https://microservices.io/patterns/data/saga.html。

对之前已执行的那些本地事务执行相应的补偿事务，以撤销它们对数据库做过的修改。

显然，Saga 实现业务事务所采用的是最终一致性模型。保证数据的最终一致需要开发人员自己实现的业务逻辑。

Saga 所说的服务并不是特指 DDD 领域服务，可以理解为使用自己的独立数据库的软件组件——微服务一般就是这么做的。

Saga 所说的业务事务也不是指数据库事务，而是指应用的开发人员通过编写多个步骤的业务逻辑代码完成的业务 / 商业上的事务 / 交易。这里业务、商业的英文都是 business，事务、交易的英文都是 transaction。

基于协作的 Saga 没有中心协调者，服务之间通过公开地发布消息 / 事件来推进业务流程。比如：

- 客户下了一个订单后，订单服务会发布一个 OrderPlaced 事件——它其实并不在意谁对这个事件感兴趣，发布事件的意思就相当于大喊："有人下单了！"
- 也许库存服务会对这个事件感兴趣，它会订阅这个事件。当收到这个事件时，它可能会按照订单上的产品以及数量信息预留库存（Reserve Inventory），并为接下来的发货操作做准备。同样地，在预留好库存之后，它也会发布一个 InventoryReserved 事件——相当于大喊："库存预留好了！"
- 也许，拣货服务一直就在监听这类消息，因为预留好库存之后，接下来就应该通知拣货员干活了……

在上面描述的业务流程的执行过程中，并没有一个协调者负责：

- "命令"每个服务做什么。
- 记录每个服务完成任务后的结果。
- 决定这个服务完成任务后由哪个服务接着干，或者这个服务彻底干不下去了应该怎么办。

而基于编制的 Saga 就存在这个居中指挥的协调者，我们可以把这个协调者称为 Saga Manager。Saga Manager 与服务之间的交互可能使用异步的基于消息的通信机制，也可能使用同步的 RPC 方式。

接下来的两节中，会使用示例来说明如何使用异步消息通信（Asynchronous Messaging）实现 Saga，此方法适用于如下场景：

- 实现一个领域服务所涉及的多个聚合实例状态的最终一致性。即使这些聚合都使用了同一个数据库，且更新聚合状态的代码都属于同一个微服务项目，我们仍然应该优先考虑采用最终一致性模型。
- 实现同一个限界上下文内、不同微服务的数据库中各项数据的最终一致性。
- 实现大粒度的服务甚至是单体应用之间的集成，在不同的应用之间实现数据的最终一致性。

基于消息的异步通信机制通常会使用消息代理[⊖]（Message Broker）。使用消息代理有必要考虑限界上下文的边界，建议如下：

- 明确哪些消息代理是位于限界上下文之内的内部消息代理。同一限界上下文的不同服务/微服务之间可共享一个内部消息代理，它们使用异步的基于消息的通信机制进行交互。这些内部消息代理应该看作所属的限界上下文专用的技术基础设施，不要在不同的限界上下文之间共享它们。不过，可以考虑允许（跨越多个限界上下文的）防腐层的代码访问内部消息代理，这是个小小的例外，此时防腐层应该只使用一个限界上下文的内部消息代理。建议把这个防腐层交给该消息代理所属的限界上下文的开发团队进行开发和维护。
- 不同的限界上下文之间优先使用 RESTful API 或其他 RPC 方式进行交互。

12.2 发布与处理领域事件

如前文所述，基于协作的 Saga 是指各个服务通过各自发布、订阅消息/事件的方式来推进执行业务事务，没有居中的协调者。

在这个过程中产生的消息有一部分是所谓的“伪事件”。一般来说，事件是指那些改变了系统状态的已发生的事实，但伪事件不代表系统的状态发生了改变。一个伪事件可能只是表示有人发出了一个查询请求，或者表示有人给出了查询的结果。举例来说，订单服务（Order Service）可能会发布一个 Get-Product Requested 伪事件来请求产品的详细信息，而产品服务（Product Service）可能会发布一个 Get-Product Replied 伪事件来对这个查询请求做出响应。这里不对伪事件进一步展开讨论。

既然在默认情况下，笔者制作的 DDDML 工具为聚合生成的代码已经采用了事件溯源模式，那么，如果我们只需要将这些聚合的领域事件发布出来，应该就提供了实现基于协作的 Saga 所需的大部分事件。

下面通过一个例子来看看 DDDML 代码生成工具在发布和处理领域事件方面可以帮助开发人员做些什么。

在下面展示的工具生成的代码中，使用 Eventuate Tram[⊜]框架来实现领域事件的发布。Eventuate Tram 是一个用于实现可靠的事务性消息通信（Transactional Messaging）的开发框架。

12.2.1 编写 DDDML 文档

假设领域模型中存在一个 StatusItem（状态项）聚合，描述它的 DDDML 代码如下：

⊖ 见 https://zh.wikipedia.org/zh-hans/ 消息代理。

⊜ 参见 https://eventuate.io/abouteventuatetram.html。

```
aggregates:
    StatusItem:
        id:
            name: StatusId
            type: id-ne
        properties:
            StatusTypeId:
                type: id-ne
            StatusCode:
                type: short-varchar
            SequenceId:
                type: id
            Description:
                type: description

        methods:
            ChangeCode:
                parameters:
                    NewCode:
                        type: short-varchar
                eventName: CodeChanged

        metadata:
            # ----------------------------------------
            # 设置为需要发布领域事件
            PublishingEventEnabled: true
            # ----------------------------------------
            # 可以在发布事件时只发布事件的引用（事件 Id.）
            # OnlyPublishingEventReference: true
```

在这个 DDDML 文档中可以看到：当 ChangeCode 方法被调用时，如果执行成功将产生 CodeChanged 事件。另外，在聚合的 metadata 结点中存在一个键值对 PublishingEventEnabled: true，这表示当 StatusItem 的状态发生变化时，需要对外发布事件。

然后，我们打算创建一个名为 TestDomainEventConsumerService 的测试服务，用以消费和处理 ItemStatus 聚合发布的领域事件。描述该服务的 DDDML 文档如下：

```
services:
    TestDomainEventConsumerService:
        methods:
            # ----------------------------------
            HelloChangeCode:
                parameters:
                    StatusId:
                        type: id-ne
                    NewCode:
                        type: short-varchar
                domainEventHandler:
                    forAggregateType: StatusItem
                    onEvent: CodeChanged
```

```
# --------------------------------
HelloStatusItemStateCreated:
    parameters:
        StatusId:
            type: id-ne
        StatusTypeId:
            type: id-ne
        StatusCode:
            type: short-varchar
        SequenceId:
            type: id
        Description:
            type: description
    domainEventHandler:
        forAggregateType: StatusItem
        onEvent: StatusItemStateCreated
```

这个服务有两个方法，在这两个方法的定义中各存在一个 domainEventHandler 结点，它们的意思如下：

- HelloChangeCode 方法是 StatusItem 聚合发布的 CodeChanged 事件的处理器。
- HelloStatusItemStateCreated 方法是 StatusItem 聚合发布的 StatusItemStateCreated 事件的处理器。

12.2.2　生成的事件发布代码

在工具生成的代码中，会使用一个领域事件发布器接口来发布事件，这个接口的代码（文件 DomainEventPublisher.java）如下：

```
package org.dddml.wms.specialization;

import java.util.*;

public interface DomainEventPublisher {
    void publish(String aggregateType, Object aggregateId, List<Event>
        domainEvents);

    default void publish(Class<?> aggregateType, Object aggregateId, List<Event>
        domainEvents) {
        publish(aggregateType.getName(), aggregateId, domainEvents);
    }
}
```

上面这个 DomainEventPublisher 只是一个接口，我们还需要通过它的实现类真正把事件发布出去。笔者制作的 DDDML 工具可以生成一个使用了 Eventuate Tram 框架的该接口的实现类，后面会展示这个实现类的代码。

使用 Eventuate Tram 发布的领域事件对象必须实现 Eventuate Tram 定义的那个

DomainEvent 接口。我们并不希望这个接口侵入已经生成的聚合事件对象的代码，所以定义了一个实现这个接口的封包类（文件 EventEnvelope.java）：

```
package org.dddml.wms.specialization.eventuate.tram;

import io.eventuate.tram.events.common.DomainEvent;

public class EventEnvelope<T> implements DomainEvent {
    private T data;

    public T getData() {
        return data;
    }

    public void setData(T data) {
        this.data = data;
    }

    public EventEnvelope() {
    }

    public EventEnvelope(T data) {
        this.data = data;
    }
}
```

有时候，可能我们仅仅会发布领域事件的引用，关注这个事件的订阅者可以在接收到事件的引用后，使用引用中的事件 ID 及 URL 去拉取完整的事件信息。为此，我们定义了一个实现 Eventuate Tram 的 DomainEvent 接口的事件引用抽象基类（文件 AbstractEventReference.java）：

```
package org.dddml.wms.specialization.eventuate.tram;

import io.eventuate.tram.events.common.DomainEvent;

public abstract class AbstractEventReference<TId, T> implements DomainEvent {
    private TId eventId;

    private String url;

    public TId getEventId() {
        return eventId;
    }

    public void setEventId(TId eventId) {
        this.eventId = eventId;
    }

    public String getUrl() {
```

```
        return url;
    }

    public void setUrl(String url) {
        this.url = url;
    }

    public AbstractEventReference(TId eventId, String url) {
        this.eventId = eventId;
        this.url = url;
    }

    public AbstractEventReference() {
    }
}
```

现在，可以基于 Eventuate Tram 框架实现前面定义的那个领域事件发布器（DomainEventPublisher）接口了（Java 类 EventuateTramDomainEventPublisher 的代码）：

```
package org.dddml.wms.specialization.eventuate.tram;

import io.eventuate.tram.events.common.DomainEvent;
import org.dddml.wms.specialization.DomainEventPublisher;
import org.dddml.wms.specialization.Event;
import org.dddml.wms.specialization.EventReference;
import java.lang.reflect.Field;
import java.util.*;
import java.util.stream.Collectors;

public class EventuateTramDomainEventPublisher implements DomainEventPublisher {
    private io.eventuate.tram.events.publisher.DomainEventPublisher
        innerDomainEventPublisher;

    public EventuateTramDomainEventPublisher(io.eventuate.tram.events.publisher.
        DomainEventPublisher publisher) {
        this.innerDomainEventPublisher = publisher;
    }

    @Override
    public void publish(String aggregateType, Object aggregateId, List<Event>
        domainEvents) {
        innerDomainEventPublisher
                .publish(aggregateType, aggregateId, domainEvents.stream().map(
                        e -> {
                            try {
                                if (e instanceof EventReference) {
                                    return convertEventReference((
                                        EventReference) e);
                                } else {
                                    return createEventEnvelope(e);
                                }
```

```
                    } catch (ClassNotFoundException e1) {
                        throw new RuntimeException(e1);
                    } catch (NoSuchFieldException e1) {
                        throw new RuntimeException(e1);
                    } catch (IllegalAccessException e1) {
                        throw new RuntimeException(e1);
                    } catch (InstantiationException e1) {
                        throw new RuntimeException(e1);
                    }
                }).collect(Collectors.toList())
        );
}

private static EventEnvelope createEventEnvelope(Object data) throws
    ClassNotFoundException, NoSuchFieldException, IllegalAccessException,
    InstantiationException {
    String dataClassName = data.getClass().getName();
    Class eventEnvelopeClass = getEventEnvelopeClass(dataClassName);
    EventEnvelope eventEnvelope = (EventEnvelope) eventEnvelopeClass.
        newInstance();
    eventEnvelope.setData(data);
    return eventEnvelope;
}

private static Class getEventEnvelopeClass(String dataClassName) throws
    ClassNotFoundException, NoSuchFieldException, IllegalAccessException {
    String thisClassName = EventuateTramDomainEventPublisher.class.getName();
    String basePackage = getBoundedContextBasePackageName(thisClassName);
    String envelopesClassName = basePackage + ".domain.eventuate.tram.
        EventEnvelopes";
    Class envelopesClass = Class.forName(envelopesClassName);
    Field classMapField = envelopesClass.getField(
        "EVENT_ENVELOPE_CLASS_MAP");
    Map<String, Class> envelopClassMap = (Map<String, Class>) classMapField.
        get(null);
    return envelopClassMap.get(dataClassName);
}

private static AbstractEventReference convertEventReference(
    EventReference oer) throws ClassNotFoundException, NoSuchFieldException,
    IllegalAccessException, InstantiationException {
    String dataClassName = oer.getEventType().getName();
    Class eventReferenceClass = getEventReferenceClass(dataClassName);
    AbstractEventReference eventReference = (AbstractEventReference)
        eventReferenceClass.newInstance();
    eventReference.setEventId(oer.getEventId());
    eventReference.setUrl(oer.getUrl());
    return eventReference;
}

private static Class getEventReferenceClass(String dataClassName) throws
```

```
        ClassNotFoundException, NoSuchFieldException, IllegalAccessException {
        String thisClassName = EventuateTramDomainEventPublisher.class.getName();
        String basePackage = getBoundedContextBasePackageName(thisClassName);
        String referencesClassName = basePackage + ".domain.eventuate.tram.
            EventReferences";
        Class referencesClass = Class.forName(referencesClassName);
        Field classMapField = referencesClass.getField(
            "EVENT_REFERENCE_CLASS_MAP");
        Map<String, Class> envelopClassMap = (Map<String, Class>) classMapField.
            get(null);
        return envelopClassMap.get(dataClassName);
    }

    private static String getBoundedContextBasePackageName(String thisClassName)
        {
        return thisClassName.substring(0,
                thisClassName.length() -
        ".specialization.eventuate.tram.EventuateTramDomainEventPublisher".length());
    }
}
```

工具还生成了这个领域事件发布器的 Spring Boot 配置代码：

```
package org.dddml.wms.specialization.eventuate.tram;

import io.eventuate.tram.events.common.*;
import io.eventuate.tram.events.publisher.TramEventsPublisherConfiguration;
import org.springframework.context.annotation.*;

@Configuration
@Import({TramEventsPublisherConfiguration.class})
public class EventuateTramDomainEventPublisherConfiguration {

    @Bean
    public EventuateTramDomainEventPublisher eventuateTramDomainEventPublisher(
        io.eventuate.tram.events.publisher.DomainEventPublisher publisher) {
        return new EventuateTramDomainEventPublisher(publisher);
    }
}
```

上面由 DDDML 工具生成的代码一般在一个限界上下文中只需要生成一次，因为这些代码和领域模型存在哪些值对象、聚合及服务没有直接关系。而下面的代码在 DDDML 文档更新后可能需要重新生成。

工具会为那些需要发布的聚合的领域事件生成实现 Eventuate Tram 领域事件接口的封包类（文件 EventEnvelopes.java）：

```
package org.dddml.wms.domain.eventuate.tram;

import org.dddml.wms.specialization.eventuate.tram.EventEnvelope;
```

```
import org.dddml.wms.domain.statusitem.*;
import java.util.*;

public class EventEnvelopes {
    public interface StatusItem {
        public static class StatusItemStateCreatedEnvelope extends EventEnvelope
            <AbstractStatusItemEvent.SimpleStatusItemStateCreated> {
        }

        public static class StatusItemStateMergePatchedEnvelope extends
        EventEnvelope<AbstractStatusItemEvent.SimpleStatusItemStateMergePatched> {
        }

        public static class StatusItemClobEventEnvelope extends EventEnvelope<
            AbstractStatusItemEvent.StatusItemClobEvent> {
        }

        public static class CodeChangedEnvelope extends
            EventEnvelope<AbstractStatusItemEvent.CodeChanged> {
        }
    }

    public static Map<String, Class<?>> EVENT_ENVELOPE_CLASS_MAP;
    static {
        Map<String, Class<?>> map = new HashMap<>();

        map.put(AbstractStatusItemEvent.SimpleStatusItemStateCreated.class.
            getName(), StatusItem.StatusItemStateCreatedEnvelope.class);
        map.put(AbstractStatusItemEvent.SimpleStatusItemStateMergePatched.class.
            getName(), StatusItem.StatusItemStateMergePatchedEnvelope.class);
        map.put(AbstractStatusItemEvent.StatusItemClobEvent.class.getName(),
            StatusItem.StatusItemClobEventEnvelope.class);
        map.put(AbstractStatusItemEvent.CodeChanged.class.getName(), StatusItem.
            CodeChangedEnvelope.class);
        EVENT_ENVELOPE_CLASS_MAP = map;
    }
}
```

我们来看一看对聚合 StatusItem 启用事件发布（PublishingEventEnabled: true）之后，DDDML 工具生成的应用服务接口（StatusItemApplicationService）的实现类代码会发生什么变化：

```
public abstract class AbstractStatusItemApplicationService implements
    StatusItemApplicationService {
    // …
    private void persist(EventStoreAggregateId eventStoreAggregateId, long
        version, StatusItemAggregate aggregate, StatusItemState state) {
        getEventStore().appendEvents(eventStoreAggregateId, version,
            aggregate.getChanges(), (events) -> {
                getStateRepository().save(state);
```

```
                // 注意这里，使用 DomainEventPublisher 发布领域事件：
                getDomainEventPublisher().publish(
                    "org.dddml.wms.domain.statusitem.StatusItem",
                    eventStoreAggregateId.getId(),
                    (List<Event>)events);
            });
        if (aggregateEventListener != null) {
            aggregateEventListener.eventAppended(new AggregateEvent<>(aggregate,
                state, aggregate.getChanges()));
        }
    }
    // …
}
```

生成了上面的这些代码之后，当 StatusItem 聚合的状态发生变化时，相应的领域事件就会被发布到消息代理中。

因为我们在 DDDML 中定义的领域服务 TestDomainEventConsumerService 想要消费这些 StatusItem 聚合的领域事件，所以工具为此生成了相应的领域事件处理器（Domain Event Handler），代码如下：

```
package org.dddml.wms.domain.eventuate.tram;

import io.eventuate.tram.events.subscriber.DomainEventEnvelope;
import io.eventuate.tram.events.subscriber.DomainEventHandlers;
import io.eventuate.tram.events.subscriber.DomainEventHandlersBuilder;
import org.dddml.wms.domain.statusitem.*;
import org.dddml.wms.domain.service.*;
import java.util.*;

public class TestDomainEventConsumerServiceEventConsumer {
    public TestDomainEventConsumerApplicationService
        testDomainEventConsumerApplicationService;

    public TestDomainEventConsumerServiceEventConsumer(
        TestDomainEventConsumerApplicationService
        testDomainEventConsumerApplicationService) {
        this.testDomainEventConsumerApplicationService =
            testDomainEventConsumerApplicationService;
    }

    public DomainEventHandlers domainEventHandlers() {
        return DomainEventHandlersBuilder
                .forAggregateType("org.dddml.wms.domain.statusitem.StatusItem")
                .onEvent(EventEnvelopes.StatusItem.CodeChangedEnvelope.class,
                    this::handleStatusItemCodeChanged)
                .andForAggregateType(
                    "org.dddml.wms.domain.statusitem.StatusItem")
                .onEvent(EventEnvelopes.StatusItem.
                    StatusItemStateCreatedEnvelope.class, this::
```

```
                    handleStatusItemStateCreated)
                .build();
    }

    void handleStatusItemCodeChanged(DomainEventEnvelope<EventEnvelopes.
        StatusItem.CodeChangedEnvelope> ee) {
        AbstractStatusItemEvent.CodeChanged e = ee.getEvent().getData();
        TestDomainEventConsumerServiceCommands.HelloChangeCode c =
            new TestDomainEventConsumerServiceCommands.HelloChangeCode();
        c.setStatusId(e.getStatusId());
        c.setNewCode(e.getNewCode());
        c.setCommandId(e.getCommandId());
        c.setRequesterId(e.getCreatedBy());
        testDomainEventConsumerApplicationService.when(c);
    }

    void handleStatusItemStateCreated(DomainEventEnvelope<EventEnvelopes.
        StatusItem.StatusItemStateCreatedEnvelope> ee) {
        AbstractStatusItemEvent.SimpleStatusItemStateCreated e = ee.getEvent().
            getData();
        TestDomainEventConsumerServiceCommands.HelloStatusItemStateCreated
            c = new TestDomainEventConsumerServiceCommands.
            HelloStatusItemStateCreated();
        c.setStatusId(e.getStatusId());
        c.setStatusTypeId(e.getStatusTypeId());
        c.setStatusCode(e.getStatusCode());
        c.setSequenceId(e.getSequenceId());
        c.setDescription(e.getDescription());
        c.setCommandId(e.getCommandId());
        c.setRequesterId(e.getCreatedBy());
        testDomainEventConsumerApplicationService.when(c);
    }
}
```

笔者制作的 DDDML 工具生成的领域事件消费端的 Spring Boot 配置代码如下：

```
package org.dddml.wms.domain.eventuate.tram;

import io.eventuate.tram.events.common.DomainEvent;
import io.eventuate.tram.events.publisher.TramEventsPublisherConfiguration;
import io.eventuate.tram.events.subscriber.*;
import io.eventuate.tram.messaging.consumer.MessageConsumer;
import org.springframework.beans.factory.annotation.*;
import org.springframework.context.annotation.*;
import java.util.*;
import org.dddml.wms.specialization.eventuate.tram.EventEnvelope;
import org.dddml.wms.domain.service.*;

@Configuration
@Import({TramEventSubscriberConfiguration.class})
public class EventuateTramDomainEventConsumersConfiguration {
    @Bean
```

```
    public DomainEventDispatcher testDomainEventConsumerServiceDomainEventDispatcher(
        DomainEventDispatcherFactory domainEventDispatcherFactory,
        MessageConsumer messageConsumer,
        TestDomainEventConsumerServiceEventConsumer
            testDomainEventConsumerServiceEventConsumer) {
        return domainEventDispatcherFactory.make(
            "testDomainEventConsumerServiceDomainEventDispatcher",
                testDomainEventConsumerServiceEventConsumer.
                    domainEventHandlers());
    }

    @Bean
    public TestDomainEventConsumerServiceEventConsumer
        testDomainEventConsumerServiceEventConsumer(
        TestDomainEventConsumerApplicationService
        testDomainEventConsumerApplicationService){
        return new TestDomainEventConsumerServiceEventConsumer(
            testDomainEventConsumerApplicationService);
    }
}
```

可以看到，这些 DDDML 工具生成的代码主要是 TestDomainEventConsumerServiceEventConsumer 类及 EventuateTramDomainEventConsumersConfiguration 类，帮助 TestDomainEventConsumerService 服务完成对 StatusItem 聚合所发布的 CodeChanged 与 StatusItemStateCreated 事件的订阅。

至此，DDDML 工具已经为我们生成了领域事件生产端发布事件的代码，还生成了领域事件消费端订阅事件的代码，只需要我们自己动手写业务逻辑代码。接下来就看一看需要我们手动编写的这部分代码。

12.2.3 编写生产端聚合的业务逻辑

在默认情况下，工具会生成创建 StatusItem（产生 StatusItemStateCreated 事件）的代码。但我们还是需要自己实现 StatusItem 聚合根的 ChangeCode 方法的业务逻辑，可以按如下方式编写代码（文件 ChangeCodeLogic.java）：

```
package org.dddml.wms.domain.statusitem;

import org.dddml.wms.specialization.MutationContext;
import org.dddml.wms.specialization.VerificationContext;
import java.util.Date;

public class ChangeCodeLogic {
    public static void verify(StatusItemState statusItemState, String newCode,
        VerificationContext verificationContext) {
    }

    public static StatusItemState mutate(StatusItemState statusItemState,
        String newCode, MutationContext<StatusItemState, StatusItemState.
```

```
        MutableStatusItemState> mutationContext) {
        return new StatusItemState() {
            @Override
            public String getStatusId() {
                return statusItemState.getStatusId();
            }

            @Override
            public String getStatusTypeId() {
                // ChangeCode 方法不改变 statusTypeId 属性
                return statusItemState.getStatusTypeId();
            }

            @Override
            public String getStatusCode() {
                // 使用了新的状态代码
                return newCode;
            }
            // 省略其他代码
        };
    }
}
```

可以看到，这些代码是开发人员不得不写的纯粹的业务逻辑。在编写它们的时候，开发人员完全可以不考虑如何发布领域事件这样的小事情。

12.2.4 实现消费端领域事件的处理

我们需要实现 DDDML 中定义的 TestDomainEventConsumerService 服务，这个服务的两个方法是 StatusItem 聚合发布的领域事件 CodeChanged 与 StatusItemStateCreated 的真正处理器。

如果使用 Java 语言来实现，可以按如下方式编写 TestDomainEventConsumerApplication-Service 接口的实现类：

```
package org.dddml.wms.domain.service;

public class TestDomainEventConsumerApplicationServiceImpl implements
    TestDomainEventConsumerApplicationService{
    @Override
    public void when(TestDomainEventConsumerServiceCommands.HelloChangeCode c) {
        System.out.println("Hello, new code: " + c.getNewCode());
    }

    @Override
    public void when(TestDomainEventConsumerServiceCommands.
        HelloStatusItemStateCreated c) {
        System.out.println("Hello, status Id.: " + c.getStatusId());
    }
}
```

12.3 支持基于编制的 Saga

继续举例说明 DDDML 的代码生成工具可以给实现基于编制的 Saga 提供什么帮助。

使用 DSL 来定义 Saga 可以让代码更简洁，这里考虑使用支持 DSL 的基于编制的 Saga 框架，比如 Eventuate Tram Saga[⊖]这样的框架。

假设，我们在开发一个 WMS 应用时，在领域模型中创建了两个聚合，即 InventoryItem 与 InOut。关于这两个聚合，第 9 章中使用 DDDML 描述过它们的部分模型信息。

现在，我们想要一个"硬生生地"直接修改库存单元的"在库数量"的服务方法。虽然是直接修改库存单元的在库数量，但是仍然希望使用 InOut（入库 / 出库单）来保存库存数量的修改记录，所以这个方法会涉及两个聚合。这里打算使用聚合外最终一致的策略来实现这个修改在库数量的方法。这可能有点麻烦，但是我们想以此为代价换来应用水平扩展能力的提升。因为，如果采用聚合外最终一致，在必要的时候，我们就可以很容易地将方法涉及的每个聚合都拆分出来单独部署为一个微服务，而这个过程不需要对代码做太多的修改。

首先，设计这个方法的实现思路，也就是这个业务事务的各个步骤，大致如下：

1）查询库存单元（InventoryItem）信息。根据查询的结果，判断到底是需要新建一条库存单元记录还是更新已有的库存单元记录，以及入库 / 出库单的行项的 MovementQuantity（移动数量）的应该是多少。

2）创建一个入库 / 出库单。这个单据只有一行，行项的 MovementQuantity 是更新后的在库数量与当前在库数量（我们在上一个步骤看到的在库数量）的差值。

3）添加一个库存单元条目（InventoryItemEntry）。库存单元聚合使用了账务模式，所以我们需要通过这个方式去间接地更新库存单元的在库数量。

4）如果更新库存单元成功，那么将入库 / 出库单的状态更新为"已完成"。

5）如果更新库存单元失败，那么将入库 / 出库单更新为"已取消"——这是第 2 个步骤的补偿操作。

可以注意到，相对于简单地使用数据库本地事务来保证强一致性的做法，这里明显多了第 4 项及第 5 项编码任务。

我们可以在 DDDML 中为以上步骤定义相应的实体方法，这些方法是用于实现基于编制的 Saga 的构造块，DDDML 工具会为我们生成支持通过"消息命令"远程调用这些方法的代码。

12.3.1 编写 DDDML 文档

在库存单元聚合的 DDDML 文档中我们将定义以下三个方法：

⊖ Sagas for microservices, https://github.com/eventuate-tram/eventuate-tram-sagas。

- ❑ CreateOrUpdateInventoryItem，这个方法是更新在库数量的服务方法的入口。
- ❑ Get，这个方法是通过聚合根 ID 获取聚合状态的查询方法。其实即使不在 DDDML 中定义，代码生成工具默认也会生成它。
- ❑ AddInventoryItemEntry，这个方法会添加一个库存单元条目，这是（间接地）修改库存单元的那些数量属性（账目）的唯一方式。

定义这个库存单元聚合的 DDDML 代码如下：

```
aggregates:
    InventoryItem:
        id:
            name: InventoryItemId
            type: InventoryItemId
        properties:
            # 在库数量
            OnHandQuantity:
                type: decimal
            # …
            # 条目（分录）
            Entries:
                itemType: InventoryItemEntry

        entities:
            InventoryItemEntry:
                immutable: true
                id:
                    name: EntrySeqId
                    type: long
                properties:
                    # 在库数量（变化）
                    OnHandQuantity:
                        type: decimal
                    # 来源信息
                    Source:
                        type: InventoryItemSourceInfo
                        notNull: true
                    OccurredAt:
                        type: date-time
                        notNull: true
                # ------------------------------
                # 唯一约束
                uniqueConstraints:
                    # 一个来源不能重复产生库存事务（分录）
                    UniqueInventoryItemSource: [Source]

        # 定义账目
        accounts:
            # 在库数量
            OnHandQuantity:
```

```
        # 条目实体名称
        entryEntityName: "InventoryItemEntry"
        # 条目数额属性名称
        entryAmountPropertyName: "OnHandQuantity"

methods:
    # ----------------------------------------------
    CreateOrUpdateInventoryItem:
        notInstanceMethod: true
        parameters:
            ProductId:
                type: id-long
            LocatorId:
                type: string
            AttributeSetInstanceId:
                type: string
            OnHandQuantity:
                type: decimal
            InOutDocumentNumber:
                type: string
    # ----------------------------------------------
    Get:
        metadata:
            MessagingCommandEnabled: true
    # ----------------------------------------------
    AddInventoryItemEntry:
        isInternal: true
        parameters:
            EntryOnHandQuantity:
                type: decimal
            Source:
                type: InventoryItemSourceInfo

valueObjects:
    # ----------------------------------
    # 库存单元 Id
    InventoryItemId:
        properties:
            ProductId:
                type: id-long
                length: 60
            # 货位 Id.
                    LocatorId:
                        type: string
                        length: 50
            # 属性集实例 Id.
                    AttributeSetInstanceId:
                        type: string
                        length: 50
    # ----------------------------------
    # 库存单元来源信息
```

```
InventoryItemSourceInfo:
    properties:
        # 单据类型 Id.
        DocumentTypeId:
            type: string
        # 单据号
        DocumentNumber:
            type: string
        # 行号
        LineNumber:
            type: string
        # 行的子序列号（一个源单据行项可能产生多个库存事务条目）
        LineSubSeqId:
            type: int
```

需要注意的是，实体 InventoryItem 的方法 CreateOrUpdateInventoryItem 是一个非实例方法（notInstanceMethod: true），这往往意味着它很有可能改变多个聚合实例的状态，所以可以把非实例方法理解为领域服务的一种变体。虽然可以在 DDDML 文档中为这个方法单独定义一个服务，但有时候这种做法有点烦人，不如在聚合内定义一个非实例方法清爽。

方法 CreateOrUpdateInventoryItem 的参数列表如下。

- ProductId：产品的 ID。
- LocatorId：货位的 ID。
- AttributeSetInstanceId：库存单元的属性集实例的 ID。
- OnHandQuantity：在库数量（即，我们要把库存单元的在库数量修改成为这个数量）。
- InOutDocumentNumber：生成的入库 / 出库单的单号。

另外，在 DDDML 中需要把 Get 方法支持“消息命令（请求 / 异步响应模式）”的选项打开（MessagingCommandEnabled: true），这样笔者制作的 DDDML 工具就会为这个方法生成支持使用异步消息通信进行远程调用的代码。因为这个方法是 DDDML 工具会默认生成的方法，所以这里不用对它做其他更多的设置（比如声明它的返回值类型等）。

注意 DDDML 工具会把以下这些名称当成保留的方法名称：Get、Create、Patch、Delete、Remove 和 MergePatch。默认情况下，工具会自动为实体生成部分使用这些名称的方法。我们可以在 DDDML 中为这些方法添加一些声明以调整工具生成的代码。

现在给入库 / 出库单（InOut）聚合增加以下三个方法：

- InternalCreateSingleLineInOut，这个方法会创建一个入库 / 出库单（InOut），这个单据只有一行（InOutLine）。
- InternalComplete，这个方法会将入库 / 出库单的状态更新为“已完成”。
- InternalVoid，这个方法会将入库 / 出库单更新为“已取消”。

InOut 聚合的 DDDML 代码如下：

```
aggregates:
    InOut:
        id:
            name: DocumentNumber
            type: string

        properties:
            # 单据状态 Id
            DocumentStatusId:
                type: string
                commandType: DocumentAction
                commandName: DocumentAction
                # -------------------------------------
                # 单据状态的状态机
                stateMachine:
                    # 转换
                    transitions:
                    - sourceState: null
                      trigger: null
                      targetState: "Drafted"
                    - sourceState: "Drafted"
                      trigger: "Complete"
                      targetState: "Completed"
                    - sourceState: "Drafted"
                      trigger: "Void"
                      targetState: "Voided"
                    - sourceState: "Completed"
                      trigger: "Close"
                      targetState: "Closed"
                    - sourceState: "Completed"
                      trigger: "Reverse"
                      targetState: "Reversed"

            # 单据类型
            DocumentTypeId:
                referenceType: DocumentType
            # 描述
            Description:
                type: string
            # 省略一些属性

            # 出入库行项
                InOutLines:
                    itemType: InOutLine

        entities:
            # 入库 / 出库行项
            InOutLine:
                id:
                    name: LineNumber
```

```
                    type: string
                properties:
                    # 货位 Id
                    LocatorId:
                        type: string
                    # 产品 Id
                    ProductId:
                        type: id-long
                    # 属性集实例 Id
                    AttributeSetInstanceId:
                        type: string
                    # 出入库数量
                    MovementQuantity:
                        type: decimal

        methods:
            # ----------------------------
            InternalCreateSingleLineInOut:
                isInternal: true
                parameters:
                    # 货位 Id
                    LocatorId:
                        type: string
                    # 产品 Id
                    ProductId:
                        type: id-long
                    # 属性集实例 Id
                    AttributeSetInstanceId:
                        type: string
                    # 入库 / 出库数量
                    MovementQuantity:
                        type: decimal
            # ----------------------------
            InternalComplete:
                isInternal: true
            # ----------------------------
            InternalVoid:
                isInternal: true
                isCompensationMethod: true
            # …
```

在上面的 DDDML 代码中，三个方法都被声明为内部方法（isInternal: true），这表示它们不想被外部的客户端（Client）调用。在实践中，笔者对于内部方法的处理方式是不将它们暴露到 RESTful API 层，因为笔者希望外部 Client 统一通过 RESTful API 来使用那些对外服务。

DDDML 定义完毕。接下来以 Eventuate Tram Saga 框架为例，了解代码生成工具可以给开发人员实现编制式的 Saga 提供哪些帮助。

12.3.2　生成的 Saga 命令处理代码

Eventuate Tram Saga 依赖于 Eventuate Tram 框架，Eventuate Tram 框架为消息通信的命令模式（请求 / 异步响应模式）提供了基础支持。Eventuate Tram 要求发送的“命令”必须实现由它定义的那个 Command 接口。我们不想让这个“外来”的接口侵入已经生成的聚合命令对象，所以定义了一个实现了 Eventuate Tram 的 Command 接口的封包类（文件 CommandEnvelope.java），示例如下：

```
package org.dddml.wms.specialization.eventuate.tram;

import io.eventuate.tram.commands.common.Command;

public class CommandEnvelope<T> implements Command {
    private T data;

    public T getData() {
        return data;
    }

    public void setData(T command) {
        this.data = command;
    }

    public CommandEnvelope() {
    }

    public CommandEnvelope(T command) {
        this.data = command;
    }
}
```

代码生成工具会根据 DDDML 中定义的实体方法自动生成这个封包类的一些子类，示例代码如下：

```
package org.dddml.wms.domain.eventuate.tram;

import org.dddml.wms.specialization.eventuate.tram.CommandEnvelope;
import org.dddml.wms.domain.inout.*;
import org.dddml.wms.domain.inventoryitem.*;
import java.util.*;

public class CommandEnvelopes {
    public interface InOut {
        public static final String SERVICE_NAME = "inOutService";

        public static class InternalCreateSingleLineInOutEnvelope extends
            CommandEnvelope<InOutCommands.InternalCreateSingleLineInOut> {
            public InternalCreateSingleLineInOutEnvelope() {
```

```
        }
        public InternalCreateSingleLineInOutEnvelope(InOutCommands.
            InternalCreateSingleLineInOut c) {
            super(c);
        }
    }

    public static class InternalCompleteEnvelope extends
        CommandEnvelope<InOutCommands.InternalComplete> {
        public InternalCompleteEnvelope() {
        }
        public InternalCompleteEnvelope(InOutCommands.InternalComplete c) {
            super(c);
        }
    }

    public static class InternalVoidEnvelope extends
        CommandEnvelope<InOutCommands.InternalVoid> {
        public InternalVoidEnvelope() {
        }
        public InternalVoidEnvelope(InOutCommands.InternalVoid c) {
            super(c);
        }
    }
}

public interface InventoryItem {
    public static final String SERVICE_NAME = "inventoryItemService";

    public static class CreateInventoryItemEnvelope extends CommandEnvelope<
        CreateOrMergePatchInventoryItemDto.CreateInventoryItemDto> {
        public CreateInventoryItemEnvelope() {
        }
        public CreateInventoryItemEnvelope(
            CreateOrMergePatchInventoryItemDto.CreateInventoryItemDto c) {
            super(c);
        }
    }

    public static class MergePatchInventoryItemEnvelope extends
        CommandEnvelope<CreateOrMergePatchInventoryItemDto.
        MergePatchInventoryItemDto> {
        public MergePatchInventoryItemEnvelope() {
        }
        public MergePatchInventoryItemEnvelope(
            CreateOrMergePatchInventoryItemDto.MergePatchInventoryItemDto c) {
            super(c);
        }
    }

    public static class GetInventoryItemEnvelope extends CommandEnvelope<
```

```
            InventoryItemId> {
            public GetInventoryItemEnvelope(){
            }
            public GetInventoryItemEnvelope(InventoryItemId id) {
                super(id);
            }
        }

        public static class AddInventoryItemEntryEnvelope extends
            CommandEnvelope<InventoryItemCommands.AddInventoryItemEntry> {
            public AddInventoryItemEntryEnvelope() {
            }
            public AddInventoryItemEntryEnvelope(InventoryItemCommands.
                AddInventoryItemEntry c) {
                super(c);
            }
        }
    }
}
```

为了让服务端能够处理 Eventuate Tram Saga 命令，需要用到 Saga 命令处理器（Saga Command Handlers）。

提示 如果你知道如何使用 Spring MVC 框架（或者其他类似的服务框架）来实现 RESTful Services，可以用 Spring MVC 的 REST Controller（@RestController）来类比理解这里所说的“命令处理器”。它们都是请求/响应模式的服务端实现代码，只不过这里的命令处理器要实现的是基于消息通信的请求/异步响应模式。下一章会展示 DDDML 工具生成的 RESTful Services 的代码，它们与这里展示的 Saga 命令处理器的代码都是不含“业务逻辑”的很薄的一层“胶水”代码。

笔者制作的 DDDML 工具还会生成库存单元（InventoryItem）的 Saga 命令处理器（文件 InventoryItemCommandHandler.java），示例如下：

```
package org.dddml.wms.domain.eventuate.tram;

import io.eventuate.tram.commands.consumer.CommandHandlers;
import io.eventuate.tram.commands.consumer.CommandMessage;
import io.eventuate.tram.messaging.common.Message;
import io.eventuate.tram.sagas.participant.SagaCommandHandlersBuilder;
import org.dddml.wms.domain.inventoryitem.*;
import org.dddml.wms.specialization.DomainErrorFailure;
import static io.eventuate.tram.commands.consumer.CommandHandlerReplyBuilder.
    withFailure;
import static io.eventuate.tram.commands.consumer.CommandHandlerReplyBuilder.
    withSuccess;

public class InventoryItemCommandHandler {
```

```
    public InventoryItemApplicationService inventoryItemApplicationService;

    public InventoryItemCommandHandler(InventoryItemApplicationService
        inventoryItemApplicationService) {
        this.inventoryItemApplicationService = inventoryItemApplicationService;
    }

    public CommandHandlers commandHandlerDefinitions() {
        return SagaCommandHandlersBuilder
                .fromChannel(CommandEnvelopes.InventoryItem.SERVICE_NAME)
                .onMessage(CommandEnvelopes.InventoryItem.
                    CreateInventoryItemEnvelope.class,
                    this::createInventoryItem)
                .onMessage(CommandEnvelopes.InventoryItem.
                    MergePatchInventoryItemEnvelope.class,
                    this::mergePatchInventoryItem)
                .onMessage(CommandEnvelopes.InventoryItem.
                    GetInventoryItemEnvelope.class, this::getInventoryItem)
                .onMessage(CommandEnvelopes.InventoryItem.
                    AddInventoryItemEntryEnvelope.class,
                    this::addInventoryItemEntry)
                .build();
    }

    private Message createInventoryItem(CommandMessage<CommandEnvelopes.
        InventoryItem.CreateInventoryItemEnvelope> ce) {
        try {
            CreateOrMergePatchInventoryItemDto.CreateInventoryItemDto cmd =
                ce.getCommand().getData();
            inventoryItemApplicationService.when(cmd);
            return withSuccess();
        } catch (Exception e) {
            return withFailure(DomainErrorFailure.ofDomainErrorOrThrow(e));
        }
    }

    private Message mergePatchInventoryItem(CommandMessage<CommandEnvelopes.
        InventoryItem.MergePatchInventoryItemEnvelope> ce) {
        try {
            CreateOrMergePatchInventoryItemDto.MergePatchInventoryItemDto cmd =
                ce.getCommand().getData();
            inventoryItemApplicationService.when(cmd);
            return withSuccess();
        } catch (Exception e) {
            return withFailure(DomainErrorFailure.ofDomainErrorOrThrow(e));
        }
    }

    public Message getInventoryItem(CommandMessage<CommandEnvelopes.
        InventoryItem.GetInventoryItemEnvelope> cm) {
```

```
        try {
            CommandEnvelopes.InventoryItem.GetInventoryItemEnvelope cmd =
                cm.getCommand();
            InventoryItemStateDto stateDto = when(cmd);
            return withSuccess(stateDto);
        } catch (Exception e) {
            return withFailure(DomainErrorFailure.ofDomainErrorOrThrow(e));
        }
    }

    private InventoryItemStateDto when(CommandEnvelopes.InventoryItem.
        GetInventoryItemEnvelope cmd) {
        InventoryItemState state = inventoryItemApplicationService.get(cmd.
            getData());
        InventoryItemStateDto stateDto = null;
        if (state != null) {
            InventoryItemStateDto.DtoConverter dtoConverter = new
                InventoryItemStateDto.DtoConverter();
            stateDto = dtoConverter.toInventoryItemStateDto(state);
        }
        return stateDto;
    }

    private Message addInventoryItemEntry(CommandMessage<CommandEnvelopes.
        InventoryItem.AddInventoryItemEntryEnvelope> ce) {
        try {
            InventoryItemCommands.AddInventoryItemEntry cmd = ce.getCommand().
                getData();
            inventoryItemApplicationService.when(cmd);
            return withSuccess();
        } catch (Exception e) {
            return withFailure(DomainErrorFailure.ofDomainErrorOrThrow(e));
        }
    }
}
```

DDDML 工具也可生成入库 / 出库单应用服务（InOutApplicationService）的 Saga 命令处理器（文件 InOutCommandHandler.java），示例如下：

```
package org.dddml.wms.domain.eventuate.tram;

import io.eventuate.tram.commands.consumer.CommandHandlers;
import io.eventuate.tram.commands.consumer.CommandMessage;
import io.eventuate.tram.messaging.common.Message;
import io.eventuate.tram.sagas.participant.SagaCommandHandlersBuilder;
import org.dddml.wms.domain.inout.*;
import org.dddml.wms.specialization.DomainErrorFailure;
import static io.eventuate.tram.commands.consumer.CommandHandlerReplyBuilder.
    withFailure;
import static io.eventuate.tram.commands.consumer.CommandHandlerReplyBuilder.
```

```
    withSuccess;

public class InOutCommandHandler {
    public InOutApplicationService inOutApplicationService;

    public InOutCommandHandler(InOutApplicationService inOutApplicationService) {
        this.inOutApplicationService = inOutApplicationService;
    }

    public CommandHandlers commandHandlerDefinitions() {
        return SagaCommandHandlersBuilder
                .fromChannel(CommandEnvelopes.InOut.SERVICE_NAME)
                .onMessage(CommandEnvelopes.InOut.
        InternalCreateSingleLineInOutEnvelope.class, this::internalCreateSingleLineInOut)
                .onMessage(CommandEnvelopes.InOut.InternalCompleteEnvelope.
                    class, this::internalComplete)
                .onMessage(CommandEnvelopes.InOut.
                    InternalVoidEnvelope.class, this::internalVoid)
                .build();
    }

    private Message internalCreateSingleLineInOut(CommandMessage<CommandEnvelopes.
        InOut.InternalCreateSingleLineInOutEnvelope> ce) {
        try {
            InOutCommands.InternalCreateSingleLineInOut cmd = ce.getCommand().
                getData();
            inOutApplicationService.when(cmd);
            return withSuccess();
        } catch (Exception e) {
            return withFailure(DomainErrorFailure.ofDomainErrorOrThrow(e));
        }
    }

    private Message internalComplete(CommandMessage<CommandEnvelopes.InOut.
        InternalCompleteEnvelope> ce) {
        try {
            InOutCommands.InternalComplete cmd = ce.getCommand().getData();
            inOutApplicationService.when(cmd);
            return withSuccess();
        } catch (Exception e) {
            return withFailure(DomainErrorFailure.ofDomainErrorOrThrow(e));
        }
    }

    private Message internalVoid(CommandMessage<CommandEnvelopes.InOut.
        InternalVoidEnvelope> ce) {
        try {
            InOutCommands.InternalVoid cmd = ce.getCommand().getData();
            inOutApplicationService.when(cmd);
            return withSuccess();
```

```
        } catch (Exception e) {
            throw e;
        }
    }
}
```

DDDML 工具生成的 Saga 命令处理器的 Spring Boot 配置代码如下：

```
package org.dddml.wms.domain.eventuate.tram;

import io.eventuate.tram.commands.consumer.CommandDispatcher;
import io.eventuate.tram.messaging.common.*;
import io.eventuate.tram.sagas.participant.*;
import org.springframework.context.annotation.*;
import org.dddml.wms.specialization.eventuate.tram.EventEnvelope;
import org.dddml.wms.domain.inout.*;
import org.dddml.wms.domain.inventoryitem.*;

@Configuration
@Import(SagaParticipantConfiguration.class)
public class EventuateTramCommandHandlersConfiguration {
    @Bean
    public ChannelMapping channelMapping() {
        return DefaultChannelMapping.builder().build();
    }

    @Bean
    public CommandDispatcher inOutCommandDispatcher(InOutCommandHandler target,

SagaCommandDispatcherFactory sagaCommandDispatcherFactory) {
        return sagaCommandDispatcherFactory.make("inOutCommandDispatcher",
            target.commandHandlerDefinitions());
    }

    @Bean
    public InOutCommandHandler inOutCommandHandler(InOutApplicationService
        inOutApplicationService) {
        return new InOutCommandHandler(inOutApplicationService);
    }

    @Bean
    public CommandDispatcher  inventoryItemCommandDispatcher(InventoryItemCommand
        Handler target,

SagaCommandDispatcherFactory sagaCommandDispatcherFactory) {
        return sagaCommandDispatcherFactory.make(
            "inventoryItemCommandDispatcher", target.commandHandlerDefinitions());
    }

    @Bean
    public InventoryItemCommandHandler inventoryItemCommandHandler(
```

```
            InventoryItemApplicationService inventoryItemApplicationService) {
            return new InventoryItemCommandHandler(inventoryItemApplicationService);
        }
    }
```

上面这些代码都是由 DDDML 工具自动生成的，除了 DDDML 文档中的内容，我们一行代码没写。下面是需要我们手写的代码。

12.3.3 需要我们编写的 Saga 代码

下面照着前面设计的 Saga 执行步骤，编写一个 Saga 类（文件 CreateOrUpdate-InventoryItemSaga.java）：

```
package org.dddml.wms.domain.inventoryitem;

import io.eventuate.tram.commands.consumer.CommandWithDestination;
import io.eventuate.tram.sagas.orchestration.SagaDefinition;
import io.eventuate.tram.sagas.simpledsl.SimpleSaga;
import org.dddml.wms.domain.documenttype.DocumentTypeIds;
import org.dddml.wms.domain.eventuate.tram.CommandEnvelopes;
import org.dddml.wms.domain.inout.InOutCommands;
import java.math.BigDecimal;
import static io.eventuate.tram.commands.consumer.CommandWithDestinationBuilder.
    send;

public class CreateOrUpdateInventoryItemSaga implements
    SimpleSaga<CreateOrUpdateInventoryItemSagaData> {

    private SagaDefinition<CreateOrUpdateInventoryItemSagaData> sagaDefinition =
        step()
            .invokeParticipant(this::getInventoryItem)
            .onReply(InventoryItemStateDto.class, this::getInventoryItemOnReply)
        .step()
            .invokeParticipant(this::createSingleLineInOut)
            .withCompensation(this::voidInOut)
        .step()
            .invokeParticipant(this::addInventoryItemEntry)
        .step()
            .invokeParticipant(this::completeInOut)
        .build();

    @Override
    public SagaDefinition<CreateOrUpdateInventoryItemSagaData>
        getSagaDefinition() {
        return this.sagaDefinition;
    }

    private CommandWithDestination getInventoryItem(
        CreateOrUpdateInventoryItemSagaData sagaData) {
```

```
    InventoryItemCommands.CreateOrUpdateInventoryItem c = sagaData.
        getCreateOrUpdateInventoryItem();
    InventoryItemId inventoryItemId = new InventoryItemId(c.getProductId(),
        c.getLocatorId(), c.getAttributeSetInstanceId());
    CommandEnvelopes.InventoryItem.GetInventoryItemEnvelope getInventoryItem
        = new CommandEnvelopes.InventoryItem.GetInventoryItemEnvelope();
    getInventoryItem.setData(inventoryItemId);
    return send(getInventoryItem)
            .to(CommandEnvelopes.InventoryItem.SERVICE_NAME)
            .build();
}

private <T> void getInventoryItemOnReply(
    CreateOrUpdateInventoryItemSagaData sagaData,
    InventoryItemStateDto inventoryItemState) {
    sagaData.setInventoryItemVersion(inventoryItemState == null ? null :
        inventoryItemState.getVersion());
    BigDecimal targetOnHandQty = sagaData.getCreateOrUpdateInventoryItem().
        getOnHandQuantity();
    sagaData.setEntryOnHandQuantity(targetOnHandQty == null ? BigDecimal.
        ZERO : targetOnHandQty.subtract(
            inventoryItemState == null || inventoryItemState.
                getOnHandQuantity() == null
                    ? BigDecimal.ZERO : inventoryItemState.
                        getOnHandQuantity()
    ));
}

private CommandWithDestination createSingleLineInOut(
    CreateOrUpdateInventoryItemSagaData sagaData) {
    InventoryItemCommands.CreateOrUpdateInventoryItem c =
        sagaData.getCreateOrUpdateInventoryItem();
    InOutCommands.InternalCreateSingleLineInOut createSingleLineInOut = new
        InOutCommands.InternalCreateSingleLineInOut();
    createSingleLineInOut.setDocumentNumber(c.getInOutDocumentNumber());
    createSingleLineInOut.setProductId(c.getProductId());
    createSingleLineInOut.setLocatorId(c.getLocatorId());
    createSingleLineInOut.setAttributeSetInstanceId(c.
        getAttributeSetInstanceId());
    createSingleLineInOut.setMovementQuantity(sagaData.
        getEntryOnHandQuantity());
    createSingleLineInOut.setCommandId("Create " +
        c.getInOutDocumentNumber());
    return send(new CommandEnvelopes.InOut.
        InternalCreateSingleLineInOutEnvelope(createSingleLineInOut))
            .to(CommandEnvelopes.InOut.SERVICE_NAME)
            .build();
}

private CommandWithDestination addInventoryItemEntry(
    CreateOrUpdateInventoryItemSagaData sagaData) {
```

```
        InventoryItemCommands.AddInventoryItemEntry addInventoryItemEntry = new
            InventoryItemCommands.AddInventoryItemEntry();
        addInventoryItemEntry.setInventoryItemId(new InventoryItemId(
                sagaData.getCreateOrUpdateInventoryItem().getProductId(),
                sagaData.getCreateOrUpdateInventoryItem().getLocatorId(),
                sagaData.getCreateOrUpdateInventoryItem().
                    getAttributeSetInstanceId()
        ));
        addInventoryItemEntry.setVersion(sagaData.getInventoryItemVersion());
        InventoryItemSourceInfo source = new InventoryItemSourceInfo();
        source.setDocumentNumber(sagaData.getCreateOrUpdateInventoryItem().
            getInOutDocumentNumber());
        source.setDocumentTypeId(DocumentTypeIds.IN_OUT);
        source.setLineNumber("0");
        source.setLineSubSeqId(0);
        addInventoryItemEntry.setSource(source);
        addInventoryItemEntry.setEntryOnHandQuantity(sagaData.
            getEntryOnHandQuantity());
        addInventoryItemEntry.setCommandId(sagaData.
            getCreateOrUpdateInventoryItem().getCommandId());
        return send(new CommandEnvelopes.InventoryItem.
            AddInventoryItemEntryEnvelope(addInventoryItemEntry))
                .to(CommandEnvelopes.InventoryItem.SERVICE_NAME)
                .build();
    }


    private CommandWithDestination completeInOut(
        CreateOrUpdateInventoryItemSagaData sagaData) {
        InventoryItemCommands.CreateOrUpdateInventoryItem c =
            sagaData.getCreateOrUpdateInventoryItem();
        InOutCommands.InternalComplete completeInOut = new InOutCommands.
            InternalComplete();
        completeInOut.setDocumentNumber(c.getInOutDocumentNumber());
        completeInOut.setVersion(0L);
        completeInOut.setCommandId("Complete " + c.getInOutDocumentNumber());
        return send(new CommandEnvelopes.InOut.InternalCompleteEnvelope(
            completeInOut))
                .to(CommandEnvelopes.InOut.SERVICE_NAME)
                .build();
    }

    private CommandWithDestination voidInOut(
        CreateOrUpdateInventoryItemSagaData sagaData) {
        InventoryItemCommands.CreateOrUpdateInventoryItem c =
            sagaData.getCreateOrUpdateInventoryItem();
        InOutCommands.InternalVoid voidInOut = new InOutCommands.InternalVoid();
        voidInOut.setDocumentNumber(c.getInOutDocumentNumber());
        voidInOut.setVersion(0L);
        voidInOut.setCommandId("Void " + c.getInOutDocumentNumber());
        return send(new CommandEnvelopes.InOut.InternalVoidEnvelope(voidInOut))
```

```
                .to(CommandEnvelopes.InOut.SERVICE_NAME)
                .build();
    }
}
```

可以看到，在上面的 Saga 类的 sagaDefinition 字段的初始化代码中，使用 Fluent DSL 创建了 Saga 的定义。这个 Saga 在每一步骤里都会使用消息命令（以请求 / 异步响应模式）去调用远程服务，其实 Eventuate Tram Saga 还支持定义调用本地服务的步骤，但是在上面的代码中没有表现出来。

在上面的代码中还使用了一个 Saga Data 类（CreateOrUpdateInventoryItemSagaData），用以表示在 Saga 执行过程中需要保存的信息，示例如下：

```
package org.dddml.wms.domain.inventoryitem;

import java.math.BigDecimal;

public class CreateOrUpdateInventoryItemSagaData {
    private InventoryItemCommands.CreateOrUpdateInventoryItem
        createOrUpdateInventoryItem;
    private BigDecimal entryOnHandQuantity;
    private Long inventoryItemVersion;
    // 省略这三个 fields 的 getter/setter 方法代码

    public CreateOrUpdateInventoryItemSagaData() { }
    public CreateOrUpdateInventoryItemSagaData(InventoryItemCommands.
        CreateOrUpdateInventoryItem c) {
        this.createOrUpdateInventoryItem = c;
    }
}
```

也许你已经注意到，在这个 Saga Data 类中，存在一个 inventoryItemVersion 字段，它用于保存 Saga 执行第一步（getInventoryItem）查询得到的库存单元的版本号，如果库存单元还不存在，那么它的值为 null。在后面执行更新库存数量的步骤（addInventoryItemEntry）时需要使用这个版本号，因为工具生成的实体的方法代码会使用它来检测对库存单元的更新是否发生了并发冲突。这就是前文所说的，要让程序员直面重要的问题并给出解决方案。

然后，InventoryItemApplicationServiceImpl 使用了 Eventuate Tram Saga 的 SagaManager 来实现在 DDDML 中定义的那个 CreateOrUpdateInventoryItem 方法：

```
package org.dddml.wms.domain.inventoryitem;

import io.eventuate.tram.sagas.orchestration.SagaManager;
import org.dddml.wms.specialization.EventStore;
import org.springframework.beans.factory.annotation.Autowired;
import org.springframework.transaction.annotation.Transactional;
import java.math.BigDecimal;
import java.sql.Timestamp;
```

```
public class InventoryItemApplicationServiceImpl extends
    AbstractInventoryItemApplicationService.
    SimpleInventoryItemApplicationService {

    @Autowired
    private SagaManager<CreateOrUpdateInventoryItemSagaData>
        createOrUpdateInventoryItemSagaManager;

    public InventoryItemApplicationServiceImpl(EventStore eventStore,
        InventoryItemStateRepository stateRepository,
        InventoryItemStateQueryRepository stateQueryRepository) {
        super(eventStore, stateRepository, stateQueryRepository);
    }

    @Transactional
    @Override
    public void when(InventoryItemCommands.CreateOrUpdateInventoryItem c) {
        CreateOrUpdateInventoryItemSagaData data = new
            CreateOrUpdateInventoryItemSagaData(c);
        createOrUpdateInventoryItemSagaManager.create(data);
    }

    @Override
    public void when(InventoryItemCommands.AddInventoryItemEntry c) {
        // 方法的实现代码略
    }
}
```

Saga Manager 的 create 方法会创建 Saga 的实例（Saga Instance），并将 Saga 的实例持久化到数据库中，然后执行此实例。这里的 create 方法创建的 Saga 实例中包含了从参数传入的 Saga 数据（数据对象的类型为 CreateOrUpdateInventoryItemSagaData）。

需要注意的是，在这个 InventoryItemApplicationServiceImpl 类里，通过重写（Override）工具生成的基类的方法，实现了 InventoryItem 实体的 AddInventoryItemEntry（添加库存单元条目）方法。

观察前面编写的 Saga 实现代码，你可能会发现其中存在的问题：这些代码是直接依赖 Eventuate Tram Saga 框架的。

对于工具生成的代码来说，依赖 Eventuate Tram 或 Eventuate Tram Saga 并不是什么问题，因为如果需要更换框架，使用不同的代码模板重新生成代码就好了。但是对于需要程序员手写的代码，这样的依赖确实不太完美。

“计算机科学中的每个问题都可以用一个间接层解决。”也许我们应该定义一套自己的 Saga 接口（抽象），把 Eventuate Tram Saga 包装为这套接口的一个实现。

另外，支持使用 DDDML 定义 Saga 也许是非常有意义的。也就是说，将前面展示的 Java 代码中创建 SagaDefinition 的那些逻辑挪到 DDDML 文档中，且以语言中立的方式来编写（以更好地满足技术多样性的要求），这种做法是值得考虑的。因为 Saga 的定义属于相当重要的业务逻辑，我们希望能够更多地使用 DDDML 集中呈现领域中重要的业务逻辑。

关于这个问题，本书中并不打算做进一步的探讨，如果读者感兴趣，可以自行尝试。

12.3.4 需要我们实现的实体方法

实现实体方法的那些业务逻辑，除了补偿操作以外，其他大部分是我们即使没有采用最终一致性模型也应该手动编写的。

实现添加库存单元条目这一步骤（即 InventoryItem 实体的 AddInventoryItemEntry 方法）的代码如下：

```
// …
public class InventoryItemApplicationServiceImpl extends
    AbstractInventoryItemApplicationService.SimpleInventoryItemApplication
    Service {

    @Override
    public void when(InventoryItemCommands.AddInventoryItemEntry c) {
        CreateOrMergePatchInventoryItemDto createOrMergePatchInventoryItem =
            null;
        if (c.getVersion() == null) {
            createOrMergePatchInventoryItem = new
                CreateOrMergePatchInventoryItemDto.CreateInventoryItemDto();
        } else {
            createOrMergePatchInventoryItem = new
                CreateOrMergePatchInventoryItemDto.MergePatchInventoryItemDto();
        }
        createOrMergePatchInventoryItem.setCommandId(c.getCommandId());
        createOrMergePatchInventoryItem.setRequesterId(c.getRequesterId());
        createOrMergePatchInventoryItem.setInventoryItemId(c.
            getInventoryItemId());

        CreateOrMergePatchInventoryItemEntryDto.CreateInventoryItemEntryDto
            createInventoryItemEntry
                = new CreateOrMergePatchInventoryItemEntryDto.
                    CreateInventoryItemEntryDto();
        createInventoryItemEntry.setOnHandQuantity(c.getEntryOnHandQuantity());
        createInventoryItemEntry.setSource(c.getSource());
        createInventoryItemEntry.setOccurredAt(new Timestamp(System.
            currentTimeMillis()));
        createOrMergePatchInventoryItem.setEntries(
                new CreateOrMergePatchInventoryItemEntryDto[]
                   {createInventoryItemEntry});

        if (c.getVersion() == null) {
            createInventoryItemEntry.setEntrySeqId(-1L);
            when((InventoryItemCommand.CreateInventoryItem)
                createOrMergePatchInventoryItem);
        } else {
```

```
            long minSeqId = getMinEntrySeqId(c);
            createInventoryItemEntry.setEntrySeqId(minSeqId);
            when((InventoryItemCommand.MergePatchInventoryItem)
                createOrMergePatchInventoryItem);
        }
    }

    private long getMinEntrySeqId(InventoryItemCommands.AddInventoryItemEntry c)
        {
        InventoryItemState iis = get(c.getInventoryItemId());
        if (c.getEntryOnHandQuantity().add(iis.getOnHandQuantity()).
            compareTo(BigDecimal.ZERO) < 0) {
            throw new IllegalArgumentException(
                "c.EntryOnHandQuantity + inventoryItem.OnHandQuantity < 0");
        }
        long minSeqId = -1L;
        for (InventoryItemEntryState e : iis.getEntries()) {
            if (e.getEntrySeqId().compareTo(minSeqId) <= 0) {
                minSeqId = e.getEntrySeqId() - 1;
            }
        }
        return minSeqId;
    }
}
```

实现库存单元实体的三个方法的代码如下：

```
package org.dddml.wms.domain.inout;

import org.dddml.wms.domain.*;
import org.dddml.wms.domain.documenttype.DocumentTypeIds;
import org.dddml.wms.domain.inventoryitem.*;
import org.dddml.wms.specialization.*;
import org.springframework.transaction.annotation.Transactional;
import java.math.BigDecimal;
import java.sql.Timestamp;
import java.util.*;

public class InOutApplicationServiceImpl extends AbstractInOutApplicationService.
    SimpleInOutApplicationService {
    @Override
    public void when(InOutCommands.InternalCreateSingleLineInOut c) {
        if (c.getDocumentNumber() == null) {
            throw new NullPointerException("c.DocumentNumber is null.");
        }
        super.when(c);
    }

    public static class InOutAggregateImpl extends AbstractInOutAggregate.
        SimpleInOutAggregate {
        public InOutAggregateImpl(InOutState state) {
```

```
            super(state);
        }

        @Override
        public void internalCreateSingleLineInOut(String locatorId,
                                                  String productId,
                                                  String attributeSetInstanceId,
                                                  BigDecimal movementQuantity,
                                                  Long version, String commandId,
                                                      String requesterId,
    InOutCommands.InternalCreateSingleLineInOut c) {
            InOutEvent.InOutStateCreated e = newInOutStateCreated(version,
                commandId, requesterId);
            e.setDocumentStatusId(DocumentStatusIds.DRAFTED);
            InOutLineEvent.InOutLineStateCreated inOutLineStateCreated =
                e.newInOutLineStateCreated("0");
            inOutLineStateCreated.setLocatorId(locatorId);
            inOutLineStateCreated.setProductId(productId);
            inOutLineStateCreated.setAttributeSetInstanceId(
                attributeSetInstanceId);
            inOutLineStateCreated.setMovementQuantity(movementQuantity);
            e.addInOutLineEvent(inOutLineStateCreated);
            apply(e);
        }

        @Override
        public void internalComplete(Long version, String commandId, String
            requesterId, InOutCommands.InternalComplete c) {
            documentAction(DocumentAction.COMPLETE, version, commandId,
                requesterId, null);
        }

        @Override
        public void internalVoid(Long version, String commandId, String
            requesterId, InOutCommands.InternalVoid c) {
            documentAction(DocumentAction.VOID, version, commandId, requesterId,
                null);
        }
    }
}
```

在将入库/出库单修改为“已完成”或“已取消”状态的方法（internalComplete 与 internalVoid）的实现代码中，调用了工具生成的 InOutAggregateImpl 基类中的 documentAction 方法，这个方法会触发状态机执行转换，从而修改入库/出库单的单据状态。

对比 DDDML 工具为我们生成的成吨的代码，我们需要撸起袖子亲手干的活实在是少太多了。基于工具生成的静态类型的代码，在 IDE 的帮助下，大多数工作我们都可以轻松实现。

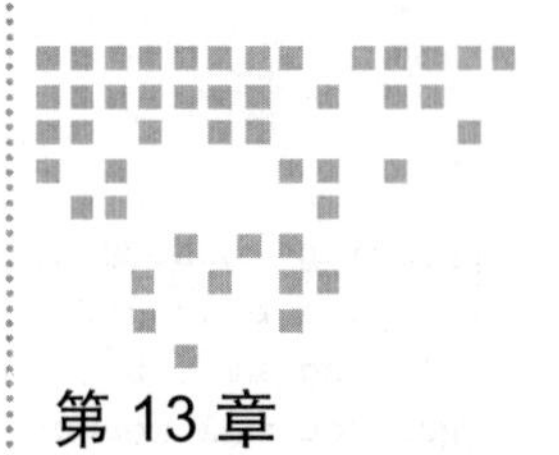

Chapter 13 第13章

RESTful API

前面的章节展示的 DDDML 工具生成的代码大部分属于服务端的领域层代码，这些代码实现了领域的业务逻辑。为了能让远程客户方便地使用它们，一般来说，我们还应该提供某种形式的应用程序接口（API）。这些接口可以基于各种协议构建，基于 HTTP 协议构建的 API 常常被称为 Web Services，其中占据着当今主流地位的是所谓的 RESTful Web Services，又称 RESTful API——REST[⊖]架构风格的 API。

这里不想过多地讨论 REST 架构风格，读者可以通过 Google 找到很多关于 REST 架构风格以及 RESTful API 设计的文章。接下来会展示一些使用我们制作的工具根据 DDDML 描述的领域模型（主要是聚合及领域服务的定义）生成 RESTful API 的实现代码细节，以及我们在这个实践过程中的一些思考和决定。

除了可以使用工具生成 RESTful API 的服务端代码以外，还可以生成 RESTful API 的 Client SDK，本章会给出在客户端使用它们的一些简单示例。

13.1 RESTful API 的最佳实践

使用关键字“restful best practices”就能通过 Google 搜索到不少关于如何应用 REST 架构风格的建议。

但是，也有一些自称是 RESTful API 的其实完全没有遵循 REST 架构风格进行设计。并不是说基于 HTTP + JSON 构建的 Web Service 非得是严格的 REST 风格，但至少我们应该了解常用的 HTTP 方法的语义。

⊖ Representational State Transfer, http://en.wikipedia.org/wiki/Representationalstatetransfer。

- ❑ GET：表示获取数据。它不会改变资源的状态，所以这是一个安全的操作。
- ❑ PUT ：表示使用请求发送过来的内容完全代替现有的数据。如果资源还不存在，那么就创建它。PUT 方法应该保证幂等性。
- ❑ PATCH：表示部分更新现有的数据。提交过来的实体（对象）描述了现有资源的数据与新版本之间的差异。
- ❑ DELETE：删除指定的资源。这个操作应该是幂等的。
- ❑ POST：向指定的资源提交一个实体，通常会引起系统的状态出现某种变化。

13.1.1 没有必要绞尽脑汁地寻找名词

想要使用纯正的 REST 架构风格，其中一个难点是如何把各种动作都抽象为对资源（名词）的 CRUD（Create、Retrieve、Update、Delete）。

比如，GitHub 的 API 允许你发送一个 PUT 请求到 /gists/{gistId}/star 给 gist“加星”，发送一个 DELETE 请求到 /gists/{gistId}/star 给 gist“去星”（unstar）。这样的抽象十分的 RESTful。

但是，有时候在这种抽象上花太多的心思并不值得，就在 URI 里面部分地使用动词也无所谓，也就是说在 REST 风格中混搭点 RPC 风格。

在做好 DDD 分析之后，我们已经知道领域内有哪些聚合、哪些实体的方法，以及有哪些服务，那么在默认情况下，代码生成工具应该能自动地为它们生成 RESTful API，不需要大家绞尽脑汁地给它们想什么“名词”。

笔者认为应该可以发送一个 HTTP PUT 请求到如下 URL，去关闭一个订单（假设 Order 是一个聚合）：

```
{BASE_URL}/Orders/{orderId}/_commands/Close
```

在这个 URL 中使用 _commands 是为了避免和 Order 实体的属性名称冲突。默认情况下，我们的工具为实体的方法生成的代码包含了幂等处理逻辑，所以这里使用的是 HTTP PUT 方法。幂等操作可以使实现最终一致性变得更简单。

对于领域服务，比如之前说过的转账服务，我们支持客户端发送一个 HTTP POST 请求到如下 URL 去调用这个服务：

```
{BASE_URL}/TransferService/Transfer
```

13.1.2 尽可能使用 HTTP 作为封包

经常看到有些号称是 RESTful 的 API 会“再次发明 HTTP”。比如，当服务端的代码发生错误或抛出异常时，它们经常会统一返回 500 的 HTTP 状态码，然后在消息体里再包含自己定义的状态码、异常信息等。甚至还有更夸张的，就是不管服务端对请求的处理正常还是异常，都统一返回 200 的 HTTP 状态码，消息体则是一个既可以包含正常数据，也可以包含异常信息的联合（Union）数据结构。

这些做法都可以理解为在“按 URI 语义理应返回的”数据之外添加封包（Envelope）。其实大部分情况下这都是没有必要的，因为 HTTP 协议已经设计好了类似的封包机制。

建议尽可能使用 HTTP 作为封包。使用 HTTP 标准，就不用去写非必需的文档，只要按照众所周知的标准做，一切都不言自明。更重要的是，这可能有利于使用很多已有的技术基础设施，比如说 Service Mesh。

笔者个人不太喜欢封包，包括常见的 Page（分页）封包。比如，希望通过发送一个 HTTP GET 请求到如下 URL：

```
{BASE_URL}/Orders
```

就可以得到订单的列表，而不是包含订单列表的一个 Page 封包。如果这里返回的是订单列表的 Page 封包，那么很可能和获取订单的订单行项的接口出现不一致的情况。一般来说，一个订单内的订单行项是很有限的，所以发送 HTTP GET 请求到如下 URL：

```
{BASE_URL}/Orders/{orderId}/OrderItems
```

返回的结果是某个订单的所有订单行项是合理的，而返回订单行项的 Page 封包并不常见。

现实世界中糟糕的“ RESTful API”设计比比皆是。下面的示例是某知名电商 SaaS 提供的一个“商品信息查询”接口。严格来说，这个电商 SaaS 的开放 API 采用了一套有点类似 JSON-RPC 的自定义规范，并没有宣称自己提供的接口就是 REST 风格的。但不管是哪种风格的 Web Services，笔者认为其设计中存在的问题都是应该避免的。

这个商品信息查询接口返回的 JSON 消息体如下（有大量删节）：

```
{
    "status": {
        "status_code": 0,
        "status_reason": ""
    },
    "result": {
        "result": {
            "itemID": "2258064210",
            "point_price_range": null,
            "collectCount": 0,
            "bg_cate": {
                "path": "休闲娱乐 -> 室内休闲玩乐 -> 其他室内休闲"
            },
            "Imgs": [
                "https://xxx.xxx.com/xxxxx395640-1390204649-2.jpg"
            ],
            "price": "12.00"
        },
        "status": {
```

```
                "status_reason": "",
                "status_code": 0
            }
        }
    }
```

这个 API 不管后端服务正常还是异常，统一返回 200 HTTP 状态码。仅是 JSON 消息体就使用了两层封包（Envelope），result 之内还有 result。此外，一眼就能看到命名风格有问题，一会儿是 camelCase（如 itemID），一会儿是 PascalCase（如 Imgs），一会儿又是 snake_case（如 point_price_range）。

更夸张的是，这个 SaaS 的开放 API 中所有的方法，包括修改状态的方法，都可以使用 HTTP GET 调用。比如，可以通过发送一个 GET 请求到这个 URL 来更新商品信息（注意里面的方法名 xxxx.item.update）：

```
https://api.xxxx.com/api?param={"purchase_fee":68,"itemID":"2250117463",
    "sku":[{"id":7376581286,"title":"updatew","stock":33,"price":34,
    "attr_ids":[],"img":"http://xx.xxxx.com/vshop640-1390204649-1.
    jpg","status":1,"sku_merchant_code":"updateskummcTest","purchase_
    fee":2211}],"merchant_code":"merchant_code_2","bigImgs":["http://xx.xxxx.
    com/xxxxx395640-1390204649-2.jpg","http://xx.xxxx.com/
    xxxxx395640-1390204649-1.jpg"],"price":0.22,
    "item_comment":"itemupdatetest.",
    "attr_list":[],"free_delivery":1,"remote_free_delivery":1,"titles":["图片
    1","图片0"],"status":1,"cate_id":"121","stock":22,"detail_id":
    "id923284842152232256 6112"}&public={"access_token": "xxxxx","version":
    "1.3","method": "xxxx.item.update", "format": "json","auth_
    userid":"923284842"}
```

需要说明的是，为了展示得更清楚，在上面的 URL 中，笔者没有对查询参数 param 与 public 进行 URL 编码（实际请求的时候是需要的）。

13.1.3　异常处理

服务端向客户端返回请求的处理结果时，应该优先使用标准的 HTTP 状态码。要注意的是，有些状态码是允许在响应中包含消息体（Body）的，有些则不允许存在消息体。

当服务端处理客户端请求的过程中发生错误时，不建议（但是经常看到）统一返回 500 HTTP 状态码，然后在响应消息体里面使用“自己的状态码”。

在使用了服务框架（比如 Apache CXF、Spring MVC 等）的 RESTful API 的服务端实现代码中，服务方法的返回值类型应该是代码按正常路径（Happy Path）执行时要返回的那个 POJO（对于 Java 语言而言）。我们尽可能不要手写构造 HTTP Response（包含状态码、错误信息等）的代码。一般来说，RESTful 服务框架已经包含了可扩展的异常处理机制。

比如，如果使用的是 Spring MVC，那么可以使用关键字“spring mvc 异常处理 restful”去 Google 上搜索，很容易找到一些很好的实践建议。

建议对异常进行分类处理。服务端应该针对内部发生的各种异常类型，向客户端返回不同的 HTTP 状态码。

在服务端代码的领域层，如果因为客户端的请求不符合业务逻辑而拒绝处理，那么可以抛出 DomainError（领域错误）异常。在 RESTful 层，可以考虑捕获 DomainError，然后向客户端回应 40X HTTP 状态码。客户端收到 40X 状态码之后，是没有必要重试的，因为服务端已经告诉它“重试也没有用”。

RESTful 层捕获从服务端的底层技术基础设施（比如因为网络问题、数据库暂时不可用等原因）抛出的异常后，可以向客户端回应 50X 状态码。我们可以使用 50X 状态码表示服务端发生了未预料到的 Exception。可以认为这种异常发生后，服务端处于一个未知（Unknown）的状态。客户端在收到 50X 状态码后可以考虑重试请求。

13.2 聚合的 RESTful API

本节主要展示由 DDDML 工具生成的 RESTful API 的 Java 服务端代码，这些代码使用了 javax.ws.rs 包下的注解，这样我们就可以使用像 Apache CXF[⊖]这样支持 JAX-RS 规范的服务框架来实现 RESTful Services 了。在 Spring MVC 中存在相似的注解，我们的代码生成工具也支持生成 Spring MVC 版本的 RESTful API 服务端代码。

继续使用前文展示过的 Car 聚合的 DDDML 示例，看看生成的 Java 服务端支持哪些 RESTful 接口，并了解实现这些接口的 RESTful 层的部分代码细节。

13.2.1 GET

1. 获取聚合实例的列表

支持通过发送 HTTP GET 请求到如下 URL 来查询 Car 的实例列表：

```
{BASE_URL}/Cars
```

为了支持这个方法的调用，服务端生成的 RESTful 服务方法的代码如下（以 Java 为例）：

```
@Path("Cars")
@Produces(MediaType.APPLICATION_JSON)
public class CarResource {
    @Autowired
    private CarApplicationService carApplicationService;

    @GET
    public CarStateDto[] getAll(@Context HttpServletRequest request,
            @QueryParam("sort") String sort,
            @QueryParam("fields") String fields,
```

⊖ Apache CXF: An Open-Source Services Framework, http://cxf.apache.org/。

```
            @QueryParam("firstResult") @DefaultValue("0") Integer firstResult,
            @QueryParam("maxResults") @DefaultValue("2147483647") Integer
                maxResults,
            @QueryParam("filter") String filter) {
        try {
            Iterable<CarState> states = null;
            CriterionDto criterion = null;
            if (!StringHelper.isNullOrEmpty(filter)) {
                criterion = JSON.parseObject(filter, CriterionDto.class);
            } else {
                criterion = QueryParamUtils.getQueryCriterionDto(request.
                    getParameterMap().entrySet().stream()
                        .filter(kv -> CarResourceUtils.getFilterPropertyName(kv.
                            getKey()) != null)
                        .collect(Collectors.toMap(kv -> kv.getKey(), kv ->
                            kv.getValue())));
            }
            Criterion c = CriterionDto.toSubclass(criterion,
                getCriterionTypeConverter(), getPropertyTypeResolver(),
                    n -> (CarMetadata.aliasMap.containsKey(n) ? CarMetadata.
                        aliasMap.get(n) : n));
            states = carApplicationService.get(
                    c,
                    CarResourceUtils.getQuerySorts(request.getParameterMap()),
                    firstResult, maxResults);

            CarStateDto.DtoConverter dtoConverter = new CarStateDto.
                DtoConverter();
            if (StringHelper.isNullOrEmpty(fields)) {
                dtoConverter.setAllFieldsReturned(true);
            } else {
                dtoConverter.setReturnedFieldsString(fields);
            }
            return dtoConverter.toCarStateDtoArray(states);
        } catch (Exception ex) {
            throw DomainErrorUtils.convertException(ex);
        }
    }
    // …
}
```

这里的 URL 中支持的查询参数如下。

- sort：用于排序的属性名称。多个属性名称可以英文逗号分隔。属性名称前面有“-”则表示倒序排列。查询参数 sort 还可以多次出现，比如，sort=fisrtName&sort=lastName,desc。
- fields：需要返回的字段（属性）名称。多个名称可以逗号分隔。
- filter：返回结果的过滤器，后文会进一步解释。
- firstResult：返回结果中第一条记录的序号，从 0 开始计算。

❑ maxResults：返回结果的最大记录数量。

除了上面这些在方法的注解中出现的查询参数，其余查询参数都被认为是针对实体属性的查询规格。下面举例说明查询参数的使用方法。

例 1，可以发送 HTTP GET 请求到下面的 URL，查询 firstName 以“ Yang”开头，age 大于 18 的“人们”：

```
http://localhost:8080/people?firstName=like(Yang%25)&age=gt(18)
```

例 2，在 URL 可以重复使用一个属性名作为查询参数名，此做法相当于在 SQL 中使用 in 子句，比如：

```
http://localhost:8080/people?firstName=XXXX&firstName=YYYY&firstName=ZZZZ
```

例 3，可以通过 HTTP GET 请求到如下的 URL 来查询产品的列表，指定按 sort 查询参数进行排序后返回：

```
http://localhost:8080/products/_page?size=10&productId=gt(1533)&productId=lt(
    9933)&sort=productId,desc&sort=productName&productName=like(Test1%25)
```

注意，这里 URL 中出现的 _page，它的意思是要获取符合条件的产品列表的分页封包。而且，这个 URL 中的排序参数 sort 还可以写成如下形式：

```
http://localhost:8080/products/_page?size=10&productId=gt(1533)&productId=lt(
    9933)&sort=-productId,productName&productName=like(Test1%25)
```

例 4，支持属性的“Not Equals”查询，比如：

```
http://localhost:8080/attributes?attributeId=notEq(airDryMetricTon)
```

笔者还构建了一个用于序列化 / 反序列化查询规格（Criterion）的 Java 类库，它的 Criterion 接口在设计上类似于 Hibernate 中的 Criterion（org.hibernate.criterion 包）。在笔者制作的 DDDML 工具生成的 Java 代码中使用了这个自制的类库。可以使用它来生成这里的 GET 查询方法使用的 filter 参数。

当然，我们也制作了这个工具的 .NET 移植版。按照 .NET 命名惯例，表示 Criterion 的接口我们命名为 ICriterion。以下是生成一个比较复杂的 ICriterion 接口实例的示例代码（C# 代码）：

```
private static ICriterion _Test_GetFilter()
{
    var conjunctionAll = Restrictions.Conjunction();
    var c0_IsNull = Restrictions.IsNull("Address");
    var c1_Eq = Restrictions.Eq("City", "Shanghai");
    var c2_Between = Restrictions.Between("CreatedAt", DateTime.Now.Date,
       DateTime.Now.AddDays(1));
    conjunctionAll.Add(c0_IsNull);
    conjunctionAll.Add(c1_Eq);
```

```
    conjunctionAll.Add(c2_Between);

    var c3_Ge = Restrictions.Ge("CreatedAt", DateTime.Now.Date);
    var c4_Le = Restrictions.Le("CreatedAt", DateTime.Now.AddDays(1));
    var c5_And = Restrictions.And(c3_Ge, c4_Le);

    var c6_Disjunction = Restrictions.Disjunction();
    c6_Disjunction.Add(c3_Ge);
    c6_Disjunction.Add(c4_Le);
    c6_Disjunction.Add(c5_And);

    var c7_NotEqProperty = Restrictions.NotEqProperty("Address", "City");

    var c8_Like = Restrictions.Like("City", "%Shanghai%");

    var c9_IsNull = Restrictions.IsNull("CreatedAt");
    var c10_IsNotNull = Restrictions.IsNotNull("CreatedAt");
    var c11_LtProperty = Restrictions.LtProperty("CreatedAt", "UpdatedAt");
    var c12_Or = Restrictions.Or(c9_IsNull, Restrictions.And(c10_IsNotNull,
        c11_LtProperty));

    var c15_In = Restrictions.In("City", new object[] { "Beijing", "Shanghai",
        "Shenzhen", "Guangzhou" });

    conjunctionAll.Add(c6_Disjunction);
    conjunctionAll.Add(c7_NotEqProperty);
    conjunctionAll.Add(c8_Like);
    conjunctionAll.Add(c12_Or);
    conjunctionAll.Add(c15_In);
    var c99_IsNotNull = Restrictions.IsNotNull("CreatedBy");
    var filter = Restrictions.Or(conjunctionAll, c99_IsNotNull);
    return conjunctionAll;
}
```

接口 ICriterion 的所有实现都可以简单地序列化为 JSON。以下是将上面的方法返回的结果序列化后，得到的 JSON 的样子（在这里，序列化结果中的属性名使用了 PascalCase 命名风格）：

```
{
    "Type": "conjunction",
    "Criteria": [{
        "Type": "isNull",
        "Property": "Address"
    }, {
        "Type": "eq",
        "Property": "City",
        "Value": "Shanghai"
    }, {
        "Type": "between",
        "Property": "CreatedAt",
```

```
            "Hi": "2016-06-29T16:51:33.3824763+08:00",
            "Lo": "2016-06-28T00:00:00+08:00"
        }, {
            "Type": "disjunction",
            "Criteria": [{
                "Type": "ge",
                "Property": "CreatedAt",
                "Value": "2016-06-28T00:00:00+08:00"
            }, {
                "Type": "le",
                "Property": "CreatedAt",
                "Value": "2016-06-29T16:51:33.383478+08:00"
            }, {
                "Type": "and",
                "Lhs": {
                    "Type": "ge",
                    "Property": "CreatedAt",
                    "Value": "2016-06-28T00:00:00+08:00"
                },
                "Rhs": {
                    "Type": "le",
                    "Property": "CreatedAt",
                    "Value": "2016-06-29T16:51:33.383478+08:00"
                }
            }],
        }, {
            "Type": "not",
            "Criterion": {
                "Type": "eqProperty",
                "Property": "Address",
                "OtherProperty": "City"
            }
        }, {
            "Type": "like",
            "Property": "City",
            "Value": "%Shanghai%"
        }, {
            "Type": "or",
            "Lhs": {
                "Type": "isNull",
                "Property": "CreatedAt"
            },
            "Rhs": {
                "Type": "and",
                "Lhs": {
                    "Type": "isNotNull",
                    "Property": "CreatedAt"
                },
                "Rhs": {
                    "Type": "ltProperty",
                    "Property": "CreatedAt",
```

```
                "OtherProperty": "UpdatedAt"
            },
        },
    }, {
        "Type": "in",
        "Property": "City",
        "Values": [
            "Beijing",
            "Shanghai",
            "Shenzhen",
            "Guangzhou"
        ]
    }]
}
```

我们可以将这个 JSON 字符串 URL 编码之后，作为获取资源列表的 GET 请求的 filter 查询参数的值。

2. 获取聚合实例的列表的 Page 封包

虽然笔者并不喜欢封包，但是基于部分前端开发人员强烈要求，我们还是支持发送 GET 请求到如下 URL 以获取 Car 列表的 Page（分页）封包：

```
{BASE_URL}/Cars/_page?page={page}
```

为了支持该方法的调用，生成的服务端代码（Java）如下：

```
@Path("_page")
@GET
public Page<CarStateDto> getPage(@Context HttpServletRequest request,
         @QueryParam("fields") String fields,
         @QueryParam("page") @DefaultValue("0") Integer page,
         @QueryParam("size") @DefaultValue("20") Integer size,
         @QueryParam("filter") String filter) {
    try {
        // 省略部分代码
        Page.PageImpl<CarStateDto> statePage = new Page.
PageImpl<>(dtoConverter.toCarStateDtoList(states), count);
        statePage.setSize(size);
        statePage.setNumber(page);
        return statePage;
    } catch (Exception ex) {
        throw DomainErrorUtils.convertException(ex);
    }
}
```

支持的分页相关的查询参数如下。

- page：获取第几页（从 0 开始）。
- size：每页的大小，即 Page size。

返回的 Page 封包中的属性包括以下内容。

- number：当前页码（从 0 开始）。
- size：每页的大小，即 Page size。
- totalElements：所有页的总元素数量（总行数）。
- content：当前页的内容。

3. 获取单个聚合实例

可以发送 HTTP GET 请求到如下 URL，使用聚合根的 ID 作为路径参数去获取一个 Car 聚合实例的状态：

```
{BASE_URL}/Cars/{id}
```

生成的 Java 代码如下：

```
@Path("{id}")
@GET
public CarStateDto get(@PathParam("id") String id, @QueryParam("fields")
    String fields) {
    try {
        String idObj = id;
        CarState state = carApplicationService.get(idObj);
        if (state == null) {
            return null;
        }
        CarStateDto.DtoConverter dtoConverter = new CarStateDto.
            DtoConverter();
        if (StringHelper.isNullOrEmpty(fields)) {
            dtoConverter.setAllFieldsReturned(true);
        } else {
            dtoConverter.setReturnedFieldsString(fields);
        }
        return dtoConverter.toCarStateDto(state);
    } catch (Exception ex) {
        throw DomainErrorUtils.convertException(ex);
    }
}
```

4. 获取聚合实例的数量

可以通过 HTTP GET 请求查询符合某些条件（filter）的聚合根实例的数量，URL 如下：

```
{BASE_URL}/Cars/_count?filter={filter_string}
```

为支持这个方法而生成的代码如下：

```
@Path("_count")
@GET
public long getCount(@Context HttpServletRequest request,
                     @QueryParam("filter") String filter) {
    try {
        long count = 0;
```

```
        CriterionDto criterion = null;
        if (!StringHelper.isNullOrEmpty(filter)) {
            criterion = JSONObject.parseObject(filter, CriterionDto.class);
        } else {
            criterion = QueryParamUtils.getQueryCriterionDto(request.
                getParameterMap());
        }
        Criterion c = CriterionDto.toSubclass(criterion,
                getCriterionTypeConverter(),
                getPropertyTypeResolver(),
                n -> (CarMetadata.aliasMap.containsKey(n) ? CarMetadata.
                    aliasMap.get(n) : n));
        count = carApplicationService.getCount(c);
        return count;
    } catch (Exception ex) {
        throw DomainErrorUtils.convertException(ex);
    }
}
```

5. 获取聚合内部实体的实例的列表

可以发送 HTTP GET 请求到如下 URL，获取某辆汽车（Car）的车轮（Wheels）信息：

```
{BASE_URL}/Cars/{id}/Wheels
```

为支持这个方法而生成的代码如下：

```
@Path("{id}/Wheels")
@GET
public WheelStateDto[] getWheels(@PathParam("id") String id,
                    @QueryParam("sort") String sort,
                    @QueryParam("fields") String fields,
                    @QueryParam("filter") String filter,
                    @Context HttpServletRequest request) {
    try {
        CriterionDto criterion = null;
        if (!StringHelper.isNullOrEmpty(filter)) {
            criterion = JSON.parseObject(filter, CriterionDto.class);
        } else {
            criterion = QueryParamUtils.getQueryCriterionDto(request.
                getParameterMap().entrySet().stream()
                    .filter(kv -> CarResourceUtils.
                        getWheelFilterPropertyName(kv.getKey()) != null)
                    .collect(Collectors.toMap(kv -> kv.getKey(), kv ->
                        kv.getValue())));
        }
        Criterion c = CriterionDto.toSubclass(criterion,
            getCriterionTypeConverter(), getPropertyTypeResolver(),
                n -> (WheelMetadata.aliasMap.containsKey(n) ? WheelMetadata.
                    aliasMap.get(n) : n));
        Iterable<WheelState> states = carApplicationService.getWheels(id, c,
```

```
                CarResourceUtils.getWheelQuerySorts(request.
                    getParameterMap()));
            if (states == null) {
                return null;
            }
            WheelStateDto.DtoConverter dtoConverter = new WheelStateDto.
                DtoConverter();
            if (StringHelper.isNullOrEmpty(fields)) {
                dtoConverter.setAllFieldsReturned(true);
            } else {
                dtoConverter.setReturnedFieldsString(fields);
            }
            return dtoConverter.toWheelStateDtoArray(states);
        } catch (Exception ex) {
            throw DomainErrorUtils.convertException(ex);
        }
    }
```

6. 获取聚合内部实体的单个实例

可以发送 HTTP GET 请求到如下 URL，获取某个车轮的状态：

```
{BASE_URL}/Cars/{id}/Wheels/{wheelId}
```

为支持这个方法而生成的代码如下：

```
    @Path("{id}/Wheels/{wheelId}")
    @GET
    public WheelStateDto getWheel(@PathParam("id") String id,
                                  @PathParam("wheelId") String wheelId) {
        try {
            WheelState state = carApplicationService.getWheel(id, wheelId);
            if (state == null) {
                return null;
            }
            WheelStateDto.DtoConverter dtoConverter = new WheelStateDto.
                DtoConverter();
            WheelStateDto stateDto = dtoConverter.toWheelStateDto(state);
            dtoConverter.setAllFieldsReturned(true);
            return stateDto;
        } catch (Exception ex) {
            throw DomainErrorUtils.convertException(ex);
        }
    }
```

7. 获取派生的实体集合属性

这里回顾一下在第 11 章中展示过的一个 DDDML 示例文档，文档描述了 Package 聚合根拥有两个派生的、类型为实体 PackagePart 的集合的属性，即 RootPackageParts 和 ChildPackageParts：

```
aggregates:
```

```
Package:
    # …
    properties:
        PackageParts:
            itemType: PackagePart
        RootPackageParts:
            itemType: PackagePart
            isDerived: true
            filter:
                CSharp: "e => e.ParentPackagePartId == 0"

    entities:
        PackagePart:
            # …
            properties:
                # …
                ParentPackagePartId:
                    referenceType: PackagePart
                    referenceName: ParentPackagePart
                # …
                ChildPackageParts:
                    itemType: PackagePart
                    inverseOf: ParentPackagePart
```

笔者制作的 DDDML 工具会为这样的派生属性生成相应的 RESTful API。想要获取某个 Package（假设其 ID 为 636157963396968305）下的 RootPackageParts（作为根结点的 PackagePart 的集合），可以发送 HTTP GET 请求到以下的 URL：

```
http://test.localhost:8080/Packages/636157963396968305/RootPackageParts
```

服务端回应的 JSON 消息体如下：


```
[{
    "partId": "636157962507732244",
    "packagePartType": 2,
    "parentPackagePartId": "0",
    "active": false,
    "serialNumber": "Box_578151e0-8816-4b6c-bfdc-7ea3007a1418",
    "materialNumber": "TEST_M_1QWRTYUIOP",
    "quantity": 1,
    "isMixed": false,
    "rowVersion": "1",
    "packageId": "636157963396968305",
    "createdBy": "0",
    "createdAt": "2016-11-27T06:30:28+08:00",
    "updatedBy": "0",
    "allFieldsReturned": true
}, {
    "partId": "636157964361898321",
    "packagePartType": 2,
    "parentPackagePartId": "0",
```

```
        "active": false,
        "serialNumber": "Box_f7fc5960-f597-4c28-910b-1ba117b290c6",
        "materialNumber": "TEST_M_1QWRTYUIOP",
        "quantity": 2,
        "isMixed": false,
        "rowVersion": "1",
        "packageId": "636157963396968305",
        "createdBy": "0",
        "createdAt": "2016-11-27T06:30:28+08:00",
        "updatedBy": "0",
        "allFieldsReturned": true
    }]
```

为了获得某个 PackagePart 的子结点（ChildPackageParts），可以发送 GET 请求到如下 URL：

```
http://test.localhost:8080/Packages/636157963396968305/
    PackageParts/636157964361898321/ChildPackageParts
```

服务端回应的 JSON 消息体如下：

```
[{
    "partId": "636157963653896794",
    "packagePartType": 1,
    "parentPackagePartId": "636157964361898321",
    "active": false,
    "serialNumber": "Piece_11886080-b6c1-47fb-b487-f1701b827340",
    "materialNumber": "TEST_M_1QWRTYUIOP",
    "quantity": 1,
    "isMixed": false,
    "rowVersion": "1",
    "packageId": "636157963396968305",
    "createdBy": "0",
    "createdAt": "2016-11-27T06:30:28+08:00",
    "updatedBy": "0",
    "allFieldsReturned": true
}, {
    "partId": "636157964358830704",
    "packagePartType": 1,
    "parentPackagePartId": "636157964361898321",
    "active": false,
    "serialNumber": "Piece_838e8f19-d421-490b-8c92-19b2ce1fecc2",
    "materialNumber": "TEST_M_1QWRTYUIOP",
    "quantity": 1,
    "isMixed": false,
    "rowVersion": "1",
    "packageId": "636157963396968305",
    "createdBy": "0",
    "createdAt": "2016-11-27T06:30:28+08:00",
    "updatedBy": "0",
    "allFieldsReturned": true
}]
```

13.2.2 PUT

1. 创建一个聚合实例

想要“创建”一辆汽车（Car），可以发送 PUT 请求到如下 URL：

```
{BASE_URL}/Cars/{id}
```

为支持这个方法而生成的代码（Java）如下：

```
@Path("{id}")
@PUT
public void put(@PathParam("id") String id, CreateOrMergePatchCarDto.
    CreateCarDto value) {
    try {
        CarCommand.CreateCar cmd = value;
        CarResourceUtils.setNullIdOrThrowOnInconsistentIds(id, cmd);
        carApplicationService.when(cmd);
    } catch (Exception ex) {
        logger.info(ex.getMessage(), ex);
        throw DomainErrorUtils.convertException(ex);
    }
}
```

在上面的代码中，put 方法使用的参数类型 CreateOrMergePatchCarDto.CreateCarDto 实现了 CarCommand.CreateCar 接口，它的代码如下（与 CreateOrMergePatchCarDto.MergePatchCarDto 类的代码一起列出，有较多删节）：

```
package org.dddml.templates.tests.domain.car;

import java.util.*;
import org.dddml.templates.tests.domain.*;

public class CreateOrMergePatchCarDto extends AbstractCarCommandDto
    implements CarCommand.CreateOrMergePatchCar {
    private String description;
    private CreateOrMergePatchWheelDto[] wheels = new
        CreateOrMergePatchWheelDto[0];
    private CreateOrMergePatchTireDto[] tires = new CreateOrMergePatchTireDto[0];
    private Boolean isPropertyDescriptionRemoved;
    // …
    // 省略部分 fields
    // 省略 fileds 对应的 getter/setter 方法
    // …

    public CarCommand toSubclass() {
        if (COMMAND_TYPE_CREATE.equals(getCommandType()) || null ==
            getCommandType()) {
            // 省略代码
        } else if (COMMAND_TYPE_MERGE_PATCH.equals(getCommandType())) {
```

```
            // 省略代码
        }
        throw new UnsupportedOperationException("Unknown command type:" +
            getCommandType());
    }

    public static class CreateCarDto extends CreateOrMergePatchCarDto
        implements CarCommand.CreateCar {
        public CreateCarDto() {
            this.commandType = COMMAND_TYPE_CREATE;
        }

        @Override
        public String getCommandType() {
            return COMMAND_TYPE_CREATE;
        }

        @Override
        public CreateWheelCommandCollection getCreateWheelCommands() {
            return new CreateWheelCommandCollection() {
                // …
            };
        }
        // …
    }

    public static class MergePatchCarDto extends CreateOrMergePatchCarDto
        implements CarCommand.MergePatchCar {
        public MergePatchCarDto() {
            this.commandType = COMMAND_TYPE_MERGE_PATCH;
        }

        @Override
        public String getCommandType() {
            return COMMAND_TYPE_MERGE_PATCH;
        }

        @Override
        public WheelCommandCollection getWheelCommands() {
            return new WheelCommandCollection() {
                // …
            };
        }
        // …
    }
}
```

在生成仅在 RESTful Client SDK 中使用的命令 DTO（那些 {COMMAND_NAME}Dto 类）的 Java 代码时，可以考虑不让它们实现对应的命令接口（{COMMAND_NAME}），这样就不需要在 Client SDK 中包含那些命令接口的代码，可减小 SDK 包的大小。

2. 调用实体的命令方法

通过 HTTP PUT 方法可以调用在聚合内定义的实体的命令方法。比如，我们可以发送 PUT 请求到如下 URL，调用 Car 的 Rotate 方法：

```
{BASE_URL}/Cars/{id}/_commands/Rotate
```

为支持这个方法而生成的代码如下：

```
@Path("{id}/_commands/Rotate")
@PUT
public void rotate(@PathParam("id") String id, CarCommands.Rotate content) {
    try {
        CarCommands.Rotate cmd = content;
        String idObj = id;
        if (cmd.getId() == null) {
            cmd.setId(idObj);
        } else if (!cmd.getId().equals(idObj)) {
            throw DomainError.named("inconsistentId",
                "Argument Id %1$s NOT equals body Id %2$s", id, cmd.getId());
        }
        carApplicationService.when(cmd);
    } catch (Exception ex) {
        throw DomainErrorUtils.convertException(ex);
    }
}
```

默认情况下，客户端想要修改聚合的状态，需要在请求中包含 Command ID 以及聚合根的版本号。对于存在消息体（Body）的请求，这些信息应该包含在消息体内。

要客户端传入聚合根的版本号是为了实现离线乐观锁。但是我们也允许在 DDDML 中设置忽略并发冲突，这需要在聚合的 metadata 结点下增加键值对：IgnoringConcurrencyConflict: true，这样客户端在调用这个聚合的命令方法时就可以不提供聚合根的版本号了。

13.2.3 PATCH

可以通过发送 HTTP PATCH 请求到如下 URL 更新 Car 的聚合实例：

```
{BASE_URL}/Cars/{id}
```

为了支持这样的请求生成的 Java 代码如下：

```
@Path("{id}")

@org.apache.cxf.jaxrs.ext.PATCH
public void patch(@PathParam("id") String id, CreateOrMergePatchCarDto.
    MergePatchCarDto value) {
    try {
        CarCommand.MergePatchCar cmd = value;
        CarResourceUtils.setNullIdOrThrowOnInconsistentIds(id, cmd);
```

```
            carApplicationService.when(cmd);
        } catch (Exception ex) {
            throw DomainErrorUtils.convertException(ex);
        }
    }
```

这里的 CreateOrMergePatchCarDto.MergePatchCarDto 类实现了第 11 章中展示的 CarCommand.MergePatchCar 接口。

虽然这里使用了 MergePatch 这个说法，但是展示的（由作者制作的 DDDML 工具生成的）RESTful API 并没有真正支持 JSON Merge Patch 规范。这里的 PATCH 就是一个普普通通的 Patch，客户端不需要在请求中添加如下的头信息：

```
Content-Type: application/merge-patch+json
```

如果想要实现“原汁原味”的 JSON Merge Patch 呢？以下服务端的实现思路。假设服务端收到的是“纯正”的 JSON Merge Patch 消息，我们不一定需要将其反序列化为一个动态对象（比如 Java 的 Map，C# 的 IDictionary），仍然可以将这样的 JSON 消息反序列化为静态类型的命令对象以方便后续使用。以 C# 为例，可以考虑生成如下的静态类型代码：

```
//…
public class MergePatchCarDto : CreateOrMergePatchCarDto
{
    public virtual bool IsPropertyDescriptionRemoved { get; set; }

    public override string Description
    {
        get { return base.Description; }
        set
        {
            if (value == null)
            {
                IsPropertyDescriptionRemoved = true;
            }
            base.Description = value;
        }
    }
    //…
}
//…
```

如果使用 ASP.Net Web API 来实现 RESTful Services，可能需要通过如下方式设置服务应用的 JsonFormatter：

```
config.Formatters.JsonFormatter.SerializerSettings.NullValueHandling =
    NullValueHandling.Include;
```

我们可以直接在修改 Car 聚合的 RESTful API 方法的参数中使用 MergePatchCarDto 这

个静态类型，示例如下（C# 代码）：

```
[HttpPatch]
public void Patch(string id, [FromBody]MergePatchCarDto value)
{
    CarsControllerUtils.SetId(id, value);
    _carApplicationService.When(value as IMergePatchCar);
}
```

另外，笔者的前同事制作的 DDDML 代码生成工具曾尝试过生成真正支持 JSON Patch 以及 JSON Merge Patch 规范的 Java 版本的 RESTful Services，生成的代码在这里不做展示。

13.2.4 DELETE

支持客户端通过发送 DELETE 请求到如下 URL 删除一个 Car 的聚合实例：

```
{BASE_URL}/Cars/{id}?commandId={commandId}&version={version}&requesterId={
    requesterId}
```

为支持这个方法而生成的 Java 代码如下：

```
@Path("{id}")
@DELETE
public void delete(@PathParam("id") String id,
        @NotNull @QueryParam("commandId") String commandId,
        @NotNull @QueryParam("version") @Min(value = -1) Long version,
        @QueryParam("requesterId") String requesterId) {
    try {
        CarCommand.DeleteCar deleteCmd = new DeleteCarDto();
        deleteCmd.setCommandId(commandId);
        deleteCmd.setRequesterId(requesterId);
        deleteCmd.setVersion(version);
        CarResourceUtils.setNullIdOrThrowOnInconsistentIds(id, deleteCmd);
        carApplicationService.when(deleteCmd);
    } catch (Exception ex) {
        throw DomainErrorUtils.convertException(ex);
    }
}
```

因为 HTTP DELETE 请求一般来说是不应该携带消息体的，所以需要通过查询参数来传递聚合根的版本号等信息。

13.2.5 POST

默认情况下，DDDML 代码生成工具不会生成使用 HTTP POST 创建聚合实例的 RESTful API 代码。但是，如果需要，也可以支持客户端在不提供（不知道）聚合根的 ID 的情况下，通过 POST 方法创建聚合实例。这时，DDDML 文档中该聚合的 metadata 结点下的设置如下：

```
aggregates:
```

```
Car:
    # …
    metadata:
        CreationWithoutIdEnabled: true
        HttpPostCreationEnabled: true
```

从 metadata 结点中 Key 的命名就可以大致猜到：

- 当 CreationWithoutIdEnabled 为 true 时，表明客户端创建 Car 聚合实例时不需要提供 ID。那么后端 / 服务端需要自己实现这个实体的 ID 的生成逻辑。
- 当 HttpPostCreationEnabled 为 true 时，表示需要支持客户端使用 HTTP POST 方法创建 Car 聚合实例。

这样设置后，在服务端的代码中添加 Car 的 ID 生成逻辑（这部分代码不在这里展示），客户端就可以发送 HTTP POST 请求到如下 URL 去创建 Car 的实例了：

```
{BASE_URL}/Cars
```

生成的支持 POST 方法的服务端代码如下：

```
@POST

public String post(CreateOrMergePatchCarDto.CreateCarDto value,
    @Context HttpServletResponse response) {
    try {
        CarCommand.CreateCar cmd = value;
        String idObj = termApplicationService.createWithoutId(cmd);
        response.setStatus(HttpServletResponse.SC_CREATED);
        return idObj;
    } catch (Exception ex) {
        throw DomainErrorUtils.convertException(ex);
    }
}
```

不过，我们曾碰到有些客户端开发人员习惯用 POST 而不是 PUT 来创建实体，即使在默认情况下我们要求在客户端发送过来的请求的消息体中必须包含聚合根的 ID。为了增加对这些客户端的兼容性，这里又增加了一个限界上下文（BoundedContext）的全局设置：

```
configuration:
    metadata:
        HttpPostCreationWithIdEnabled: true
```

当 HttpPostCreationWithIdEnabled 为 true 时，会给所有聚合生成支持“使用 POST 方法创建聚合实例”的接口。默认情况下，需要客户端在 POST 过来的消息体中提供聚合根的 ID，这个方法服务端的实现逻辑和使用 PUT 创建的实现逻辑是一样的。

13.2.6 事件溯源 API

对于启用了事件溯源的聚合，我们的工具会在 RESTful API 中生成获取事件溯源信息的查询方法。比如，客户端可以发送 HTTP GET 请求到如下 URL，获得某个产品的实例的创建事件：

```
{BASE_URL}/Products/{productId}/Events/-1
```

可以通过请求以下 URL 获取创建某个产品后第一个版本的历史状态：

```
{BASE_URL}/Products/{productId}/_historyStates/0
```

可以通过请求以下 URL 获取在某个产品处于第一个版本（Version 为 0）的状态下，发生的改变其状态的事件信息：

```
{BASE_URL}/Products/{productId}/Events/0
```

可以通过请求以下 URL 获取某个产品的第二个版本的历史状态：

```
{BASE_URL}/Products/{productId}/_historyStates/1
```

13.2.7 树的查询接口

对于在 DDDML 中定义的树结构，代码生成工具会在 RESTful API 层为它们生成一些查询接口。

对于在第 9 章中举例的“货位树（LocatorTree)”，可以通过向以下 URL 发送 HTTP GET 请求，获取作为根结点的货位：

```
{BASE_URL}/LocatorTrees
```

我们可以发送 HTTP GET 请求到如下 URL，获取某个父货位下的子货位：

```
{BASE_URL}/LocatorTrees?parentId={parentLocatorId}
```

使用单独的结构类型构造的树，比如前文举例的组织树（OrganizationTree)，可以使用其结构类型的属性作为查询参数来进行查询。比如，我们可以访问如下 URL，获取“分销渠道（DISTRIBUTION-CHANNEL）组织树”的那些根结点组织的信息：

```
http://localhost:8080/OrganizationTrees?id.organizationStructureTypeId=
    DISTRIBUTION-CHANNEL
```

13.3 服务的 RESTful API

在我们开发的某个 CRM 应用中，曾提供一个线索跟进服务，这个服务的 DDDML 描述大致如下：

```
services:
    LeadFollowupService:
```

```
        methods:
            UpdateAfterFollowup:
                parameters:
                    LeadId:
                        type: id-long
                        referenceType: Lead
                    Salutation:
                        type: name
                    FirstName:
                        type: name
                    LastName:
                        type: name
                    Gender:
                        type: indicator
                    ScheduledContactDate:
                        type: DateTime
                    PreferredContactPhoneNumber:
                        type: id
                    LeadFollowupNote:
                        type: comment
                    # …
```

DDDML 工具生成的服务端的 RESTful API 代码如下（这里的代码使用了 Spring MVC 作为 RESTful 服务框架）：

```
package org.dddml.crm.restful.resource;

import java.util.*;
import org.springframework.beans.factory.annotation.Autowired;
// 省略部分代码

@RequestMapping(path = "LeadFollowupService", produces =
    MediaType.APPLICATION_JSON_VALUE)
@RestController
public class LeadFollowupServiceResource {
    @Autowired
    private LeadFollowupApplicationService leadFollowupApplicationService;

    @PostMapping("UpdateAfterFollowup")
    public void updateAfterFollowup(@RequestBody LeadFollowupServiceCommands.
        UpdateAfterFollowup requestContent) {
         leadFollowupApplicationService.when(requestContent);
    }
}
```

在默认情况下，我们不确认这个服务方法的实现是不是幂等的，所以这里生成的是 HTTP POST 方法。客户端可以发送 HTTP POST 请求到如下 URL 调用这个服务方法：

```
{BASE_URL}/LeadFollowupService/UpdateAfterFollowup
```

13.4 身份与访问管理

在开发应用时，我们经常听到的“用户管理”其实指的是对访问资源服务器的客户端进行身份与访问管理（Identity and Access Management），简称 IAM。

有必要对身份管理（IM）与访问管理（AM）的职责进行区分，也就是说要搞清楚它们分别都管什么（以及不管什么）：

- 身份管理的核心问题是搞清楚客户端所代表的用户“是什么人”或“不是什么人”以及客户端是不是可以代表用户，然后做出“声明”。
- 访问管理的核心问题是解决代表用户的客户端“能干什么”或“不能干什么”的问题。

混淆身份管理与访问管理会产生很多糟糕的代码。比如微软的 ASP.NET Membership 框架一做好多年，被开发者群嘲说是“人尽皆知”的 Sucks。后来微软不得不重新搞了个 ASP.Net Identity 框架，这个框架声称自己是 Claims-Based Identity。关于 Claims-Based Identity，可以参考维基百科的词条[1]。

在 IM 上下文中不应该存在访问控制的逻辑，也就是说，将声明（Claims）映射到用户“能干什么”，这不是 Identity Management 应该管的事情。角色（Role）不应该是 IM 上下文的关键概念，就算在 IM 上下文的代码中出现了 Role 这个词，那么它也只应该是一个 Claim（声明）的名称，除此之外没有更多特别之处。

实现 IAM 的方法之一，是使用类似 OAuth 2.0[2]的思路：

- 构建一个颁发 Token（令牌）的服务器，在 OAuth 2.0 规范中，这个服务器被称为 Authorization Server。
- 客户端向这个服务器提供资源所有者的授权证明（比如用户名、密码等），获得一个经过 Authorization Server 签名的 Token。
- 这个 Token 的 Claims 中一般包含 Subject（可能是用户的 ID）、Issuer（发行者）、过期时间以及其他经过认证的声明。
- 客户端在访问资源时，需要向资源服务器提供这个 Token。资源服务器检查这个 Token 时，一般是通过数字“签名”来判断它是否可信，如果认为可信，那么根据 Token 中的 Claims 来决定客户端“能干什么”或“不能干什么”。

在本节接下来的讨论中，假设 DDDML 工具生成的代码是使用 OAuth2.0 Bearer Token + JWT 来实现 IAM 的。

13.4.1 获取 OAuth 2.0 Bearer Token

JSON Web Token（JWT）是一个开放标准（RFC 7519[3]）的 Claims 的表述方法。可以在

[1] 见 https://en.wikipedia.org/wiki/Claims-basedidentity。

[2] The OAuth 2.0 Authorization Framework, https://tools.ietf.org/html/rfc6749。

[3] JSON Web Token (JWT), https://tools.ietf.org/html/rfc7519。

OAuth 2.0 Bearer Token 中使用 JWT，在网站 Oauth.net 上有 OAuth 2.0 Bearer Token 使用方法的介绍[⊖]。

提示 一个 Bearer Token 是一个“不透明的”字符串，不打算具有任何让客户端可以使用的意义。有些服务器分发的 tokens 是以十六机制字符表示的短字符串，而有些服务器使用结构化的 tokens，比如 JSON Web Tokens。

客户端可以通过不同的授权方式获得 OAuth 2.0 Bearer Token ，其中通过密码（password）授权方式（grant_type）向 Authorization Server 获得 Token 的代码如下（C# 代码）:

```
public string GetOAuthBearerToken(string loginId, string password)
{
    var client = new HttpClient { BaseAddress = new Uri(AuthzServerEndpointUrl) };
    var url = "oauth2/token";
    string client_id = ConfigurationManager.AppSettings["self.ClientId"];

    var postContent = new Dictionary<string, string>();
    postContent["grant_type"] = "password";
    postContent["username"] = loginId;
    postContent["password"] = password;
    postContent["client_id"] = client_id;

    var req = new HttpRequestMessage(HttpMethod.Post, url);
    req.Content = new FormUrlEncodedContent(postContent);
    var response = client.SendAsync(req).GetAwaiter().GetResult();
    if (!HttpStatusCode.OK.Equals(response.StatusCode))
    {
        throw new ApplicationException("!HttpStatusCode.OK.Equals(response.
            StatusCode)");
    }

    dynamic result = response.Content.ReadAsAsync<JObject>(new
        MediaTypeFormatter[] { new JsonMediaTypeFormatter() }).GetAwaiter().
        GetResult();

    return (string)result.access_token;
}
```

注意，这里消息体的编码方式是“Form URL Encoded”。

服务器返回的 JWT 的 Claims 如下：

```
{
    "sub": "TEST-USER-1",
    "exp": 1539273021,
    "iss": "ISSUER-1",
    "aud": "wms",
```

⊖ OAuth 2.0 Bearer Token Usage, https://oauth.net/2/bearer-tokens/。

```
    "role": "SystemAdministrator,LocatorManagement",
    "user_groups": "WAREHOUSE1,WAREHOUSE2"
}
```

其中 sub、exp、iss、aud 这几个名称是注册的 Claim 名称（Registered Claim Names），而这里的 role 和 user_groups 是私有的 Claim 名称（Private Claim Names）。

13.4.2　在资源服务器上处理授权

以上是客户端获取 OAuth 2.0 Bearer Token 的示例代码。接下来看看在资源服务器上如何处理方法的安全性声明。

以下示例说明在 DDDML 中声明客户端调用一个方法时需要得到的授权（Roles 或 Permissions）：

```
aggregates:
    Locator:
        # …
        methods:
            Create:
                authorizationEnabled: true
                requiredAnyRole: [SystemAdministrator]
                requiredAnyPermission: [LocatorManagement]
                # …
```

DDDML 工具在生成 RESTful API 的服务端代码时应该使用这些安全性的声明。

1. 使用 ASP.Net Web API 的 Authorize 特性

基于 ASP.Net Web API 实现 RESTful Services 的时候，可以利用 AuthorizeAttribute 这个特性（Attribute，相当于 Java 的注解）来对客户端的授权情况进行检查。

ASP.Net Web API 内置的这个 Attribute 只具备检查用户是否属于某个角色（“Is In Roles”）的能力。有人吐槽说：这简直不是活在现实世界中，对于稍微复杂一点的应用，授权需要在 Action/Permission 这个级别进行。

为了实现 Permission 级别的授权，一个简单的做法是把 Permission 当成 Role 来处理。把 Permission 当成 Role 来处理并不是笔者的独创，在 StackOverflow 上就有类似的建议。如果我们决定这么做，那么“ Authorization server”在生成 JWT Token 的时候，只要合并一下 Roles 和 Permissions，并把它们都作为 Role 这个 Claim 的值就可以了。然后，就可以在 Web API 方法上通过如下方式使用 AuthorizeAttribute 了：

```
[HttpPut]
[Authorize(Roles ="SystemAdministrator, LocatorManagement")]
public void Put(string id, [FromBody]CreateLocatorDto value)
{
    // …
}
```

 在 C# 中使用特性时，可以把特性名称中的 Attribute 后缀省略掉，所以 [AuthorizeAttribute] 又可以写作 [Authorize]。

2. 使用 Spring Security 的 PreAuthorize 注解

如果在以 Java 实现的 RESTful API 服务端代码中使用 Spring Security 框架，那么代码生成工具可能会根据 DDDML 中方法的安全性声明，在 RESTful 服务方法前添加 Spring Security 的注解，类似如下形式：

```
@PreAuthorize("hasAnyAuthority('SystemAdministrator', 'LocatorManagement')")
@PutMapping("{locatorId}")
public void put(@PathVariable("locatorId") String locatorId, @RequestBody
    CreateLocatorDto value) {
    // …
}
```

有些权限管理的需求可能不太容易以注解的方式实现，有时候我们可能需要手动编码获取 JWT 的信息来实现权限的控制。

比如，一个需求可能是"只有某个仓库的管理员，才能新建该仓库的货位"。如果使用了 Spring Security 框架，我们可能会采用如下方式手动编写代码来实现这个功能：

```
@PostMapping
@ResponseStatus(HttpStatus.CREATED)
public String post(@RequestBody CreateOrMergePatchLocatorDto.
    CreateLocatorDto value,  HttpServletResponse response) {
    Jwt jwt = ((JwtAuthenticationToken) SecurityContextHolder.getContext().
       getAuthentication()).getToken();
    if(!jwt.getClaims().get("user_groups").toString().contains(value.
        getWarehouseId())) {
        throw new AccessDeniedException("You CANNOT create locator of this
            warehouse.");
    }
    // 省略下面的代码
}
```

在上面的代码中，假设 user_groups 这个 Claim 的值是用户"可管理的仓库的 ID"的列表。

13.5 生成 Client SDK

除了可以生成服务端的 RESTful API 层的代码（Java 或 C#）以外，我们制作的 DDDML 工具还可以生成若干种语言的 RESTful Client SDK。在为静态语言（比如 Java、C# 等）生成的 Client SDK 中包含并使用各种对象（包括状态对象、命令对象、事件对象等）的静态类型是绝对有必要的。在 IDE 的帮助下，静态类型可以帮助开发人员极大地提升开发效率。

回想多年以前那些使用 SOAP Web Services 开发的软件项目，如果当时没有工具可以从 WSDL 生成静态类型的代码，笔者绝不愿意参与其中。即使基于 JSON 的 RESTful Web Services 相对于 SOAP Web Services 已经大大简化，但是对于稍微复杂的应用，大约也没有几个前端开发人员在经历过使用静态类型的便利后还愿意退回去使用动态类型（这里说的动态类型，可以理解为 Java 中的 Map、.NET 中的 IDictionary 这样的集合）。

我们在前文已经看到，在默认情况下，工具生成的服务端 RESTful API 层的代码中，输入参数以及返回结果的类型都是静态类型（它们一般带有 Dto 后缀），这些静态类型也是生成 Client SDK 的基础。

13.5.1　创建聚合实例

当客户端需要创建一个聚合实例时，可以使用包含在 Client SDK 中的静态类型来生成一个命令对象。

以附录 DDDML 示例中的 Person 聚合为例，下面的方法创建了一个 CreatePersonDto 命令对象（以下展示的是 C# 代码，Java 版的代码也是差不多的）：

```
static CreatePersonDto GetCreatePersonCommand()
{
    CreatePersonDto person = new CreatePersonDto();
    //person.PersonId = new PersonId(new PersonalName("Yang", "Jiefeng"), 1);
    person.Email = "yangjiefeng@gmail.com";
    person.Titles = new string[] { "Programer" };

    CreateYearPlanDto yearPlan2020 = new CreateYearPlanDto();
    yearPlan2020.Year = 2020;
    yearPlan2020.Description = "Do something.";

    CreateYearPlanDto yearPlan2021 = new CreateYearPlanDto();
    yearPlan2021.Year = 2021;
    yearPlan2021.Description = "Do more than something.";

    person.YearPlans = new CreateOrMergePatchOrRemoveYearPlanDto[] {
        yearPlan2020, yearPlan2021 };

    CreateMonthPlanDto monthPlan202001 = new CreateMonthPlanDto();
    monthPlan202001.Month = 1;
    monthPlan202001.Description = "My 2020/1 month plan.";
    yearPlan2020.MonthPlans = new CreateOrMergePatchOrRemoveMonthPlanDto[] {
        monthPlan202001 };

    person.RequesterId = 1111111L; ;
    person.CommandId = Guid.NewGuid().ToString();
    return person;
}
```

把上面方法返回的 CreatePersonDto 命令对象“随便”用一个常用的 JSON 工具库序列化，得到的 JSON 如下：


```
{
    "commandType": "Create",
    "requesterId": 1111111,
    "commandId": "7b518538-d052-46c2-90d4-4dd55b1ac5d7",
    "email": "yangjiefeng@gmail.com",
    "titles": [
        "Programer"
    ],
    "yearPlans": [
        {
            "commandType": "Create",
            "requesterId": 0,
            "year": 2020,
            "description": "Do something.",
            "monthPlans": [
                {
                    "commandType": "Create",
                    "requesterId": 0,
                    "month": 1,
                    "description": "My 2020/1 month plan.",
                    "dayPlans": []
                }
            ]
        },
        {
            "commandType": "Create",
            "requesterId": 0,
            "year": 2021,
            "description": "Do more than something.",
            "monthPlans": []
        }
    ]
}
```


把上面的 JSON 作为 HTTP 请求的消息体，通过向以下 URL 发送 PUT 请求，就可以创建一个 Person 聚合实例：

```
{BASE_URL}/People/Yang,Jiefeng,1
```

13.5.2 更新聚合实例

当需要更新 Person 聚合实例时，可以通过如下方式使用 Client SDK 中的命令对象（C# 代码）：

```
static MergePatchPersonDto GetMergePatchPersonDto()
{
```

```
    MergePatchPersonDto updatePerson = new MergePatchPersonDto();
    updatePerson.BirthDate = new DateTime(2020, 1, 1);

    MergePatchYearPlanDto updateYearPlan2020 = new MergePatchYearPlanDto();
    updateYearPlan2020.Year = 2020;
    updateYearPlan2020.IsPropertyDescriptionRemoved = true;
    updateYearPlan2020.Active = true;
    updatePerson.YearPlans = new CreateOrMergePatchOrRemoveYearPlanDto[] {
        updateYearPlan2020 };

    MergePatchMonthPlanDto updateMonthPlan202001 = new MergePatchMonthPlanDto();
    updateMonthPlan202001.Month = 1;
    updateMonthPlan202001.Description = "Updated 2020/01 month plan.";

    CreateMonthPlanDto monthPlan202002 = new CreateMonthPlanDto();
    monthPlan202002.Description = "My 2020/02 month plan.";

    updateYearPlan2020.MonthPlans = new CreateOrMergePatchOrRemoveMonthPlanDto[]
        {
        updateMonthPlan202001, monthPlan202002
    };

    updatePerson.Version = 1;
    updatePerson.CommandId = Guid.NewGuid().ToString();
    updatePerson.RequesterId = 111111L;
    return updatePerson;
}
```

把上面方法返回的命令对象（类型为 MergePatchPersonDto）用 JSON 库序列化，得到的 JSON 如下：

```
{
    "commandType": "MergePatch",
    "version": 1,
    "requesterId": 111111,
    "commandId": "05805f21-66ed-4ff1-8d32-40c375fd333b",
    "birthDate": "2020-01-01T00:00:00",
    "yearPlans": [
        {
            "commandType": "MergePatch",
            "requesterId": 0,
            "year": 2020,
            "active": true,
            "isPropertyDescriptionRemoved": true,
            "monthPlans": [
                {
                    "commandType": "MergePatch",
                    "requesterId": 0,
                    "month": 1,
                    "description": "Updated 2020/01 month plan.",
```

```
                    "dayPlans": []
                },
                {
                    "commandType": "Create",
                    "requesterId": 0,
                    "month": 0,
                    "description": "My 2020/02 month plan.",
                    "dayPlans": []
                }
            ]
        }
    ]
}
```

把这个 JSON 作为 HTTP 请求的消息体，通过向以下 URL 发送 PATCH 请求即可更新 Person 聚合实例：

```
{BASE_URL}/People/Yang,Jiefeng,1
```

13.5.3 使用 Retrofit2

广受欢迎的 Retrofit[1]框架是一个类型安全的 HTTP 客户端（A type-safe HTTP client），可见人人都爱静态类型（静态类型才是安全的）。

基于 DDDML 工具生成的各种 Java 静态类型，我们可以进一步生成 Retrofit2 客户端使用的接口。

对于前文展示过的 Car 聚合的 DDDML 文档示例，工具生成的 Retrofit2 客户端可使用的接口如下（Java 代码，有删节）：

```java
package org.dddml.templates.tests.rest.clientinterface;

import java.util.*;
import retrofit2.*;
import retrofit2.http.*;
import org.dddml.support.criterion.*;
import org.dddml.templates.tests.domain.*;
import org.dddml.templates.tests.specialization.*;
import org.dddml.templates.tests.domain.car.*;

public interface CarsClient {
    @Headers("Accept: application/json")
    @GET("Cars")
    Call<List<CarStateDto>> getAll(@Query("sort") String sort,
        @Query("fields") String fields, @Query("firstResult") int firstResult,
        @Query("maxResults") int maxResults, @Query("filter") String filter);
```

[1] A type-safe HTTP client for Android and Java, https://square.github.io/retrofit/。

```
    // …
    @Headers("Accept: application/json")
    @GET("Cars/{carId}/Wheels/{wheelId}")
    Call<WheelStateDto> getWheel(@Path("carId") String carId, @Path("wheelId")
        String wheelId);

    // …
    @Headers("Accept: application/json")
    @PUT("Cars/{id}")
    Call<String> put(@Path("id") String id, @Body CreateOrMergePatchCarDto.
        CreateCarDto value);

    @Headers("Accept: application/json")
    @PATCH("Cars/{id}")
    Call<String> patch(@Path("id") String id, @Body CreateOrMergePatchCarDto.
        MergePatchCarDto value);

    @Headers("Accept: application/json")
    @DELETE("Cars/{id}")
    Call<String> delete(@Path("id") String id, @Query("commandId") String
        commandId, @Query("version") String version, @Query("requesterId")
        String requesterId);

    @Headers("Accept: application/json")
    @PUT("Cars/{id}/_commands/Rotate")
    Call<String> rotate(@Path("id") String id, @Body CarCommandDtos.
        RotateRequestContent content);
}
```

Chapter 14 第 14 章

直达 UI

开发大型业务软件往往需要使用所谓“元数据驱动”的开发框架（平台）。传统的元数据驱动的业务软件开发框架往往是基于关系模型或者 ER 模型的，而非 DDD 风格的对象模型。在使用这些框架的时候，开发 UI 层所需要的工作量经常让笔者感到困扰。

使用这些框架开发出来的面向最终用户的应用程序往往包括一个可能叫作管理门户 / 管理后台 / 控制台之类的客户端应用。为了方便，后文把这样的客户端应用叫作 Admin UI。这些应用往往有很多相似的特点，比如相似的功能布局：界面的左侧是分类的功能菜单，点击菜单后进入一个实体的列表页，点击列表中的一项，进入实体的详情页……这样的客户端很大程度上是为了在 PC 上运行而设计的，如果在移动端的浏览器上使用它们，用户体验往往不会太好。但不管怎么说，我们总是要一遍又一遍地开发这样乏味的应用。

我们在设计 DDDML 的时候，关注的是它对领域模型的表达能力，也就是怎样才能凸显领域中的关键概念，并没有关注如何给软件的最终用户提供一个操作界面。所以笔者基本没有想过把对 UI 层的描述作为 DDDML 规范的一部分，但还是经常会想到：既然领域模型已经抓住了领域的核心和关键，那么，能不能仅通过 DDDML 对领域模型的描述就推导出一个合理的默认的 Admin UI——即使这个 Admin UI 的用户体验可能不是那么好但至少基本可用？那些传统的“元数据驱动”的开发框架没有这么做，是不是只是因为受限于它们使用的建模语言的表达能力？使用它们所需要做的 UI 层的编码工作很多时候是否只是为了实现某些领域知识与用户界面（UI）的映射关系而已？

很多时候，笔者得到的答案是肯定的。

接下来介绍我们做过的一些尝试，也许你会对“从 DDDML 直接生成 Admin UI”能做到什么程度有一个大致的判断。

14.1 两条路线的斗争

在团队已经使用 DDDML 描述领域模型的情况下，怎么快速地开发面向最终用户的客户端应用？

是直接基于描述领域模型的 DDDML 文档，还是基于 RESTful API 的服务描述文档来开发？也就是说，前端开发人员是需要理解 DDDML 描述的那个领域模型呢？还是只需要"知道"后端可以提供的 RESTful API，实现 UI/UE 所需的其他信息通过其他方式获得？

提示 如果不太理解这里所说的"服务描述文档"是什么，也许可以先去了解一下 WSDL（网络服务描述语言，Web Services Description Language[1]）。

笔者所在的团队曾经就这个问题有过激烈的讨论甚至争吵，结果好像谁也没有最终说服谁。后来我们针对这两种思路都进行了尝试。按照前一种思路，有人基于 Vue.js[2]框架实验性地从 DDDML 直接生成了 Admin UI 的实现，不过并没有最终将其应用到实际的生产环境中。按照后一种思路，我们走得更远一点，基于 Angular[3]框架开发出了实际用于生产的 Admin UI。

14.1.1 前端"知道"领域模型

我们可以考虑将 DDDML 描述的领域模型以更方便前端处理的格式（一般是 JSON）直接提供给前端应用使用。这些 JSON 和后端使用基于 YAML 的 DDDML 文档在结构上完全一致，可以遵循同样的 JSON Schema。

提示 我们把基于 YAML 的 DDDML 文档简写为 YAML/DDDML；基于 JSON 的 DDDML 文档简写为 JSON/DDDML。

对于前端开发人员来说，这些 JSON/DDDML 文档可以被称为领域模型元数据。在这些领域模型元数据的基础上，可以再设计另一种元数据来声明 UI 元素与领域模型之间的关系，以帮助我们快速地构建应用的用户界面。我们把后一种元数据称为领域模型 UI 层元数据，简称 UI 层元数据，它们其实不是纯粹的 UI 描述，而是属于"领域模型与前端 UI 结合的那部分"。比如，UI 层元数据可能包括领域中的实体、值对象、领域服务、"树"等各种"对象"以及它们的"属性"的标签文本（Label Text），因为我们在 UI 上可能并不想显示它们在 DDDML 文档中的名字（name）或者长长的描述（description）。

为了向前端应用提供领域模型元数据，我们可能需要制作合适的工具。因为给前端提供的 JSON/DDDML 文档，其 Schema 和后端使用的基于 YAML 的 DDDML 文档应该是完

[1] Web Services Description Language (WSDL) Version 2.0 Part 1: Core Language, https://www.w3.org/TR/wsdl/。

[2] 见 https://vuejs.org/。

[3] 见 https://angular.io/。

全一致的，所以，实际上我们可以使用工具将 YAML/DDDML 文档反序列化为内存中的 DDDML DOM 文档对象，然后剪裁掉前端不需要的那部分，再使用一个 JSON 序列化类库输出为 JSON 文档即可。

笔者采用的具体做法是，在 DDDML .NET 工具箱中实现一个简单的 Mapper 工具（下文的 DictionaryMapper），可以将复杂的对象映射（剪裁、转换）成一个 IDictionary（.NET 的“字典集合”，相当于 Java 中的 Map）的实例，然后把它交给一个“普通的”JSON 库序列化为 JSON 文本。

这个工具的接口被设计成所谓的 Fluent Interface[⊖]。也就是说，可以通过链式调用来声明它“想要什么”。因为 Fluent Interface 是通用语言内部的一种 DSL，所以有时又被称为 Fluent DSL。C# 的 Lambda Expression 给 Fluent DSL 的实现提供了极大的便利。

以下示例说明了如何使用这个 Mapper 工具（C# 代码）：

```
private static void TestMapper1()
{
    var dictMapper = ObjectUtils.CreateDictionaryMapper<Parent>();

    dictMapper.Select<String>(p => p.Foo, f => f == null ? null :
        f.ToUpperInvariant()).CamelCasePropertyName();

    dictMapper.Cascade<Parent.Child>(p => p.Bar).Cascade(c => c.Haha);

    dictMapper.CascadeCollection<Parent.Child>(p => p.BarCollection).
        CamelCaseKey()
        .ItemMapper.Cascade<Parent.Child.ChildChild>(c => c.Chacha).
            CamelCasePropertyName().Select(cc => cc.Hello);

    var parentObj = new Parent()
    {
        Foo = "I am foo.",
        BarCollection = new Parent.Child[] {
            new Parent.Child() {
                Haha = "Haha",
                Chacha = new Parent.Child.ChildChild() {
                    Hello = "Hello!"
                }
            }
        }.ToDictionary(c => c.Haha),
    };

    var dict = dictMapper.Map(parentObj);
    Console.WriteLine(JsonUtils.SerializeObject(parentObj));
    Console.WriteLine("------------------------------------------");
    Console.WriteLine(JsonUtils.SerializeObject(dict));
}
```

⊖ 见 https://www.martinfowler.com/bliki/FluentInterface.html。

```
class Parent
{
    public string Foo { get; set; }

    public Child Bar { get; set; }

    public IDictionary<string, Child> BarCollection { get; set; }

    public class Child
    {
        public string Haha { get; set; }

        public ChildChild Chacha { get; set; }

        public class ChildChild
        {
            public string Hello { get; set; }
        }
    }
}
```

上面的 TestMapper1 方法中，创建了一个 Parent 类的 DictionaryMapper，然后定义其映射规则，调用 Map 方法把 Parent 类的实例映射成一个 C# 的 IDictionary 集合的实例，最后分别打印这个 Parent 实例的 JSON 序列化结果以及映射出来的 IDictionary 实例的 JSON 序列化结果。执行这个方法，控制台会输出如下文本内容：

```
{
    "Foo": "I am foo.",
    "BarCollection": {
        "Haha": {
            "Haha": "Haha",
            "Chacha": {
                "Hello": "Hello!"
            }
        }
    }
}
----------------------------------------
{
    "foo": "I AM FOO.",
    "barCollection": {
        "haha": {
            "chacha": {
                "hello": "Hello!"
            }
        }
    }
}
```

使用这个工具，我们就可以很方便地向前端输出基于 JSON 格式的 DDDML 文档。

14.1.2 前端“只知道”RESTful API

关于开发一个客户端应用，笔者的看法是：前端开发人员如果能理解领域模型以及使用 DDDML 这样的 DSL 是最好的。但是，有些开发人员可能会觉得他们只需要拿到遵循 RAML[1]、Swagger[2]（OpenAPI）[3]这样的服务描述规范的 RESTful API 文档就够了，至于用户界面（UI）和用户体验（UE）怎么做，“让产品经理来跟我们说吧”。

当然，基于我们生成 RESTful API 使用的一些惯例（Conventions），也能从 RESTful API 的服务描述中“猜测”出部分领域模型信息。

比如说，当我们在 API 的服务描述文档中看到存在如下三个 URL 模板时：

- {BASE_URL}/OrderHeaders/{orderId}
- {BASE_URL}/OrderHeaders/{orderId}/OrderItems
- {BASE_URL}/OrderHeaders/{orderId}/OrderItems/{itemSeqId}

我们可以大胆猜测 OrderHeader 是聚合根，而 OrderItem 是 OrderHeader 直接关联的聚合内部实体。于是我们可以在“订单详情页”展示订单头信息的同时，展示一个订单行项的列表——在 PC 端，我们可能会使用一个 Table 组件来展示这个订单行项列表。基于此猜测得到的领域模型信息八九不离十，这样就能够在前端应用中实现部分 UI 的“自动”生成了。

虽然笔者不太看好这条路线，但是不否认主要基于 RESTful API 的服务描述来构建客户端应用也有它的优势。首先就是那些对业务（领域）没有兴趣的前端工程师会很高兴——终于又可以不用去“了解业务”了。另外，这样的解决方案也更通用一些，可以适用于那些没有使用 DDDML 进行领域建模的开发团队。而且，在使用 DDDML 时，我们可能会更多地专注于描述领域模型中的核心部分，而忽略了非核心部分。比如 CQRS 模式中的命令模型往往比查询模型处于更核心的位置，可能存在描述命令模型的 DDDML 文档，而查询模型可能就没有。这时候，一个基于“RESTful API 服务描述”的工具能更有效地构建“与查询模型相关的”那些用户界面和客户端功能。

不过，下文还是继续讨论基于“将领域模型的 DDDML 描述输出到前端”，我们可以怎样快速开发像 Admin UI 这样的客户端应用。

14.2 生成 Admin UI

直接基于使用 DDDML 描述的领域模型，我们可以生成什么样的 Admin UI ？可能大家很容易想到以下示例：

---

[1] 见 https://raml.org/。

[2] The Best APIs are Built with Swagger Tools | Swagger, https://swagger.io/。

[3] OpenAPI Specification, https://swagger.io/specification/。

1）假设我们在 DDDML 中定义了枚举对象，如果某个实体的属性类型是枚举对象的集合，那么用户在 Admin UI 上就应该可以使用“多选框”组件来展示和编辑这个属性。

2）在 DDDML 中定义 LocatorTree 树结构的例子里（见第 9 章），我们在 Admin UI 中自动生成了如图 14-1 所示的界面。

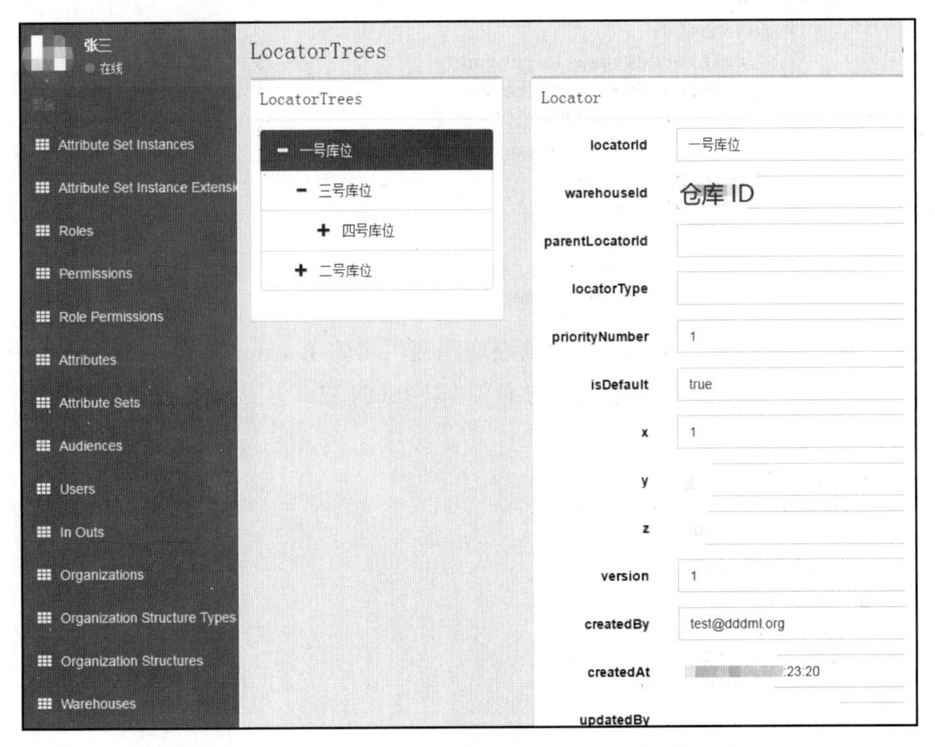

图 14-1 根据 DDDML 中定义的 LocatorTree 生成用户界面

3）对于在 DDDML 中定义的实体的命令方法，可在 Admin UI 上展示该实体的某个实例的地方（比如在实体的“详情页”中）生成相应的命令按钮。当用户点击这个命令按钮时，可根据 DDDML 中该命令方法的参数列表信息生成、弹出方法参数的录入界面；用户输入（或选择）参数值后，点击“确认”按钮即可调用后端服务提供的方法接口。

4）若一个类型为值对象的属性声明了引用类型（referenceType），则表明该属性意图引用某个实体（可以用 SQL 数据库的外键概念去类比这里所说的引用）。那么，我们自然而然会想到，当用户在编辑这个属性的时候，可以弹出一个“被引用的实体”的实例列表，让用户选择列表中的某一项（实例）即可，而不是需要用户使用键盘输入实体的 ID。关于这个特性，下面举一个更复杂的例子。

14.2.1 使用 referenceFilter

在 DDDML 中，实体的属性如果声明了引用类型，那么还可以使用 referenceFilter 关键字进一步声明对被引用的实体的过滤规则。

比如，以下是一段描述货位（Locator）实体的 DDDML 代码（有删节）：

```
aggregates:
    Locator:
        properties:
            WarehouseId:
                referenceType: Warehouse
                referenceName: Warehouse
                notNull: true
                # only reference to "Active" warehouse.
                referenceFilter:
                    Criterion:
                        type: "eq"
                        property: "active"
                        value: true
```

作为领域模型元数据，我们可以向前端应用提供实体 Locator 的属性 WarehouseId（这个属性表示 Locator 所属的仓库的 ID）的定义（以 JSON 格式）：

```
{
    "referenceType": "Warehouse",
    "referenceName": "Warehouse",
    "notNull": true,
    "referenceFilter": {
        "Criterion": {
            "type": "eq",
            "property": "active",
            "value": true
        }
    }
}
```

当需要用户录入“Locator 所属的仓库的 ID”时，客户端可以将上面的 JSON 代码中的 Criterion 的值进行 URL 编码（Encode）：

```
{"type": "eq", "property": "active", "value": "true"}
```

之后会得到如下字符串：

```
%7B%22type%22%3A+%22eq%22%2C+%22property%22%3A+%22active%22%2C+%22value%22%3A+%2
    2true%22%7D
```

然后把这个字符串作为查询参数 filter 的值，通过 GET 请求发送到后端服务的如下 URL 上：

```
{BASE_URL}/Warehouses?filter=%7B%22type%22%3A+%22eq%22%2C+%22property%22%3A+%22a
    ctive%22%2C+%22value%22%3A+%22true%22%7D
```

这样，客户端 App 就可以获得已经启用（Active）的仓库列表，将其呈现到 UI 上，让用户从中选择一个仓库。

14.2.2　展示派生的实体集合属性

假设，在我们构建的某个应用的领域模型中，存在一个叫会议记录（Minuts of Meeting，MoM）的实体。

一个会议记录可能有一个或者多个讨论事项（Discussion Details），讨论事项有如下四种状态：

- ❑ Clarification（说明）。
- ❑ Open（开放）。
- ❑ Closed（关闭）。
- ❑ On Hold（搁置）。

经过讨论，大家都认同如下概念：Pending Discussion（未决的讨论事项）指的是那些状态为 Open（开放）或 On Hold（搁置）的讨论事项。

于是，我们在 DDDML 中可以使用一个派生属性（Derived Property）来描述这个概念，示例如下：

```
aggregates:
    Mom:
        id:
            name: MomId
            type: id
        properties:
            DiscussionDetails:
                itemType: DiscussionDetail
            # -------- 注意这里 --------
            PendingDiscussionDetails:
                itemType: DiscussionDetail
                # isDerived: ture
                # filter is also a type of derivation logic
                filter:
                    Java: d -> d.getStatusId()=="OPEN" || d.getStatusId()==
                        "ON_HOLD"
            # …

        entities:
            DiscussionDetail:
                id:
                    name: LineNumber
                    type: number
                properties:
                    StatusId:
                        type: id
```

在这个建模的过程中，我们更多关注的是领域中的知识和概念，而不是 UI 层面的问题。但是根据上面的 DDDML 文档，我们不仅可以生成后端的业务逻辑代码，还可以直接在前端的 Admin UI 上呈现如下界面效果：在一个“会议记录（MoM）详情”页面中，我们可以使用两个 Tab（标签页）组件。一个 Tab 的标签是“ Discussion Details”，它呈现所有的讨论事项；另一个 Tab 的标签是“ Pending Discussion Details”，只呈现那些“未决的讨论事项”。

要实现上面的功能，某些基于关系模型的应用开发框架可能得大费周章，而我们只需要在 DDDML 中写四行代码（PendingDiscussionDetails 结点），而且凸显了领域概念。

14.2.3 使用属性层面的约束

在后端提供给前端的领域模型元数据（JSON/DDDML）中，可能包含对象属性的约束（constraints）信息。比如，某个实体可能有个属性叫作 email，前端应用可以拿到这个属性的元数据（JSON 代码片段）：

```
{
    "email": {
        "type": "string",
        "constraints": [
            "Email"
        ]
    }
}
```

另外一个例子，前端可能得知某个实体的 ID 是按如下方式定义的（JSON 代码片段）：

```
{
    "id": {
        "name": "locatorId",
        "type": "string",
        "constraints": [
            "numericDashAlphabetic"
        ]
    }
}
```

前端还可以从后端提供的领域模型元数据（JSON/DDDML）中获得在限界上下文配置（/configuration 结点）中定义的字符串模式：

```
{
    "configuration": {
        "boundedContextName": "Dddml.Wms",
        "namedStringPatterns": {
            "numericDashAlphabetic": "^[0-9][A-Za-z0-9-]*"
        }
    }
}
```

Email 地址的正确格式是大家都知道的，所以可以不用在上面的代码 namedStringPatterns 结点中定义它的字符串模式。

有了这些关于属性约束的领域模型元数据，Admin UI 在用户输入属性值的时候，就可以利用它们在前端直接执行校验，第一时间提示用户输入正确或错误了。

14.2.4　使用 UI 层元数据

当然，仅仅依赖于领域模型元数据来生成 Admin UI 还是具有很大的局限性的。因为默认情况下生成的 UI，对于某个对象类型，往往只能简单地绑定到某种默认的 UI 组件上，而前端的 UI 组件可能是非常丰富多彩的。

比如，对于一个 LocalDateTime 类型，前端可以使用不同的 UI 组件来展示和编辑。比如，可以给用户提供一个简单的纯文本的输入框，也可以给用户提供一个复杂的“日期时间选择器”（DateTime Picker）——所以，我们需要使用 UI 层元数据来“告诉”前端应用我们想要使用什么样的 UI 组件。

又比如，对于聚合内部的（非聚合根）实体，Admin UI 的默认展示方式可能是：在该实体的上一级实体的“详情页”中嵌入一个 Tab（标签页），在 Tab 中使用一个 Table（表格）组件来展示这个实体的实例集合。这是一个比较通用的 UI 展示方案，但是某些时候我们可能想要更简洁的解决方案，下面就是一个例子。

假设，有这样一个 YAML/DDDML 文档：

```
aggregates:
    Term:
        id:
            name: TermId
            type: string
        properties:
            # …
            Tags:
                itemType: TermTag
        entities:
            # ----------------------------
            TermTag:
                id:
                    name: TagId
                    type: string
                    referenceType: Tag
                properties:
                    SequenceNumber:
                        type: int
    # ----------------------------
    Tag:
        id:
            name: TagId
            type: string
```

```
        properties:
            Name:
                type: string
                length: 64
```

上面展示的 DDDML 代码描述的是：

- 有一个 Term 聚合。聚合根 Term 有一个名为 Tags 的属性，其类型为实体 TermTag 的集合（itemType: TermTag）。
- TermTag 是 Term 聚合内部的实体。
- Tag 是另外一个聚合的聚合根。

像 TermTag 这样用于表示实体之间多对多关系的简单“关联实体”其实很常见。在 Admin UI 上，也许我们希望使用一个轻量级的标签组件来对 Term.Tags 属性进行展示和编辑，而不是使用默认的重量级的表格组件。这里所说的标签组件如图 14-2 所示。

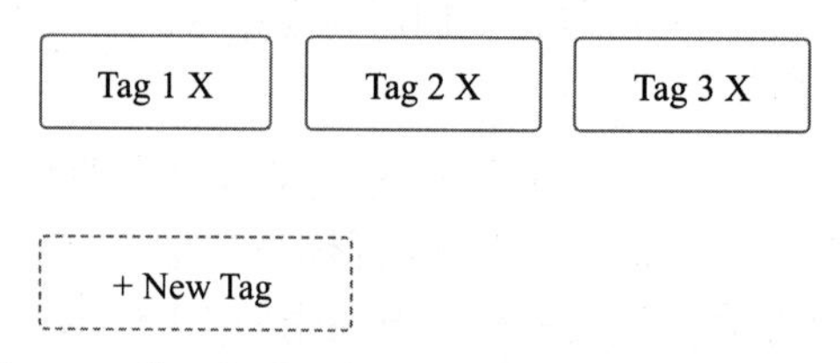

图 14-2 使用标签组件展示实体之间的多对多关系

那么，对于这个例子，我们需要在前端的 UI 层元数据中声明一些信息，比如：

- 在关联实体（这里是 TermTag）中，用于确定其在 UI 上的展示顺序的属性是哪一个（这里很可能是 SequenceNumber）。
- 显示在标签组件上的文本应该取自被引用实体（这里是 Tag）的哪个属性（这里可能是 Name）。

14.2.5 构建更实时的应用

需要说明的是，这一节记录的是我们想做但是还没做好的事情——为了提升工具生成的 Admin UI 的用户体验我们应该做的事情。

我们考虑过这样的问题：用户在 Admin UI 应用中创建（或修改）一个实体时，HTTP 请求被发送到服务端，这个请求是一个“命令”。前文展示过的 DDDML 工具生成的 RESTful API 服务端在处理完“命令”之后，并不会将实体的最新状态返回给客户端，那么，客户端如果想要准确地知道实体的真实状态，需要再次向服务端发送 GET 请求。

我们可能需要修改代码生成工具，生成比前一章所展示的更复杂的 RESTful API 层的实现代码，可能还需要考虑生成服务端推送（Server-Push）相关的代码。

比如，如果客户端使用 HTTP POST 方法请求创建一个聚合根的实例，之前展示的 RESTful API 服务端代码的做法是：在成功处理客户端请求后，返回的 HTTP 状态码是

“201 Created”，响应不包括消息体。其实我们可以考虑让服务端返回 HTTP 状态码“200 OK”，表示请求已成功处理，同时在响应消息体中返回聚合根的 ID 以及它在服务端的最新状态。或者，服务端可以考虑先直接返回 HTTP 状态码“202 Accepted”，然后以异步的方式处理客户端请求，在聚合根创建完成之后，使用服务端推送机制将所创建的聚合根的状态推送给客户端。

甚至，在客户端当前 UI 上显示的实体实例其服务端的状态被其他客户端修改之后，最新状态应该被服务端直接推送到当前客户端。在不同的业务场景下，客户端此时选择的处理策略可能不同，比如，可能直接覆盖当前 UI 上显示的实体的状态信息，或者弹出窗口询问用户，经用户确认后忽略或覆盖当前 UI 上显示的实体的状态信息，等等。

第四部分 Part 04

建模漫谈与 DDD 随想

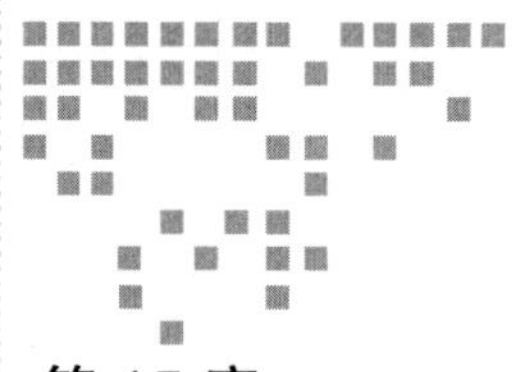

Chapter 15 第 15 章

找回敏捷的软件设计

我们当然是拥护“敏捷软件开发宣言”的价值观的：

个体和互动　高于　流程和工具

工作的软件　高于　详尽的文档

客户合作　高于　合同谈判

响应变化　高于　遵循计划

也就是说，尽管右项有其价值，

我们更重视左项的价值。

但是，现在敏捷好像已经快要变成贬义词了。

敏捷开发到底出了什么问题？也许是因为太多“敏捷”团队在开发软件的时候，过早地开始编码？

毕竟，回到二十多年前，软件工程界的主流思想是：先做出深思熟虑的良好设计。具体的做法是推迟编码、推迟编码、再推迟编码，让设计阶段在软件开发周期中所占比例尽可能大，大家认为这有助于提高软件开发项目的成功率。

注意　这里的设计不是程序设计语言的“设计”。它指的是软件设计，也就是在程序员编码之前应该进行的需求分析、领域建模以及产品定义等软件开发活动。这里把需求分析也作为设计工作的一部分，毕竟，笔者赞成 DDD 创始人 Eric Evans 的观点，分析和设计不应割裂，“(分析）模型在构建时就应考虑到软件实现和设计”。

多年以前我读过《最后期限》[⊖]，其故事梗概是一个团队把开始编码的时间延后、延后、

⊖ 汤姆·迪马可. 最后期限. 清华大学出版社, 2002. 见 https://book.douban.com/subject/1231972/。

再延后，于是好产品就诞生了。

注意，人家只是主张把开始编码的时间延后，不是说开发人员在设计阶段应该无所事事——开发人员也应该参与设计。这不是没有道理的，因为软件开发越往后进行，改变设计需要付出的代价就越大。

但是这样的重度设计做过头之后可能会导致分析瘫痪，特别是对那些系统分析能力无法匹配需要解决的领域复杂性的软件开发团队而言。也就是说，大家在设计阶段可能会身陷领域的复杂性中，越是分析越是觉得“我们还没有分析清楚”，越分析越畏惧动手开始编码。其实这时候，不管三七二十一，先开始编码再说可能更好，也许“做着做着一切就都清楚了”——很多时候，条条大路通罗马，此路不通（其实未必不通），也许换条路就通了（其实可能是其他的路“也通”）。

设计免不了要写文档，大概是因为开发人员都讨厌写文档吧，于是敏捷渐成潮流。我们看到很多这样的“敏捷”团队：预期两个月的开发项目（当然一开始的时候工期也只能是粗略估算），产品人员花了不到一个星期去做产品设计——好着急，因为客户等着呢，领导等着呢，程序员们都等着呢。产品设计的结果无非是几个流程图与一堆 UI 原型，除此之外可能什么都没有。大家对这些文档走过场式地评审完之后，就开始进入编码阶段。经常是程序员写着写着觉得不对劲，反过来找产品人员，而产品人员则可能质问：“当初评审你们怎么不说？”……几番相爱相杀之后代码终于勉强成功上线，大家心知肚明肩上的技术债又加重了一吨。

对于这样的团队，可能需要适时地开一下历史的倒车，放下“不尽快开始编码项目就延期了”的恐惧，让更多的人参与到需求分析与软件设计中去。毕竟，不管是瀑布还是敏捷都不能改变：软件开发越到后期，修改设计的成本越高。

越是复杂的软件，背后越需要有“反映对领域深度认知的模型”作为支撑。不管这个模型是一开始精心设计出来的，还是通过重构代码逐步演进出来的。问题是，一个反映对领域深度认知的模型真的总是可以通过重构在代码中逐步呈现出来吗？我想，现实世界中往往并非如此。

15.1　重构不是万能灵药

对于一个已经在运行的系统，如果没有资源可以支持彻底重写（重新造一个），那么，补上自动化测试（保证对最终用户呈现的功能不变），然后重构（小幅、多次地修改代码），恐怕确实是改进软件质量唯一切实可行的方法。

有些不缺资源的团队，背地里重写了整个系统，然后对外吹嘘他们完成了多么了不起的“重构”壮举，说他们工作的难度堪比“给行驶中的汽车换轮子”，甚至是“给飞行中的飞机换发动机”——鉴于这种事情好像大家都没有见过，所以“你懂的”……

一味重构往往不足以挽救那些“身患重症、垂死挣扎”的代码。中医开方讲究“君臣佐使”，很多敏捷的实践方法不应该是孤立的，需要相互成全。在笔者看来，能称之为文档的代码，是那些经过精心编写的测试代码，最好是像 BDD 工具 Cucumber[1]使用的 Gherkin[2]文档那样以自然语言编写的“实例化需求”——它们是文档，也是需要频繁运行的测试代码的组成部分。

在软件开发的敏捷运动中，我们确实发明了更多的工具，让程序员可以通过写代码——特别使用业务人员也有望看懂的 DSL 编写的代码，参与到软件设计中去。

但是那些可以称之为文档的代码在现实中其实并不多见，这对开发人员系统分析和建模能力是有要求的。代码即文档，就是把软件设计的责任更多地放到开发工程师或者测试开发工程师身上，这实际上是变相地保证整个团队在软件设计上的投入。这同二十多年前大家主张“推迟编码”以给软件的设计阶段留出更多时间根本就是异曲同工。

很多开发人员赞成代码即文档，不仅仅是因为讨厌写文档，而是讨厌软件设计的劳心费力。毕竟，代码即文档不等于没有文档啊！再怎么讨厌文案工作，也不应该轻视系统分析、领域建模。领域模型从来不是固定的一种或几种格式的文档，而是文档“想要去传达的那个思想”。你确实可以用代码表达你的设计思想，但是当你需要和开发人员之外的其他人交流设计思想时，代码，特别是以通用编程语言编写的代码，往往具有很大的局限性。

敏捷宣言主张“工作的软件胜过面面俱到的文档”，“响应变化高于遵循计划”。有些“敏捷”软件开发团队以为：减少文案工作有助于早日开发出可以工作的软件。

更有人声称要避免过度设计，却说不清楚“过度”的“度”在哪里。他们说，以 KISS（Keep it simple stupid）开始的软件可以通过响应变化达到幸福的彼岸。在笔者看来，很多时候，这不过是懒惰的借口。很多软件，第一次设计如果做不到 90 分以上，那么在面对随后频发的“变化”时，可能连挽救的价值都没有。

很多软件的设计决策需要从一开始就做对，超前的设计是必要和重要的。我们可以看一个与订单的装运、支付相关的数据模型设计示例。

15.2 数据建模示例：订单的装运与支付

假设你现在身处一个软件外包公司，你是一个软件开发团队的首席——这个团队的所有重要决策都是你说了算。这一次，你们要做的是一个电商 App 的开发项目。甲方说他要的“其实很简单”，就模仿某电商 App 来做就行。你们领导拍着胸脯保证两个星期后交付。

时间如此紧迫，你决定从 KISS 开始。于是你打开了手机上的某个购物 App，如图 15-1 所示。

---

[1] BDD Testing & Collaboration Tools for Teams | Cucumber, https://cucumber.io。

[2] Gherkin Syntax, https://cucumber.io/docs/gherkin/。

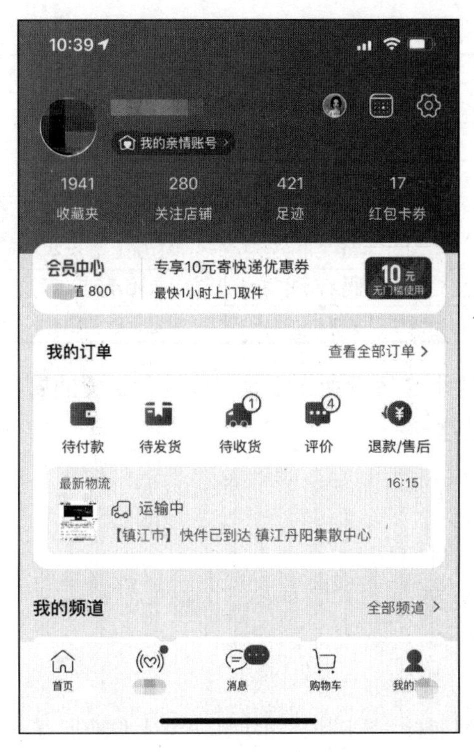

图 15-1　某电商 App“我的”界面

App 里“我的”页面中，“我的订单”被分成了如下类别：

- 待付款
- 待发货
- 待收货
- （待）评价
- 退款 / 售后

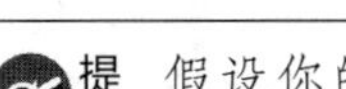
提示　假设你的团队并不熟悉 DDD，所以在下文的讨论中不会使用 DDD 特有的概念和术语。

你打算就从这里开始“借鉴”，设计与订单相关的数据模型。作为开发团队的首席，你是这么决定的……

15.2.1　订单与订单行项

你认为，订单的职责是记录客户订购了什么东西（也就是“产品”）。

一个订单可能有多个行项，表示在这个订单中，客户订购了什么东西，以及多少数量。

比如，张三可能下了两个订单，两个订单的信息如表 15-1 所示。

表 15-1 订单与订单行项

Order（订单）	OrderItemSeqId（订单行项序号）	Product	订单行项数量
19033101（张三的订单）	1-I01	iPhone XR 手机	2
	1-I02	火爆小酒	1
	1-I03	星爸爸猫爪杯	1
19033102（张三的订单）	2-I01	DELL 显示器	1
	2-I02	火爆小酒	4
	2-I03	星爸爸猫爪杯	2

然后，你决定给订单这个实体增加几个物流和支付相关的属性。

现在，Order 的属性是这样的：

- OrderId：订单的 ID。
- IsPaid：是否已支付。
- PaymentNumber：支付编号。
- IsShipped：是否已发运。
- IsReceipted：客户是否已收货。
- ShipmentNumber：发货单编号。

你觉得设计的订单模型如此清晰明了，你都快爱上你自己了……

两个星期后，系统开发测试完毕。你的团队对自己编写的代码的质量有十二分的自信，它们都遵循互联网大厂 Google 使用的代码规范。你们交付的 App 也满足了甲方提出的全部需求。你甚至相信甲方用了它以后，分分钟可以在电商行业独占鳌头，三年纳斯达克上市，走上人生巅峰。

然后，你们拿着系统到甲方公司做演示。

看了你们的演示，甲方仓储部门的人提出问题：

客户下的订单，并不总是能够一次性地把订单中的所有东西都发货给客户的。也许因为没有货，也许因为要发货的时候发现仓库里的货已经损坏了，比如屋顶漏水、被雨淋坏了。碰到这样的情况，我们一般会跟客户商量，很多时候，我们是需要先把一部分产品发给客户的。

听了这个说法，你感觉事情好像有点不妙。

你们领导也参加了会议，他对你说："把这个需求记录下来，回去马上改！"

这时，甲方市场部门的人发话：

能不能加个储值功能？我们的客户可以先充值（充值到储值账户），然后用储值账户里的钱消费。一个订单，如果储值账户的钱不够，那么可以部分使用储值账户支付，部分使用支付宝或者微信支付。对了，做个积分兑换功能应该也很简单吧？每 100 个积分能抵一块钱。还有，应该让我们可以对一个商品设置积分最多能够抵扣多少钱。

你们领导说："这个事情很简单，一两天我们就能搞定。"

你的后背开始流汗，你知道这个事情一点都不简单……

难熬的会议终于开完了。会后你找到领导，告诉他会议上客户提出的需求你们最少需要做两个月。他听后暴跳如雷，他本来还指望你们一个星期内搞定，好跟甲方要剩下的钱。现在你居然说最少还要两个月？？

你很委屈："这么多需求，比我们预想的复杂太多，系统几乎要推翻了重做，你找谁来也不可能一两个星期内做完。"

领导很生气，甚至开始怀疑你在讹他："谁来也不可能？我给你们找个'外脑'，给你们参谋参谋，你们一起来做这个事情。"

人脉资源丰富的领导立马抓起电话，请来了一个贤者（Smart Guy，司马盖）。

贤者听了你们的故事，捻须微笑，他说："其实，你们是可以抄作业的。这样吧，我给你们介绍一下别人做过的模型。"

下面进入贤者时间（以下的话都是贤者说的）。

让我们先从订单发货说起。

15.2.2　订单与订单装运组

一个订单可以分多次发货（Ship），从而形成多个订单装运组（OrderShipGroup）。也就是说，"订单"和"订单装运组"实体是一对多的关系。

订单装运组的 ID 由两部分组成，OrderId 以及 OrderShipGroupSeqId（订单装运组序号）。我们使用订单装运组序号来标识"订单的一次发货"。

就像订单有行项，订单装运组也有自己的行项，我们就叫它 OrderItemShip-GroupAssociation（订单行项与装运组关联）吧，它的 ID 由三部分组成：OrderId、OrderShipGroupSeqId、OrderItemSeqId（订单行项序号）。

像前面张三的两个订单，可能需要做一个发货计划，具体见表 15-2。

表 15-2　订单与订单装运组

<table>
<tr><th colspan="3">OrderItemShipGroupAssociation Id.
（订单行项与装运组关联 Id.）</th><th rowspan="2">OrderItem ShipGroup Association Quantity
（或剩余数量）</th><th rowspan="2">备注 / 说明</th></tr>
<tr><th>Order
（订单）</th><th>OrderShipGroup
（订单装运组）</th><th>订单行项序号（产品）</th></tr>
<tr><td rowspan="3">19033101
（张三的订单）</td><td rowspan="2">SG-1-1
（订单第 1 次发货）</td><td>1-I01（iPhone XR 手机）</td><td>2</td><td rowspan="2"><- 这些有货先发</td></tr>
<tr><td>1-I03（星爸爸猫爪杯）</td><td>1</td></tr>
<tr><td>（待定）</td><td>1-I02（火爆小酒）</td><td>（1）</td><td><- 这些先不发</td></tr>
<tr><td rowspan="4">19033102
（张三的订单）</td><td rowspan="2">SG-2-1
（订单第 1 次发货）</td><td>2-I01（DELL 显示器）</td><td>1</td><td></td></tr>
<tr><td>2-I03（星爸爸猫爪杯）</td><td>1</td><td></td></tr>
<tr><td rowspan="2">（待定）</td><td>2-I02（火爆小酒）</td><td>（4）</td><td><- 这些先不发</td></tr>
<tr><td>2-I03（星爸爸猫爪杯）</td><td>（1）</td><td><- 这些先不发</td></tr>
</table>

对了，订单装运组存在的意义，还有利于按库存情况进行库存保留、备货、拣货等操作。这些业务流程的信息，可以考虑记录在 OrderShipGroup 及 OrderItemShipGroupAssociation 实体中。

既然，这两个订单都是张三的，收货地址都一样，为什么我们不一次性发给张三呢？

显然，我们完全应该支持把多个订单 / 订单装运组的发货需求合并到一个装运单（Shipment），提高作业效率、节约资源。

15.2.3 订单与装运单

一个订单可以多次发货，一个装运单（Shipment）又可以装运多个订单 / 订单装运组的“货”。

于是，“订单装运组”和“装运单”是多对多的关系，自然订单和装运单之间也是多对多的关系。

比如，我们可以把上面两个“订单装运组”的东西，一次性发给客户张三，从而形成一次装运（Shipment），如表 15-3 所示。

表 15-3 订单与装运单

Shipment（装运单）	Shipment Item SeqId（装运行项序号）	装运行项数量	OrderItemShipGroupAssociation（订单行项与装运组关联）	
			订单 / 订单装运组 / 订单行项（产品）	OrderItem ShipGroup Association Quantity
S1903310037（发给张三的装运单）	SI01	2	19033101 / SG-1-1 / 1-I01(iPhone XR 手机)	2
	SI02	2	19033101 / SG-1-1 / 1-I03（星爸爸猫爪杯）	1
			19033102 / SG-2-1 / 2-I03（星爸爸猫爪杯）	1
	SI03	1	19033102 / SG-2-1 / 2-I01（DELL 显示器）	1

如上所述，订单与装运单之间既然是一个“多对多”的关系，那么对于关系模型来说，这需要一个中间的关联实体（数据表）。那么，这个关联实体怎么设计？

我们是不是可以给 OrderItemShipGroupAssociation 增加两个属性：ShipmentId 和 ShipmentItemSeqId 属性，让它作为订单行项与装运行项之间的关联实体？

另外，OrderItemShipGroupAssociation（订单行项与装运组关联）的数量，其实是个“计划发货数量”，那么，实际的发货数量又记录在哪里？是否要在 OrderItemShipGroupAssociation 里面增加一个“发货数量”属性，用于记录实际发货数量？

还有，我们是不是要考虑一下是否存在订单不存在对应的“装运单”，只是需要记录订单的发货信息这样的情况？

这些信息都保存在 OrderItemShipGroupAssociation 中，这个实体承担的职责是不是有点多了？干脆，我们再增加一个实体吧？

15.2.4　订单的项目发货

于是我们增加了一个独立的实体，叫 ItemIssuance（项目发货）。

这里假设我们没有为 ItemIssuance 选择使用组合 ID（组合主键），它有一个单列的 ID（主键）。

除了这个 ID 之外，ItemIssuance 实体还包括如下属性：

- OrderId：订单 ID（订单号）。
- OrderShipGroupSeqId：订单装运组序号。
- OrderItemSeqId：订单行项序号。
- ShipmentId：装运单 ID。
- ShipmentItemSeqId：装运单行项序号。
- Quantity：（实际的）发货数量。

上面所列的前三个属性，指向（Reference）OrderItemShipGroupAssociation；属性 ShipmentId 与 ShipmentItemSeqId 指向装运行项。

ItemIssuance 是处于装运单与订单之间的关联实体，如表 15-4 所示。

表 15-4　装运单与订单之间的关联实体（1）

Shipment（装运单）	Shipment Item	装运行项数量	ItemIssuance		OrderItemShipGroupAssociation（订单行项与装运组关联）	
			Id.	发货数量	订单 / 订单装运组 / 订单行项（产品）	OrderItem ShipGroup Association Quantity
S1903310037（发给张三）	SI01	2	IS0001	2	19033101 / SG-1-1 / 1-I01(iPhone XR 手机)	2
	SI02	2	IS0002	1	19033101 / SG-1-1 / 1-I03（星爸爸猫爪杯）	1
			IS0003	1	19033102 / SG-2-1 / 2-I03（星爸爸猫爪杯）	1
	SI03	1	IS0004	1	19033102 / SG-2-1 / 2-I01（DELL 显示器）	1

没有使用组合主键，ItemIssuance 使用起来会更灵活一些。比如像表 15-5，很容易将上一个表格的第一行拆成两行。

表 15-5　装运单与订单之间的关联实体（2）

Shipment / Shipment Item	装运行项数量	ItemIssuance			OrderItemShipGroupAssociation（订单行项与装运组关联）	
		Id.	发货数量	发货详情	订单 / 订单装运组 / 订单行项（产品）	OrderItem ShipGroup Association Quantity
S1903310037 / SI01	2	IS0001-1	1	SN：XX01XXXX	19033101 / SG-1-1 / 1-I01（iPhone XR 手机）	2
		IS0001-2	1	SN：XX02XYYY		

（续）

Shipment / Shipment Item	装运行项数量	ItemIssuance			OrderItemShipGroupAssociation（订单行项与装运组关联）	
		Id.	发货数量	发货详情	订单 / 订单装运组 / 订单行项（产品）	OrderItem ShipGroup Association Quantity
S1903310037 / SI01	2	IS0002	1		19033101 / SG-1-1 / 1-I03（星爸爸猫爪杯）	1
		IS0003	1		19033102 / SG-2-1 / 2-I03（星爸爸猫爪杯）	1
S1903310037 / SI01	1	IS0004	1		19033102 / SG-2-1 / 2-I01（DELL 显示器）	1

如表 15-5 所示，我们可在 ItemIssuance 这个实体中记录更多的实际“发货详情”信息，比如发出的产品的序列号（Serial Number，即 SN）。

至此，我们已经构建了与订单装运（发货）相关的数据模型。

可以认为，订单本身其实是没有“发货状态”的。它的发货状态，是从其他实体（Shipment 等）的状态计算（派生）出来的。当然，从效率角度考虑，有些派生的状态计算出来之后可以缓存起来。

一个订单可能既处于“待发货”的状态，同时也处于“已发货（待收货）”的状态。

我们应该可以想象到，这样的模型可以很好地支持如下业务操作：订单的一部分产品使用企业自有的库存来发货，另一部分产品由供应商“一件代发”。

聪明如你们，可能已经看出来了，上面的数据模型实际上是从开源项目 Apache OFBiz 借鉴而来的。

搞定了物流的问题，我们再来看看资金流的问题。

15.2.5 订单的支付

订单支付相关的数据模型，我们也可以看看 OFBiz 是怎样设计的：

- Invoice 表示“付款请求”。有时称之为发票也无妨，但是这里不要把 Invoice 单纯地理解成我们拿来报销、抵税的那个发票，具体请看看 Invoice 词条的英文解释。
- Invoice 和订单之间是多对多的关系。可以使用 OrderItemBilling（订单行项计费）表示 Invoice 和 Order 相关实体之间的多对多关系。除了 OrderItemBilling 实体以外，还有其他“计费”（Billing）实体，比如 ShipmentItemBilling（装运项计费）实体。
- Invoice（请求付款）并不一定会形成真正的付款（Payment）。付款请求的款项不一定一次就付完；或者，付款时可以一次付多个付款请求的款项。所以，付款本身需要使用独立的实体（Payment）来表示。
- 引入 PaymentApplication 实体，用于表示实际付款（Payment）和付款请求（Invoice）

之间的多对多关系。

在“简单”的情形下，“订单”和“付款请求”及“Payment”之间，可能是一一对应的关系。但稍微多想一下就可能会意识到，订单、账单、付款，显然有时候它们不是一一对应、严丝合缝的：

- 我（客户）要买某商品、要买多少，这是订单。
- 你把账单给我，要我付款，这是付款请求。
- 付款是 Payment。我先付一部分行不行？我一次付多个账单行不行？一般情况来说，当然可以。谁会有钱不收吗？

订单和支付的关系，对比订单和装运（物流单据）的关系，其实是有相似的地方的。就像订单的物流状态不是订单本身的状态一样，订单本身没有支付状态属性。如果一定说有，那么它的支付状态只能算是一个派生状态，是从其他实体的状态计算（派生）出来的。

如果我们按照这个模型来开发，假设一个订单已支付，那么其实表示：

- 通过相关的计费（XxxxBilling）实体，可以找到该订单关联的付款请求。
- 这些付款请求关联着已完成的付款记录，且 Payment 通过 PaymentApplication 分配到付款请求的实际付款金额已经等于（或大于）付款请求的应付金额。

和订单的发货状态类似，一个订单完全有可能处于未支付与已支付的中间状态——也就是部分支付的状态。

考虑一下现实存在的组合支付需求：我们可能需要支持客户使用（在我们的电商系统中的）储值账户的余额进行支付，当余额不足的时候，可以使用支付宝或者微信支付另一部分款项。我们还可能使用积分这样的虚拟货币来支付（抵扣）部分款项。

我们的电商系统和支付宝、微信支付之间不可能使用数据库事务来保证一致性，所以出现不一致的中间状态不可避免，上面的模型也可以很好地支持最终一致性的实现……

大家可能会问：在项目初期，费心巴力地去构建一个如此“复杂”的模型，有什么好处？

回头看看一开始的简单设计，我们试图在 Order 中使用几个属性来搞定一切：

- IsPaid：是否已支付。
- IsShipped：是否已发运。
- IsReceipted：是否已收货。

对比后来我们可能需要增加的实体、引入的概念（表 15-6 仅列出部分），我们可以问问自己：如果我们面对的领域的现实就是如此复杂，如果我们只是“简单地”开始编码，然后随着业务发展，被动地响应客户提出的需求，我们有多大的可能性通过重构得到这样一个反映对领域深度认知的模型？这样的模型虽然复杂但仍然清晰、合理、具备良好的概念完整性。这里说的“得到这样一个……模型”的意思，不仅仅是“大家知道模型应该是什么样的”、把模型记录在文档中就完事，而是要保证开发人员重构出来的代码和这个模型之间存在清晰的映射关系。

表 15-6 增加的实体和引入的概念

术语（英文，代码中使用）	解释（中文）
OrderShipGroup	订单装运组
OrderShipGroupSeqId	订单装运组序号
OrderItemShipGroupAssociation	订单行项与装运组关联（可以理解为订单装运组的行项）
Shipment	装运单
ShipmentItem	装运单行项
ShipmentItemSeqId	装运单行项序号
ItemIssuance	（订单的）项目发货
Invoice	付款请求（发票）
{Xxxx}Billing	{ 各种 } 计费
Payment	支付
PaymentApplication	支付应用（支付分配）

理论上这是可能的，但是，大概是我孤陋寡闻，目前还没见过这样的事情发生。

我们是不是可以一直保持简单？这取决于领域。有时候，领域的现实就是复杂的。具体需要结合领域的现实来判断。

简单和复杂是相对的，不知道什么是复杂，怎么知道如何保持简单？

我见过经过数年演进、有 800 多张表的电商系统——如果以合理的模型实现，大概 300 张表就可以实现同样的功能需求，并且系统会更健壮、更具可扩展性——维护这样的“祖传代码”对开发人员来说简直是一场噩梦。这样的系统，代码即使能重构，整个模型也应该被预先、精心、重新设计，然后把设计结果放在团队所有人都能看到的地方，并以此作为一个目标（立个 flag），每一步重构都应该朝着这个目标前进。

很多时候，要获得一个良好的模型，并不一定需要先被现实打得鼻青脸肿，要做的只是预先学习。我的个人看法是，不管是 B to b 还是 b to C，天底下所有的公司其实都是差不多的。以为自己业务很特别的、值得从零开始去“定制开发”软件的，大多数时候，其实只是自己“看得少”和“想得少”。

很多团队声称的 KISS，不过是偷懒的借口。如果项目不死，总有一天团队需要为前面的潦草、Simple、Naive 和 Stupid 埋单。

Keep it simple, smart！阅尽世间繁华，才有资格说自己真心喜欢坐在旋转木马上的简单快乐。

以上，是贤者司马盖的话。

15.3 中台是一个轮回

多年以前，当我们开发 ERP 这样的大型业务软件时，致力于在一个很大的范围内维护概念完整性。一个未经定制的 ERP 软件（所谓的标准版）在安装之后，数据库中有七八百张表（意味着几乎同样数量的实体）稀松平常。也就是说，有七八百个实体处于同一个限界上下文内。

有些 ERP 软件在这样一个巨大的限界上下文内仍然很好地维护了概念完整性，这实在让人叹服。那么多的对象，那么多的对象与对象之间的关系，那么多的概念，名词、动词、形容词，光是命名，就是一项了不起的成就。

实现这样规模的概念完整性很了不起，破坏它们却很容易。一套 ERP 实施下来，数据库里面可能又多了几十甚至几百张表，其中使用的命名可能千奇百怪。那些 ERP 实施顾问与 ERP 开发工程师们，大多数人都对维护概念完整性这个事情缺乏兴趣与动力。

把那些辣眼睛的“定制”代码和漂亮的“产品”代码放在一起实在是大煞风景，而且，我们总不能让单体系统无限长大（“机器受不了”），于是我们又一次祭起“分而治之”大法，像 SOA（面向服务的架构）这样的软件组件化技术给我们提供了拆分的工具。在概念上，我们把一个大的限界上下文按照领域拆分成几个相对来说小一些的限界上下文；在物理上，我们把一个大的单体应用软件拆分成若干服务组件。一般来说，我们会让软件组件的物理边界和限界上下文的概念边界基本对齐，一个限界上下文对应一个或少数两三个可以独立部署的服务项目，服务项目中包含了限界上下文的核心业务逻辑的实现代码。开发人员在工作的时候，只需要在 IDE 上打开一个服务项目的代码，在这个项目 / 上下文的边界内思考问题。服务组件的物理边界给服务之间的调用增加了障碍，促使开发人员简化对象之间的关系，编写更高内聚、更低耦合的代码。当服务组件不多的时候，构建防腐层的工作量也不会很大，我们只需要小心地处理组件之间的集成代码就好。这些都有利于维护每个限界上下文的概念完整性。

但是，技术人员实在是太爱“分而治之”了，MSA（微服务架构）的出现就是证明。我们看到的很多微服务真的很“微”，几乎是一个 DDD 的聚合就对应着一个可以独立部署的微服务。这样的服务单靠“自己”是做不了太多事情的，为了对外部客户提供有意义的服务，它往往还需要调用其他的微服务。MSA 技术基础设施的发展也为服务之间的调用提供了更多的便利，跨越微服务的边界变成了常态，区分“同一个上下文内的服务调用”与“上下文之间的防腐层”需要开发人员保持头脑的清醒，限界上下文的概念边界与微服务的物理边界往往很难保持对齐，这些必然会增加维护每个限界上下文的概念完整性的难度。

既然维护一个个独立的限界上下文的概念完整性变得越来越难，那么，干脆我们将它们重新融合在一起吧？将它们融合为一个大大的限界上下文，在这个上下文内维护概念完整性，这就是所谓的企业级业务架构。鉴于“企业级”这个概念不够时髦，于是给它取了一个新名字：“中台”。

注意，这里说的“融合”是指概念上的融合。当然，也许会在中台中使用一些“新”的组件化技术，但是为了更好地服务客户，中台必然需要打破软件组件之间的物理边界，在一个更大的上下文内维护概念的完整性。想要获得企业级的大和谐，难度不会因为采用某种拆分物理组件的“新技术”而降低，因为领域的范围就在那里。并不是说建设中台的理念毫无意义，最少对于使用中台的客户来说，不需要理解不同上下文之间的概念的差异，免去了对不同上下文的概念进行转换的麻烦，这不是挺美好的事儿吗？

软件工程是妥协的艺术，是中庸之道。要不要中台、要多大的中台，不管企业大小，都应该结合自身的业务目标以及拥有的资源，在“维护更大范围的概念完整性”与“维护更多的防腐层代码”之间做出平衡。

15.4 实例化需求与行为驱动测试

开发软件要做的第一件事情，就是定义产品，也就是搞清楚“客户想要的是什么东西”。这个时候，实例化需求（Specification by Example）是一个你应该拥有的强大工具。

实例化需求的理念因 2012 年 Jolt 大奖图书 *Specification by Example: How Successful Teams Deliver the Right Software*[1]的推介而在软件业界广为人知。

15.4.1 什么是实例化需求

什么是实例化需求？这里的解释引用自 InfoQ.cn 上的文章“《实例化需求》采访与书评”（中文翻译版）[2]：

> 实例化需求是一组软件开发过程模式，可以确保有效地交付正确的产品，协助软件产品的变更。这里所说的正确的产品，指的是该软件能满足用户提出的商业需求，或能达成预定的商业目标；同时它要具备一定的灵活性，未来能以相对平稳的投入接受后续改进。

《实例化需求》的作者 Gojko Adzic 在书中详细描述了该过程的多个步骤：

1）从目标中获取范围。

2）从协作中制订需求说明。

3）用实例进行描述。

4）精炼需求说明。

5）自动化验证，无须改变需求说明。需求说明以自然语言表达，并且在此前提下可以用自动化的测试来验证它。

6）频繁验证。

7）演进出一个活文档系统。

通过这些步骤，我们可以获得准确的需求并将其转化成一份活文档。活文档是实例化需求的最终产物。所谓的活文档，指的是这些文档实时追踪着系统的功能，准确地描述了系统当前的行为。这些文档是验收测试（Acceptance Test）代码的一部分——你可以理解为“文档即代码”，通过频繁执行这些测试，我们可以确信这些文档是“活”的。

---

[1] Gojko Adzic. *Specification by Example: How Successful Teams Deliver the Right Software.* Manning Publications, June 2011. 见 https://www.amazon.com/Specification-Example-Successful-Deliver-Software/dp/1617290084。

[2] 见 https://www.infoq.cn/article/specification-by-example-book/。

15.4.2　BDD 工具

实例化需求有时又被称为 BDD（Behavior-Driven Developement，行为驱动开发），虽然 Gojko Adzic 本人认为 BDD 是一个还没有精确定义的方法论。如果我们想了解有哪些工具可以帮助我们实践实例化需求，可以用 BDD 作为关键字进行搜索。

1. Cucumber

Cucumber[㊀]是一个老牌的 BDD 软件工具。Cucumber 会读取以纯文本编写的可执行的需求说明，并验证软件的行为是否恰如需求说明所言。

可以被 Cucumber 验证的需求说明一般使用一种被称为 Gherkin 的 DSL 来编写。以下是一个使用 Gherkin 编写的计算器的需求示例：

```
Feature: 计算器
    作为一个数学不好的人，
    为了避免一些愚蠢的错误，
    我想要一个计算器软件可以告诉我两个数字相加的和。

Scenario: 相加两个数字
    Given 我在计算器中输入 50
    And 我还在计算器中输入 70
    When 我按下 " 相加 " 按钮
    Then 屏幕上的结果是 120
```

以上示例中英文关键字的含义：

- ❑ Feature：功能、特性。
- ❑ Scenario：场景。一个功能可以分多个场景进行阐述，比如可能有成功的场景，还有失败的场景。
- ❑ Given：假设。可以在这里描述测试的前置条件。
- ❑ And：而且。
- ❑ When：当。可以用于描述用户的输入动作或其他触发程序执行的事件。
- ❑ Then：然后。一般在这里描述系统的输出结果。

只要理解了这几个关键字，我们就可以看到，以 Gherkin 编写的需求说明非常接近自然语言。其实也可以使用中文关键字，但是一般没有必要这么做。

2. SpecFlow

我们在开发工作中，还使用过 SpecFlow[㊁]这个 BDD 工具。SpecFlow 是 Cucumber 的 .NET 移植版。使用 SpecFlow 可以在 .NET 项目中定义、管理、自动化执行人类可读的验收测试。它同样支持主要的 Cucumber/Gherkin 语法。

㊀ BDD Testing & Collaboration Tools for Teams | Cucumber, https://cucumber.io。

㊁ SpecFlow - Binding Business Requirements to .NET Code, http://specflow.org。

15.4.3 BDD 工具应与 DDD 相得益彰

实例化需求与 BDD 工具回答了“如何厘清客户想要的是什么”这个问题，但是它没有回答应该如何进行系统分析、领域建模的问题。

严格来说，“正确的软件”只需要在功能（“表面”）上满足客户所需就可以了，并不意味着软件的代码一定要和“反映对领域深度认知的模型”紧密关联，也就不意味着高质量的实现。

我们不应该满足于编写一个只是可以让机器（BDD 工具）执行验证的需求说明，更应该关注如何写出易于人类阅读、便于团队维护、有助于加深开发人员对领域（“业务”）的认知、指导开发人员编码（最少给他们提供一些“好名字”）的需求说明。DDD 的统一语言（Ubiquitous Language）对此尤其有益。

整个团队应该使用基于领域模型的统一语言进行沟通。产品人员、开发人员、测试人员、业务人员应该使用统一语言合作编写需求说明。一个精心编写的 Gherkin 文档应该是可以拿给客户（业务部门）去签字确认的。

我们应该直截了当地在需求说明中描述领域中的业务逻辑，尽量避免描述用户与应用界面（UI）的交互细节。因为后者是不稳定的、易变的。上面“计算器”需求说明的例子有些地方可能会误导你，要知道那只是一个以展示 Gherkin 语法为主要目的的简单演示而已。

因为上面的“计算器”的例子非常简单，所以你可能会怀疑使用 Gherkin 编写实例化需求说明的“实用性”。事实上，现实世界中存在很多复杂而精彩的实例化需求说明，不在这里展示只是因为商业上的以及本书篇幅的限制。当然，我们不否认编写实例化需求说明是需要一定投入成本的，需要团队的协作，特别是需要技术人员的参与。

15.4.4 不要在验收测试中使用固件数据

敏捷开发方法的一个非常重要的实践是 TDD（测试驱动开发）。很多开发人员理解的 TDD 其实是 UTDD（单元测试驱动开发），事实上，TDD 更应该是 ATDD（验收测试驱动开发）。对实例化需求来说，只有单元测试是远远不够的，实例化需求需要的是验收测试的自动化。不少人认为实例化需求（SbE）、ATDD、BDD 三者的内涵基本相同。

现实情况是愿意写单元测试的人已经很多，但验收测试就不太招人待见。先说说大家比较认可的“什么样的测试是单元测试”：

- ❑ 单元测试不使用数据库。
- ❑ 单元测试不使用网络通信。
- ❑ 单元测试不读写文件系统。
- ❑ 单元测试可以和其他任何单元测试同时运行。
- ❑ 不需要为了运行单元测试而对测试的运行环境做任何特殊设置。

虽然实例化需求需要的是验收测试，但是我们仍然希望关键的验收测试尽可能像单元测试一样敏捷。也就是说，我们希望验收测试尽可能自行设置一个运行它自己所需要的独立的环境。

验收测试一般不应该使用内存数据库，而应该使用与生产环境尽可能相似的数据库以及其他外部环境，因为我们需要向负责验收的产品人员或客户展示测试结果。

如果我是一个开发团队的主管，在需要对软件功能进行验收测试的时候，最不愿意听到的话（之一）就是："等我从备份还原一下数据库。"这个数据库备份属于固件数据。《实例化需求》认为使用固件数据的做法属于反模式。这里的固件即测试固件（Test Fixture），指为了运行一个测试你需要准备好的所有东西——这些东西是运行测试的前置条件，也就是在 BDD 中"Given"所指的那部分东西。所谓的使用固件数据，可以理解为：在运行测试前，我们需要把数据库设置成一个固定的初始状态。

测试的运行如果依赖于这个固定的数据库状态，那么，可能测试场景运行的先后顺序就会决定测试通过或通不过，因为在测试运行过程中外部数据库的状态会发生变化。如果测试有时候通过、有时候通不过，不是因为代码的修改，而是受到外部环境变化的影响，这就是所谓"闪烁的场景"。

使用数据库备份来进行测试的另外一个问题是，维护用于测试的数据库备份是个麻烦事。在开发过程中你可能需要经常改变数据库的 Schema，这时可能需要更新那些过期的数据库备份。

所以，在开发验收测试时，我们应该尽可能地在代码中先自己构造一套仅供当前测试使用的数据。我们想要的是：在运行验收测试之前无须还原数据库备份，运行之后也无须执行"清理数据库"的动作，测试可以一遍又一遍地重复运行，每次都是可以通过的。

高效开发团队应该做到：人与测试的唯一交互就是在测试的开发过程中，其他一切应该由测试自动化工具或其他测试代码来管理。更进一步说，验收测试应该是 CI/CD（持续集成 / 持续交付）与 DevOps 实践的一部分，人与应用的唯一交互就是在开发过程中，其他一切应该由基础架构或其他应用程序来管理（只有在应用发生故障时例外，故障恢复后应修复软件以便下次不需要人工干预）。

15.4.5　制造"制造数据"的工具

很多开发团队热衷于以还原数据库的方式准备测试的前置条件，是因为在之前的开发过程中缺少对"制造数据"的测试代码的积累。笔者的建议是早日补上这些代码。

因为在数据库的数据之间可能存在复杂的"勾稽"关系，所以编写 SQL 语句来制造数据有可能是件十分麻烦的事情，通过编写近似端到端测试的方式来制造数据可能是个更好的选择。我们可以考虑在尽可能靠近前端的地方，向后端的服务组件发送命令，利用后端已经存在的业务逻辑制造出尽可能接近真实的数据。

饶是如此，编写这些发送命令的代码仍然十分枯燥和无聊，我们应该考虑使用工具来辅助完成这样的工作。没有工具？大不了我们制造工具嘛，最少制造工具的过程还比较有趣。

那个“为了测试需要还原的数据库”往往来自于生产环境的备份，里面可能包含了大量真实、生动的可用于测试的数据，难怪有人对它们“爱不释手”。也许我们可以考虑将这些数据提取出来作为测试代码的一部分。下面我们就看看这样做的一个例子。

这个例子可行的前提是：在应用已有的代码中，对某个聚合而言，很大概率存在一个创建这个聚合——聚合根以及它关联的聚合内部实体的实例——的接口，这个接口接受的参数可能是一个和聚合的状态对象非常相似的命令对象。没有这样的接口？也许可以考虑添加一个这样的接口……

提示 这里频繁地出现了“聚合”这个术语，如果你对它还很陌生，需要先去了解 DDD 的“聚合”概念。使用聚合作为数据访问的单元，我们几乎总是会自然地设计出获取聚合状态的接口以及创建聚合的接口。

这个例子来自于我们开发过的一个真实的 WMS 应用。在这个应用里，存在一个叫作 InOut（入库 / 出库单）的聚合，聚合根（实体）InOut 的 ID 叫作 DocumentNumber。创建入库 / 出库单的命令对象 CreateInOut 和状态对象 InOutState“长得很像”，也就是说两者的大部分属性是一样的。

首先，我们可以编写这样一个 Java 应用程序类，连接测试数据库，将一个在测试数据库中已经存在的入库 / 出库单的状态以 JSON 格式打印到控制台（这里假设该入库 / 出库单的单号为 1578130488381）：

```java
package org.dddml.wms;

import org.dddml.wms.tool.jackson.JacksonEntityDataTool;
import org.springframework.context.support.ClassPathXmlApplicationContext;

public class EntityStatePrintApp {
    public static void main(String[] args) {
        org.springframework.context.ApplicationContext
            springFrameworkApplicationContext
                = new ClassPathXmlApplicationContext(
                    "config/SpringConfigs.xml",
                    "config/TestDataSourceConfig.xml");
        String entityName = "InOut"; // = args[0]
        String entityId = "1578130488381";// = args[1]
        String json = JacksonEntityDataTool.getStateJsonForCreationCommand(
            entityName, entityId);
        System.out.println(json);
    }
}
```

打印出来的 JSON 内容见下文。此内容不仅包含聚合根（InOut）的状态信息，还包括与聚合根关联的入库 / 出库单行项的状态信息。我们可以将打印出来的 JSON 保存为文本文件。

事实上，通过读取参数（args），应用程序 EntityStatePrintApp 可以打印出系统中各个聚合根（实体）的状态信息，而不是仅限于 InOut 实体。

以上代码中使用到的工具类 JacksonEntityDataTool 大致如下（Java 代码）：

```
package org.dddml.wms.tool.jackson;

import com.fasterxml.jackson.core.JsonProcessingException;
import com.fasterxml.jackson.databind.ObjectMapper;
import org.dddml.wms.domain.jackson.StateToCreationCommandMixIns;
import org.dddml.wms.domain.meta.M;
import org.dddml.wms.tool.ApplicationServiceReflectUtils;
import java.io.IOException;
import java.lang.reflect.*;
import java.util.*;

public class JacksonEntityDataTool {
    private JacksonEntityDataTool(){
    }

    public static String getStateJsonForCreationCommand(String entityName,
        String id) {
        Object idObj = getIdObject(entityName, id);
        try {
            Object entityState = ApplicationServiceReflectUtils.
                invokeApplicationServiceGetMethod(entityName, idObj);
            ObjectMapper objectMapper = new ObjectMapper();
            StateToCreationCommandMixIns.setUpObjectMapper(objectMapper);
            String aggregateName = M.BoundedContextMetadata.
                TYPE_NAME_TO_AGGREGATE_NAME_MAP.get(entityName);
            Class stateClass = getEntityStateInterfaceType(aggregateName,
                entityName);
            String json = objectMapper.writerFor(stateClass).writeValueAsString(
                entityState);
            return json;
        } catch (NoSuchMethodException | InvocationTargetException |
            IllegalAccessException
                | ClassNotFoundException | JsonProcessingException e) {
            throw new RuntimeException(e);
        }
    }

    private static Object getIdObject(String entityName, String id) {
        Object idObj;
        try {
            Class metadataClass = Class.forName(M.class.getName() + "$" +
                entityName + "Metadata");
            Field idClassField = metadataClass.getField("ID_CLASS");
            Class idClass = (Class)idClassField.get(null);
```

```java
            if (idClass.equals(String.class)) {
                idObj = id;
            } else {
                ObjectMapper objectMapper = new ObjectMapper();
                idObj = objectMapper.readValue(id, idClass);
            }
        } catch (ClassNotFoundException | NoSuchFieldException |
            IllegalAccessException | IOException e) {
            throw new RuntimeException(e);
        }
        return idObj;
    }

    private static Class getEntityStateInterfaceType(String aggregateName,
        String entityName) throws ClassNotFoundException {
        String paramTypeName = String.format("%1$s.domain.%2$s.%3$sState",
                getBoundedContextPackageName(), aggregateName.toLowerCase(),
                    entityName);
        return Class.forName(paramTypeName);
    }

    private static String getBoundedContextPackageName() {
        // 省略代码
    }
}
```

在方法 getStateJsonForCreationCommand 中，我们使用 ApplicationServiceReflectUtils 工具类——这个类使用了 Java 的反射机制——来获取某个聚合根（实体）的状态，然后使用 Jackson JSON 序列化库的 ObjectMapper 将实体的状态对象序列化为 JSON 文本。

因为后面打算使用序列化的结果来创建实体的命令对象，所以在这个 JSON 字符串中不应该包括在创建入库 / 出库单的命令（CreateInOut）中用不上的属性。为了做到这一点，上面的代码使用到一个 StateToCreationCommandMixIns 类，调用它的 setUpObjectMapper 方法对 ObjectMapper 进行设置，可以使状态对象的序列化结果如我们所愿：

```java
package org.dddml.wms.domain.jackson;

import com.fasterxml.jackson.annotation.*;
import com.fasterxml.jackson.databind.ObjectMapper;
import com.fasterxml.jackson.databind.annotation.JsonSerialize;
import org.dddml.wms.domain.*;
// 省略部分代码

public class StateToCreationCommandMixIns {
    private StateToCreationCommandMixIns() {
    }

    public static ObjectMapper setUpObjectMapper(ObjectMapper objectMapper) {
        objectMapper.setSerializationInclusion(JsonInclude.Include.NON_NULL);
```

```
        objectMapper.addMixIn(InOutState.class,
            InOutStateToCreationCommandMixIn.class);
        objectMapper.addMixIn(InOutLineState.class,
            InOutLineStateToCreationCommandMixIn.class);
        // 省略更多 addMixIn 的代码
        return objectMapper;
    }

    public static class InOutStateToCreationCommandMixIn {
        @JsonIgnore public Long getVersion() { return null; }
        @JsonIgnore public String getCreatedBy() { return null; }
        @JsonIgnore public Date getCreatedAt() { return null; }
        @JsonIgnore public String getUpdatedBy() { return null; }
        @JsonIgnore public Date getUpdatedAt() { return null; }
        @JsonIgnore public Boolean getDeleted() { return null; }

        // 注意：忽略“单据状态 ID”
        @JsonIgnore public String getDocumentStatusId() { return null; }

        @JsonSerialize(contentAs = InOutLineState.class) // 只序列化接口的属性
        EntityStateCollection<String, InOutLineState> getInOutLines() { return
            null; }
    }

    public static class InOutLineStateToCreationCommandMixIn {
        @JsonIgnore public Long getVersion() { return null; }
        @JsonIgnore public String getCreatedBy() { return null; }
        @JsonIgnore public Date getCreatedAt() { return null; }
        @JsonIgnore public String getUpdatedBy() { return null; }
        @JsonIgnore public Date getUpdatedAt() { return null; }
        @JsonIgnore public Boolean getDeleted() { return null; }

        @JsonIgnore public String getInOutDocumentNumber() { return null; }

        @JsonSerialize(contentAs = InOutLineImageState.class) // 只序列化接口的属性
        EntityStateCollection<String, InOutLineImageState> getInOutLineImages() {
            return null; }
    }
}
```

从以上代码可以看出，在将入库 / 出库单的状态（InOutState）序列化为 JSON 时，“单据状态 ID”（ documentStatusId 属性）会被忽略（@JsonIgnore）。这是因为当使用一个命令（CreateInOut）去创建入库 / 出库单的时候，我们并不能指定单据的状态。

需要说明的是，这个 StateToCreationCommandMixIns 类的代码是由工具自动生成的。如果你像我们一样使用 DSL 来描述领域模型——包括领域中静态的数据结构以及动态的行为（比如创建实体的方法），那么可能很容易通过 DSL 文档知道状态对象中的哪些属性在实体的创建命令中并不存在（同名的属性）。当然，其实也可以通过反射来生成类似的代码。

在上面的 getStateJsonForCreationCommand 方法中，还使用了一个由工具生成的类 org.dddml.wms.domain.meta.M，里面保存着限界上下文的元数据以及聚合 / 实体的元数据（Java 代码）：

```
package org.dddml.wms.domain.meta;

import java.util.*;
import org.dddml.wms.specialization.*;

public class M {
    public static class BoundedContextMetadata {
        // 类型（主要是实体）名称到聚合名称的映射表
        public static final Map<String, String> TYPE_NAME_TO_AGGREGATE_NAME_MAP;
        static {
            // 省略代码
        }
        // 省略代码
    }

    public static class InOutMetadata {
        private InOutMetadata() {
        }
        // 入库 / 出库单的 ID 的类型
        public static final Class ID_CLASS = String.class;
        // 省略代码
    }
}
```

在 M.BoundedContextMetadata.TYPE_NAME_TO_AGGREGATE_NAME_MAP 这个 Map 中，保存着从实体（类型）的名称到它所属的聚合的名称的映射关系。而 M.InOutMetadata.ID_CLASS 这个字段则指明了入库 / 出库单实体的 ID 的类型信息。

在方法 getStateJsonForCreationCommand 中使用到的应用服务反射工具类（Application-ServiceReflectUtils）的代码大致如下：

```
package org.dddml.wms.tool;

import org.dddml.wms.domain.meta.M.BoundedContextMetadata;
import org.dddml.wms.specialization.*;
import java.lang.reflect.*;
import java.util.*;

public class ApplicationServiceReflectUtils {
    private ApplicationServiceReflectUtils() {
    }

    public static Object invokeApplicationServiceGetMethod(String entityName,
        Object id) throws NoSuchMethodException, InvocationTargetException,
        IllegalAccessException, ClassNotFoundException {
```

```
        String aggregateName = BoundedContextMetadata.
            TYPE_NAME_TO_AGGREGATE_NAME_MAP.get(entityName);
        Object appSvr = getApplicationService(aggregateName);
        Class appSrvClass = appSvr.getClass();
        Method m = null;
        m = appSrvClass.getMethod("get", id.getClass());
        return m.invoke(appSvr, id);
    }

    public static void invokeApplicationServiceCreateMethod(String entityName,
        Object e) throws NoSuchMethodException, InvocationTargetException,
        IllegalAccessException, ClassNotFoundException {
        // 省略代码
    }

    private static Object getApplicationService(String aggregateName) {
        // 省略代码
    }
}
```

其中，方法 invokeApplicationServiceGetMethod 用于获取某个聚合根（实体）的状态信息。而调用方法 invokeApplicationServiceCreateMethod 传入聚合根（实体）的名称以及一个创建命令对象（比如 CreateInOut），则可以创建出一个聚合的实例（比如一个包含多个行项的入库 / 出库单的实例）。

我们将应用程序类 EntityStatePrintApp 打印出来的 JSON 保存为文件（文件名为 testInOutData.json），作为创建入库 / 出库单的命令对象的模板。为了防止替换过程中可能发生意外的错误，还可以把 JSON 文本中的“单号”1578130488381 替换为 ${1578130488381}，这是一个需要被新单号替换的占位符，得到的 JSON 文件的内容如下：


```
{
    "documentNumber": "${1578130488381}",
    "warehouseId": "W1",
    "active": true,
    "documentTypeId": "Out",
    "inOutLines": [
        {
            "lineNumber": "1578155769040",
            "productId": "1573353943865",
            "locatorId": "W1-15635-6845-1",
            "quantityUomId": "kg",
            "attributeSetInstanceId": "b32d5c40-130e-4d52-b8f3-3d03b7432418",
            "movementQuantity": -8285
        },
        {
            "lineNumber": "1578156102657",
            "productId": "1573353943865",
            "locatorId": "W1-15635-6845-1",
            "quantityUomId": "kg",
```

```
                "attributeSetInstanceId": "93bd7cbe-72b9-4735-9e9a-ade9c5654e3e",
                "movementQuantity": -8582
            }
        ]
}
```

这样的 JSON 代码具备不错的可读性——最少比维护 SQL 容易。

以这个 JSON 文件为模板，在必要的时候，可以使用如下代码创建出一个全新的入库 / 出库单：

```
// 省略代码
public class JacksonTests {
    @Test
    public void doSomeTest() {
        // 省略代码
        String docNumberHolder = "${1578130488381}";
        try {
            // 随机生成一个新的入库 / 出库单号：
            String docNumber = "I" + (UUID.randomUUID().hashCode() + System.
                currentTimeMillis());
            InputStream inputStream = JacksonTests.class.getResourceAsStream("/
                data/testInOutData.json");
            String json2 = readText(inputStream).replace(docNumberHolder,
                docNumber);
            InOutCommand.CreateInOut createInOut = toInOutCreationCommand(json2);
            createInOut.setCommandId(docNumber);
            ApplicationServiceReflectUtils.invokeApplicationServiceCreateMethod(
                "InOut", createInOut);
            // 现在数据库中存在一个新的入库 / 出库单了，接下来的测试代码中可以使用它
        } catch (IOException | NoSuchMethodException
                | InvocationTargetException | IllegalAccessException |
                  ClassNotFoundException e) {
            throw new RuntimeException(e);
        }
    }

    public static InOutCommand.CreateInOut toInOutCreationCommand(String json)
        throws IOException {
        ObjectMapper objectMapper = new ObjectMapper();
        CreateOrMergePatchInOutDto.CreateInOutDto createInOutDto =
                objectMapper.readValue(json, CreateOrMergePatchInOutDto.
                    CreateInOutDto.class);
        return createInOutDto;
    }

    private static String readText(InputStream inputStream) throws IOException {
        // 省略代码
    }
}
```

以上展示出来的代码的大致逻辑是：

- 生成一个随机的新的入库 / 出库单号（DocumentNumber）。
- 读入文件 testInOutData.json 中的 JSON 文本内容，将其中的 ${1578130488381} 替换为新的入库 / 出库单号。
- 将 JSON 文本反序列化为一个 CreateInOut 命令对象。
- 向 InOutApplicationService 应用服务发送这个命令对象，这将产生一个新的入库 / 出库单。

在接下来的测试代码中就可以使用这个全新的入库 / 出库单，避免了对固件数据的依赖。

15.5　要领域模型驱动，不要 UI 驱动

很多软件的开发过程是这样的：产品经理分析需求，给出产品原型以及产品需求说明文档，然后召集开发人员和测试人员对需求进行评审，如果大家没有异议，开发就进入编码阶段。开发人员开始看着产品原型去做数据建模、决定数据库的 Schema，编写业务逻辑层、UI 层代码……

在这个过程中几乎没有人去构建领域模型，大家直接从用户体验出发，“一步到位”开发出工作的软件。笔者把这样的开发模式叫作 UI（用户界面）驱动开发。

其实很多大厂中的软件开发团队在开发方法论上都谈不上先进：产品人员先做产品设计、做原型，然后团队反复评审，等确认下来，一个月过去了；然后前端开发人员开始介入，按照产品的最终的用户体验（UE）要求来做 App UI 部分的开发，半个月过去了；然后再次评审，评审通过才算“正式”进入开发阶段。整个过程是瀑布式的，这其实也还没有太大的问题，但是其中并没有人有意识地构建模型、维护概念完整性，开发过程基本上是基于 UI 驱动的，这才是大问题。

不要以为大厂的代码质量就一定高，如果仔细看看诸多大厂的那些“Open API”，惨不忍睹的细节比比皆是。当然对于大厂这可能不成问题，它们有足够的资源来“维护”那些代码，但是对资源不足的小团队来说这可能是大问题。

UI 驱动开发可以在“摸着石头过河”的过程中修补出可以工作的软件，但是软件的代码和“一个反映对领域深度认知的模型”之间往往缺少关联，对于稍微复杂的应用来说，这就意味着难以维护的低质量的代码。

比如，在前面“数据建模示例：订单的装运与支付”一节中，我们就看到某个购物 App 的“我的订单”UI 可能会误导开发团队的建模思路。

下面是笔者在现实中见过的可能是照着 UI 做出来的幼稚模型：

- 产品和促销（活动）不分。
- “发布活动”就是录入新的产品和价格，造成数据库内大量重复的产品记录。

- 因为 UI 上有客户（Customer）、门店（Store）、供应商（Supplier）、制造商（Manufacturer）等概念，为它们都定义了对应的独立实体。
- 更有甚者，认为它们都是不同类型的“用户”，因为需要“让 TA 们使用我们的系统”，于是创造出“门店用户”“供应商用户”等概念。
- 用户账号和登录账号概念不分。App 每增加一种登录方式，比如微信登录、微博登录、手机号登录、邮箱登录、昵称登录，就在用户表中增加一列。甚至，在这个数据模型的基础上又实现了“一个手机号登入多个用户账号”的功能，于是 App 的用户在输入手机号登录时，要先想清楚“我是谁”，然后在弹出的“用户列表”中选择其中的一个，然后才能登入系统。
- 各种产品属性满天飞。一开始，模型中只存在产品（Product）这个概念。后来，为了支持前端 App 的在购买某个产品时选择不同的规格而引入 SKU 的概念。比如说，某款衬衫有“尺寸”和“颜色”两种规格可选，这个规格也被称产品属性。所谓的 SKU 就是“同一个产品不同规格的实例的组合”。比如说，某款衬衫产品有一个 SKU 是“尺寸：X L；颜色：白”。这个 SKU 实体有一个 Local ID 叫作 SkuId，也就是说 SKU 表的主键是 ProductId 与 SkuId 两列的组合。于是原来那些通过 ProductId 属性引用产品的实体（OrderItem、ShipmentItem、Agreement、InventoryItem、ReturnItem 等）全部增加一个 SkuId 属性。然后，因为要“以智能制造满足客户的个性化需求”，产品人员在用户下单购买产品的流程中加入定制属性页面。于是开发人员再引入一个 CustomizedAttributeSetInstance（定制属性集实例）实体，用于记录用户选择了什么定制属性。原来引用产品的大多数实体（OrderItem、ShipmentItem、InventoryItem、ReturnItem 等），都再增加一个 CustomizedAttribute-SetInstanceId 属性。

如果你是一个有良好品味的开发人员，看到这样的模型，你心里不苦吗？

15.6 不要用“我”的视角设计核心模型

在笔者的职业生涯前期，经常从“我”的视角去设计软件的数据模型。阅读那些数据模型，你看到的是“第一人称”叙述：这是我的销售订单，这是我的采购订单；这是我的销售发票，这是我的采购发票；这是我的销售发货单（Sales Shipment），这是我的采购发货单（Purchase Shipment）……

这里的“我”是业务流程的参与者，很多时候也是软件提供的功能的使用者（“用户”），因此从“我”的视角看过去，订单才会分成“销售订单”与“采购订单”。

UI 为“我”提供观察和使用系统的视角，从“我”的视角去设计，某种程度也可以说是 UI 驱动设计。比如说，我在“董小姐的店”这个购物 App 上买了一个 MacBook 笔记本电脑，我在 App 的 UI 上看到我的“采购订单”。对于董小姐来说，她在管理后台（Admin

UI）上看到的是她的“销售订单”——你是不是已经从中看出点问题来了？

从“我”的角度设计的模型有什么问题？比如，在为“我”的公司开发的某个应用的模型中，销售订单（Sales Order）与采购订单（Purchase Order）一开始被设计成两个独立的实体/表。其原因可能是：在开发这个应用的时候，公司的采购和销售流程是分离的，产品被批量地采购进来，放到仓库里面，然后一件一件地往外卖。开始的时候，应用完全满足了这些业务流程运作的需要，一切都好，直到某一天，“我”的公司增加了 Dropship（直运）销售业务。也就是说，有些商品公司不需要屯货（库存），公司就等着客户下单，在客户下单后，把订单和装运细节告知商品的供应商，供货商直接向客户发货。那么，这时我们的数据模型如何“改造”呢？我们是增加一个新类型的订单实体/表（比如叫作 Dropship Order），还是不修改数据模型，只是修改业务逻辑层的代码？当用户下单的时候，我们是否在创建一个销售订单的同时再创建一个采购订单？

无论哪种做法，都不对劲。这样的不对劲一再发生，我想是我的脑袋有问题，但是，我看别人做的很多系统不也是这么做的吗？

直到某一天，我看了《数据模型资源手册（卷1）》[㊀]，阅读了 OFBiz[㊁]的数模模型，于是一下子豁然开朗了。原来在建模的时候，应该放弃第一人称叙述，使用第三人称叙述。

也就是说，在设计业务软件的核心数据模型时，不要总是把自己代入到某个业务参与者的视角，要想象自己就是和参与业务流程的各方都毫无关系的旁观者，只是想要对“他们”做出客观的记录。

让我们看看 OFBiz 是怎么做的。

15.6.1 让 User 消失

如果仔细观察一下 OFBiz 的核心数据模型，就会发现其中完全没有 User（用户）、Role（角色）这些概念。

想想也对。用户是使用软件的“人”，有时，用户甚至不是“人”，而是另外一个程序。业务软件的核心数据模型应该客观地记录各方（Party）——甲方、乙方、丙方、丁方等——的业务数据。很多时候，用户使用软件，需要录入的是 TA（他/她/它）并不直接参与的业务流程的数据。除非你是真的在开发一个用户管理系统，否则引入 User 的概念毫无必要。

笔者多次见识过引入“用户”概念给建模工作造成的干扰。比如说，把“供应商”建模为一个“用户”的子类型。因为那个系统的开发人员是这么想的：“你看，现在用户表里面有邮箱、手机号、名称等信息，供应商也需要有这些属性不是吗？而且，确实有部分供应商会使用我们的系统，那显然供应商就是用户嘛。”但是，实际上还有更多的供应商根本就不使用那个系统！

所以笔者认为：在业务软件的核心数据模型，以及核心业务逻辑代码中，应该彻底让

㊀ 希尔瓦斯顿. 数据模型资源手册（卷1）. 机械工业出版社, 2004-6. 见 https://book.douban.com/subject/1230513/。

㊁ 见 https://ofbiz.apache.org/。

User 消失。除非，你真的是在做一个用户管理系统。

让 User 消失后，让 Party 带着它的小伙伴们登场。

15.6.2 认识一下 Party

Party 是业务流程的参与者。这个参与者可能是自然人，可能是法人，也有可能是其他非正式的组织。

提示 法人指具有民事权利能力和民事行为能力，依法独立享有民事权利和承担民事义务的组织。

笔者见过的 Party 的中文翻译包括：当事人、团体、会员。推荐使用业务实体这个名称。

在 OFBiz 中，Party 这个概念是个很强大的抽象。它的类型（PartyType）可包括个人、组织、企事业单位、政府机构、公司的部门、临时组织的团队、家庭等。

提示 开发人员需要注意区分“业务实体”的这个“实体”和他们熟悉的表示“拥有不变的 ID 的对象”的那个“实体”。

1. PartyIdentification 与 PartyIdentificationType

PartyIdentification 表示业务实体的标识，而业务实体的标识有不同的类型（PartyIdentificationType）。

以 Person（自然人，Party 的子类）为例，在现实世界中，可以有多个标识（即 PID，个人标识）指向同一个人。

比如，我的护照号、我的身份证号、我的驾照，都指向我。甚至，我的个人手机号也可以算是我的一个 PID，我有可能更换我的个人手机号，所以，不要使用这些 PID 作为“我”的 Party ID。

PartyIdentification 实体的重要属性（带有“[PK]”后缀的对应着数据表构成主键的列）如下。

- partyId [PK]：业务实体 ID。
- partyIdentificationTypeId [PK]：业务实体标识类型，比如“护照”。
- idValue：业务实体标识的 ID 值，比如护照的“护照号”、身份证的“身份证号”。

2. RoleType

一个业务实体可以扮演多个角色类型（RoleType）。

比如说，角色类型可能是：

- Customer（客户）
- Manufacturer（制造商）
- Employee（雇员）

- Distributor（分销商）
- Family Member（家庭成员）

注意　这里的 Role Type 和我们做权限管理时经常碰到的那个 Role（“角色”）含义不同。那个 Role 和用户的权限相关，可以理解成权限集。比如，我可以创建一个管理员的角色，这个角色具有出库、入库、装运单导入等权限。然后我们可能让角色与用户账号相关联，系统以此来判断用户能做什么 / 不能做什么。

3. Party 与 RoleType 的关联

在 OFBiz 中，角色类型（Role Type）和业务实体（Party）之间是多对多的关系，这就需要使用一个 PartyRole 作为它们之间的关联实体。

不过，在很多系统里面，一个业务实体可能确实就是承担一种角色类型。比如有的 Party 就只是供应商。怎么把问题简化下来？一个可以考虑的做法：在使用 PartyRole 实体关联 Party 和 RoleType 的同时，给 Party 实体增加一个 PrimaryRoleTypeId 属性，表示它主要扮演的角色类型。如果你觉得真的需要这么做，也请注意不要随意滥用这种冗余字段模式。尽可能把这个 PrimaryRoleTypeId 当成一个 Party 的备注属性来用就对了。

提示　如果你了解 CQRS 模式，也许会想到，像这里的“Party 的 PrimaryRoleTypeId”这样的信息，可以考虑作为查询模型来维护。

4. OrderRole

OFBiz 为了增加扩展性，使用了 OrderRole（订单角色）实体来表示订单和 Party 之间的关联。

一个订单，它的下单客户（PLACING_CUSTOMER）可能是张三，但可能需要发货给李四（它的 SHIP_TO_CUSTOMER 是李四）。在订单表中，并没有 PLACING_CUSTOMER_PARTY_ID 这一列，也没有 SHIP_TO_CUSTOMER_PARTY_ID 这一列。这些信息是记录在 OrderRole 表中的。

OrderRole 实体的属性如下。

- orderId [PK]：订单 ID（订单号）。
- partyId [PK]：业务实体 ID。
- roleTypeId [PK]：角色类型 ID。

像 OrderRole 这样的实体在 OFBiz 中还有很多，比如 InvoiceRole（发票角色）、ShipmentRole（装运单角色）等。

5. PartyRelationship 与 PartyRelationshipType

不管是个人还是组织，一个业务实体总是会跟其他业务实体发生关系，这样的关系在 OFBiz 中使用 PartyRelationship（业务实体关系）实体来表示。这个实体有如下属性。

- partyIdFrom [PK]：从什么业务实体。
- partyIdTo [PK]：到什么业务实体。
- roleTypeIdFrom [PK]：从什么角色类型。
- roleTypeIdTo [PK]：到什么角色类型。
- fromDate [PK]：关系的生效时间。
- thruDate：关系的结束时间。
- partyRelationshipTypeId：业务实体关系类型（PartyRelationshipType）的 ID。

其中，partyRelationshipTypeId 可能为：EMPLOYMENT（雇佣关系）、DISTRIBUTION_CHANNEL（分销渠道）、PARTNERSHIP（合作伙伴）等。

在第 3 章的表 3-1 中存在一条 PartyRelationship 的示例记录。

15.7 我们想要的敏捷设计

对于复杂领域，一个反映对领域的深度认知的模型具有巨大的价值，找到它却是一项艰巨的任务。寻找它的过程可以自下而上——尽快开始编码，产出工作的软件，然后重构、改进代码，在这个过程中摸索出深度认知的模型；也可以自上而下——在编码开始之前进行充分的分析和设计，包括学习和汲取前人的经验。

当然，我们可以结合使用这两种方法，不管是使用哪种方法，我们希望过程都是敏捷的。但现实情况是，很多实践敏捷的团队已经过度依赖前者，而大大低估了进入编码阶段前软件设计的价值。也许是时候来一场矫枉过正的“敏捷反动”了……

我们想要如下这样的敏捷软件设计方法：

它“打通”需求分析、领域建模与编码实现。

它帮助我们穿过 UI（用户界面）、UE（用户体验）的“迷雾”，直达领域的本质。

它应该在我们进行需求分析、领域建模后，帮助我们以最快的速度产出工作的软件，以宽慰我们以及客户焦虑的心。

它应该帮助领域专家尽快确认我们所设计的东西是否是正确的软件。

如果我们认为软件的设计有问题，它应该帮助我们马上重头再来，重新分析、调整模型、再次产出工作的软件、再次确认设计。

显然，这一切有赖于它给我们提供低代码（Low-Code）的软件生产工具——它让我们敢于在设计上投入重注。

当设计阶段告一段落，所有艰难的决定都已做出时，它能为开发人员留下可以继承的优质资产：一个反映对领域深度认知的模型以及基于此模型产生的代码。开发人员可以在不破坏代码与模型映射关系的前提下扩展代码、完善软件。

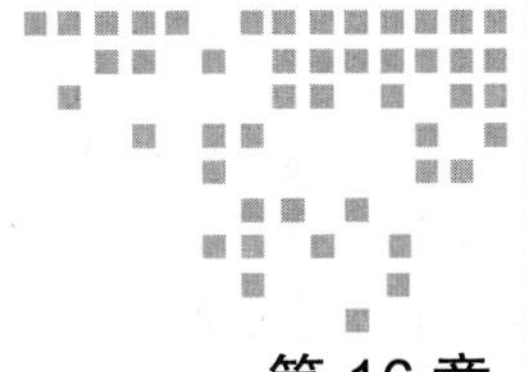

第 16 章 Chapter 16

说说 SaaS

SaaS 是互联网化的应用软件。SaaS 软件厂商向客户提供的是工具的价值。SaaS 软件的用户使用该软件的目的为了生产，所以他们又被叫作 B 端（Business）用户，而使用 App 通过互联网进行消费的用户，叫作 C 端（Consumer）用户。

这些年，每隔一段时间，SaaS 就会被人拿出来热炒一番，然后又沉寂下去。笔者认为大家普遍低估 SaaS 需要的技术难度——倒不是其中有多高深的算法，主要是工程难度。少数依赖商业模式驱动"成功"的 SaaS 给大家造成了"SaaS 没有技术含量"的片面印象。

虽然 SaaS"不过是应用程序而已"，但是这个商业模式需要用到与之相匹配的底层技术基础设施。而构建技术基础设施的很多细节，如果不在其中摸爬滚打，恐怕是难以掌握的。

16.1 何为 SaaS

以下是百度百科的解释[⊖]（有删节和少量修改）：

SaaS 是 Software-as-a-Service（软件即服务）的简称……一种完全创新的软件应用模式。……通过 Internet 提供软件的模式，厂商将应用软件统一部署在自己的服务器上，客户可以根据自己实际需求，通过互联网向厂商定购所需的应用软件服务，按定购的服务多少和时间长短向厂商支付费用，并通过互联网获得厂商提供的服务。用户不用再购买软件，而改用向提供商租用基于 Web 的软件，来管理企业经营活动，且无须对软件进行维护，服务提供商会全权管理和维护软件……SaaS 是采用先进技术的最好途径，它消除了企业购买、构建和维护基础设施和应用程序的需要。

⊖ 见 https://baike.baidu.com/item/SaaS。

SaaS 软件能打动客户（企业）的关键其实还是两个字："省钱"。用 SaaS 为什么能省钱呢？

- 租用。通过租用软件，企业使用软件的成本被摊薄，这大大降低了企业购买软件的决策门槛。"好不好用试试看""如果这家不行，这点钱大不了就当打水漂了"，这是很多企业主或者企业的 IT 负责人在决定购买 SaaS 软件时的心态。
- 低运维成本。企业不再需要建立自己的 IT 团队，去构建和维护各种软硬件基础设施和应用程序。理论上，SaaS 厂商规模化运维的成本会更低。

16.2 多租户技术

仔细思考前文所述，其实可以发现：SaaS 本质上只是一种商业模式。只是为了实现这样的商业模式，我们还需要匹配相应的技术解决方案。

如果企业不想买服务器、不想养 IT 团队，想把原来要自己去做的工作以更低的成本转嫁给 SaaS 软件供应商，那么后者如果按照老办法来做事情，怎么赚钱？显然，想要赚钱就必须采用新办法——多租户技术就是 SaaS 必须采用的一种新办法。理论上来说，SaaS 并不是一定需要使用多租户技术来实现。但是，只有使用了多租户技术，才能有效降低 SaaS 软件的运维成本，使 SaaS 在商业上具备可行性。

多租户技术（Multi-Tenancy Technology）或称多重租赁技术，是一种软件架构技术，它研究与实现：如何于多个租户（租用软件的客户）的环境下共用相同的系统或程序组件，仍可确保各租户间数据的隔离性。

如果用一句话总结，就是一套代码服务所有客户（租户）。

只有在多个租户之间共用、共享一套应用程序的核心代码，才能有效降低运维应用程序的成本。当应用需要升级时，只要重新部署一套代码，所有租户就可以同时享受到升级后的新版本。

购买 SaaS 软件需要警惕那些自称可以"交钥匙"的软件供应商。一些自称做的是 SaaS 的供应商承诺给客户提供软件的全部源代码，"源代码随便改"，他们把这个叫作"交钥匙"。但笔者认为，这么说的供应商，卖的几乎就不可能是 SaaS。

你能想象 Salesforce 会把整个平台的全部源代码交给你吗？大部分 SaaS 一般只是开放 API（应用程序接口），让你可以通过 API 自己开发部分外围功能。

SaaS 不能给客户源代码（或者就算给了客户源代码，也不会让客户修改他们租用的线上系统的那些源代码），不只是怕泄露商业、技术机密，或者是"敝帚自珍"的问题，而是由 SaaS 的业务模式决定的。SaaS 只有坚持一套代码服务所有客户，才能把运维成本降下来。

想象一下，倘若给每个客户源代码，客户可以自行修改源代码、部署独立的应用，那么软件供应商服务一百个客户，就有一百套不同的源代码——虽然其中可能只是略有差异。

假设，现在发现了一个 Bug，这个 Bug 在一百套源代码中都存在，会影响所有的客户，那么需要干什么？需要修改一百套源代码、重新部署一百套源代码到服务器。这对开发人员、运维人员来说是一场噩梦。

所以 SaaS 不能真正“交钥匙”（让客户完全自由地修改源代码）。一旦这么做，SaaS 低成本运维的优势就不再存在。

16.3　构建成功的 SaaS 有何难

为什么中国成功的 SaaS 软件厂商如此之少？为什么中国没有出现 Salesforce？为什么几乎所有的传统软件厂商都看到“SaaS 是未来”，但是能成功转型的少之又少？

笔者认为这是因为构建 SaaS 的方法论并不成熟。对于一个小软件厂商来说，独立构建一个可以良好运作的 SaaS 目前还是有很难跨越的门槛的。

16.3.1　多租户系统的构建成本

要开发一个支持多租户技术的软件系统，初期的投入远远高于“给这个客户做一个系统”这样的私有部署的（On-Premises）传统软件的开发投入，大家对此心知肚明。软件厂商前期愿意烧钱投入开发 SaaS 软件，是为了未来服务更多客户（租户）的边际成本的下降。但是大多数人仍然大大低估了开发 SaaS 系统所需的资源和成本，所以很多 SaaS 项目甚至都没能撑到开发出一个可以运行的 MVP（最小价值产品）就中途夭折了。

那么，怎么降低 SaaS 系统的初期开发成本？是否可以存在这样一种理想的开发模式——应用软件的开发人员能以“给一个客户做一个系统”的思维模式进行 SaaS 系统的开发？

什么面向多租户、什么数据隔离、什么系统运维，这些因素能不能不要打扰应用开发人员的日常编码工作？

这是一个 SaaS 技术基础设施（有人称之为技术底座）需要解决的问题。100% 的理想状态很难达到，但是我想，最少在 80% 的应用开发时间里，多租户技术的实现问题不应该困扰到应用开发人员吧——目前想要构建这样的一个技术基础设施还真的挺费钱的。

16.3.2　难以满足的定制化需求

一般来说，SaaS 软件追求的是通用性、标准化，基于“天底下所有的公司都是差不多的”的理念设计产品。但是，客户往往认为自己是独特的。

大多数 SaaS 软件只有在这种方式下才能给客户省到钱：我有什么功能你就用什么功能。

客户要的功能没有怎么办？能不能让 SaaS 厂商修改应用的核心代码、增加新功能来满足自己的需求？

如果 SaaS 厂商认为这个功能是通用的，看在钱的份上愿意优先开发，那么客户需要付出的成本也不会低。因为 SaaS 为了解决一套代码服务很多客户的问题，所采用的技术栈可能对开发人员提出了更高的要求——需要更“贵”的开发人员。如果客户想要的功能确实就是独特的，SaaS 厂商觉得根本不应该作为 SaaS 标准产品的一部分呢？这对很多 SaaS 厂商来说，做也不是，不做也不是，实在是太难了。

我们可以看到的现状是，在整个企业管理应用软件领域有太多类似的系统，这些系统也许只有少量业务逻辑上的差异。很多标准化的软件往往因为没有很好地解决这些少量的差异化的需求，而错失很多高价值的客户。而许多客户（公司）也依旧会选择立项开发定制化的系统。

SaaS 厂商当然也很想在不影响客户使用标准化产品的前提下，为这些高价值的企业客户提供定制化的功能。那么，要怎样才能满足这些客户的定制化需求？

SaaS 软件实现定制化的方法之一，是先对领域内的企业的“各种做法”进行抽象——提高模型的抽象层次，然后允许不同的客户（租户）根据自身的需求对系统进行配置。这里的配置（也可以称为元数据）应该是“声明式”的，即支持客户说出“我想要什么”。理想的情况是，客户的差异化需求都应该体现在租户的配置信息上。

我们可以看到这里的难点是：

- 首先是对产品人员（包括需求分析师、系统分析员、业务架构师等）的分析、建模、产品设计的能力有要求。
- 能力再强的产品人员也不可能一次就设计出完美的模型，这就带来第二个难题，即怎么降低 SaaS 系统的修改成本。也就是说，SaaS 的技术基础设施、采用的技术栈，需要在业务需求发生变化，特别是领域模型需要调整的时候，支持开发人员快速、低成本地改进应用程序。

有人声称 PaaS 可以解决这些问题。PaaS 是 Platform-as-a-Service（平台即服务）的简称。PaaS 是技术工具平台，主要是面向软件的开发者。SaaS 是应用软件，面向“普通人”。

SaaS 厂商可以基于 PaaS 制造出 SaaS。或者说 SaaS 可以内置 PaaS，用于实现 SaaS 的扩展和定制。有时候，“SaaS 提供的 PaaS”，和上面说的“SaaS 通过提供配置功能满足客户（租户）的差异化需求”，两者之间并没有明确的界限，所以有人还提出所谓“可配置化的 PaaS”的说法。

一般来说，SaaS 的配置信息（元数据）是声明式的，就是描述“我想要什么”，而不是系统“怎么做”。它能提供多大的灵活性，很大程度上取决于产品人员当初是否“想过客户可能要什么”。PaaS 可能提供更强大的功能，比如图灵完备的开发语言，能让开发者创造产品人员“没有想过”的新东西。当然，如果可能，大家都希望 PaaS 能具有更多声明式开发的能力，毕竟开发人员也不想多敲代码。

开发人员是最挑剔的，SaaS 软件厂商如果想要通过对外开放 PaaS 来为自己的 SaaS 产品提供定制化、可扩展的能力，其难度显然比在 SaaS 产品上提供一些“可配置功能”要大多了。

16.3.3　负重前行的传统软件公司

SaaS 这个商业模式需要有与之相匹配的底层技术基础设施。我们看到，很多传统的企业软件公司虽然知道 SaaS 是软件的未来，但是却迟迟不能向 SaaS 方向成功转型，原因是不知道 SaaS 的技术基础设施需要怎么构建，或者没有资源可以在较长时间内持续地投入到技术基础设施的建设上。

很多传统的企业软件厂商已经习惯了以私有部署的方式为客户提供服务。多年以前开发的软件产品在架构上往往存在各种缺陷，比如，可能采用了过时的技术，没有为 SaaS 做过预先的设计和考量，实现代码经过反复修改之后可能冗余复杂、难以修改和维护。技术团队身上已经背负着沉重的技术债，但是为满足已有客户的“新需求”，还要继续进行定制化开发、私有部署、人肉运维，在巨大的工作压力下疲于奔命。这种软件厂商想要向 SaaS 转型谈何容易？

16.4　SaaS 需要 DDD

很多传统企业软件厂商开发的软件都是单体应用。想要将这样的软件变成服务成千上万个企业的互联网应用，尤其需要它们的开发团队掌握“分而治之”的方法。

即使是私有部署的软件，组件化的好处也无须多言，只是对互联网应用来说尤其必要。通过将单体应用拆分为多个软件组件，我们可以更好地对应用进行局部的优化——不管是软件功能的改进，还是非功能性的优化，都会容易一些。这对降低 SaaS 软件的开发和运维成本尤其重要。

DDD 是一个有力的“分而治之”的思想武器。我们可以看到，很多介绍 SOA 或 MSA 的文章都会提到 DDD。DDD 在软件开发的战略及战术层面都给开发人员提供了非常有益的“拆分”复杂软件的思路。

在战略层面，DDD 提供了限界上下文与防腐层的概念，软件开发团队可以用它们来规划应用软件的范围，明确它们之间的边界，在紧密集成不同应用的同时，仍然保证应用边界内的概念完整性。

在战术层面，DDD 提供了聚合的概念，开发人员可以用它来在应用内构建高内聚、低耦合的软件构造块。基于聚合分析的结果，开发人员可以在恰当地采用强一致性模型来简化开发工作的同时，采用最终一致性模型来处理不同聚合之间的数据一致性，以满足 SaaS 应用对水平扩展能力的需要。

DDD 确实是构建大型 SaaS 的“大杀器”。

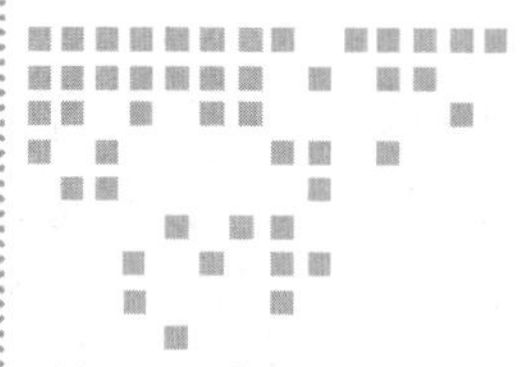

Chapter 17 第 17 章

更好的“锤子”

我们（笔者以及笔者曾经的同事）认为，DDD 不仅可以解决大型软件的核心复杂问题，而且还可以在保证软件质量的前提下，让很多中小型应用的开发进程加速。

我们创造了 DDDML 这个 DDD 原生的 DSL，并围绕着它制造了一个工具链——我们称为 DDDML Tools，其中包括多种语言的应用代码的生成工具。它们可以完成的工作包括：

- Java 后端服务的生成。因为笔者和同事对生成的代码风格有不同的偏好，所以我们分别做了各自的实现。笔者开发的代码生成工具可以生成基于 Hibernate ORM 的 Repository 与事件存储（Event Store），基于 JAX-RS 或 Spring MVC 的 RESTful Services。另一位同事使用完全不同的模板引擎独立完成了另外一个实现，其生成的后端代码的架构风格与笔者的实现有明显的差异，比如没有默认使用事件溯源模式。
- .NET 后端服务的生成。笔者开发的代码生成工具可以生成基于 NHibernate ORM 的 Repository 与事件存储，基于 ASP.NET Web API 的 RESTful Services。
- PHP 版的 RESTful Client SDK 的生成。
- .NET 版的 RESTful Client SDK 的生成。
- Java/Android 版的 RESTful Client SDK 的生成。
- Web 前端 TypeScript Client SDK 的生成。
- Java RESTful Services 的 RAML 文档的生成。
- 管理后台 Web 应用（我们称之为 Admin UI）的生成。不止一个实现，第一个实现使用的是 Vue.js 前端框架，第二个实现使用的是 Angular。它们内在的设计理念非常不同，一个是基于 JSON/DDDML 描述的领域模型元数据，一个是基于 API 的服务描述文档（使用像 Swagger/OpenAPI、RAML 这样的服务描述语言）。

基于这些工具开发出来的应用，从前端到后端，都经过了实际生产环境的检验。正是因为经过了这些实践检验，我们可以很确信地说：基于 DSL 实现 DDD 并不是花架子。

但关于 DDDML Tools，因为可投入资源的限制，我们还有很多想做却没有做好的东西：

- 首先我们想要对 DDDML 文档进行图形化的展示。这个工具可以称为 DDDML Viewer。它可以读入 DDDML 文档，展示成图形（可以用 UML 类图、状态机图等去想象我们想要的图形）。领域模型应该由整个软件开发团队合作构建，被所有团队成员理解。大家只能看着 DSL 代码去理解模型显然不够完美，“一图胜千言”，图形化展示能帮我们尽快确认 DDDML 文档描述的是不是大家所想的那个“领域模型”。
- 我们想要图形用户界面的 DDDML 设计器。不过，这个工具的重要性不如 DDDML Viewer 的高。因为技术人员手写 YAML/DDDML 文档其实是没有问题的，而技术人员与非技术人员之间的交流最好有图形化的展示作为辅助。
- 我们需要可以生成更多语言（Ruby、Python、Go、Swift 等）的代码的工具。
- 我们希望工具生成的代码质量更好、具备更高的可扩展性。我们需要更多好的代码示例，然后把它们制作成代码模板。
- 我们希望工具可以生成更多 UI 层的代码，提升由工具生成的 GUI 应用程序的用户体验。
- 我们希望可以生成更多的基于 NoSQL 数据库的代码，让应用的数据库可以在 SQL 和 NoSQL 之间进行平滑的转换。
- 我们希望给产品以及测试团队提供更好的工具，比如从实例化需求文档的编写、验收测试的自动化，到测试数据的构造等方面的开发工具。
- 我们希望这些工具是支持团队协作的在线应用。

也许，我们需要的是一个基于 DDD 理念构建的 PaaS 平台。

17.1 我们制作的一个 DDDML GUI 工具

笔者认为实现具备图形用户界面的 DDDML 工具是很有必要的，这里介绍一下我们制作的一个 DDDML GUI 工具，我们把它叫作 DDDML Builder（DDDML 构建器）。当然，其实它离我们想要的工具还差得很远，但是看一看，也许便于你理解我们想要的大概是什么。

17.1.1 给领域建模提供起点

企业的经营并非无章可循。知名开源 ERP 系统 Apache OFBiz 的数据模型就是基于经典图书《数据模型资源手册》（*The Data Model Resource Book*，简称 *DMRB*）的描述实现的。*DMRB* 的第一卷阐述的是通用的数据模型，这些数据模型可以在不同行业中使用；第二卷阐述的是面向服务的领域专门化数据模型，即怎么修改通用的数据模型以应用于特定的行业；第三卷讲述数据建模的模式。

在很多开源应用软件中，还存在各种经典的数据模型，它们一般是关系范式（或 ER 范式）的。我们可以考虑将这些经典的数据模型以 DDD 范式重新整理，使用 DDDML 描述出来。也就是说，我们可以建立一个包罗万象的 DDDML 模型库，为软件开发团队的业务分析、领域建模工作提供一个起点。

或者更简单一点，我们直接收集各个领域的关系数据模型（或 ER 模型），并将 DDDML 工具——将关系模型转换到 DDDML 模型、编辑 DDDML 模型的工具——开放出来，给需要的人使用，然后鼓励大家共享 DDDML 模型。

目前，我们的 DDDML Builder 支持从 OFBiz 开源项目中搜索、转换其中的数据模型。

下面以一个迷你 Cookbook 的方式，看一下怎么使用这个 DDDML Builder。

17.1.2 创建新的限界上下文

当需要创建一个新的限界上下文时（有时候我们把它叫作项目），并不需要使用事先制作的项目模板，可直接使用之前已有的（特别是在生产环境中实际使用的）应用的开发过程中用过的生成配置文件。我们通过替换这个配置文件中与已有项目（源项目）相关的关键字或设置项，产生一个新的限界上下文的生成配置文件。然后，调用我们制作的项目创建工具，基于这个新的生成配置文件，生成新的项目。在创建新项目的过程中，当需要从已有项目复制部分实现代码的时候，工具也会替换代码中与源项目相关的关键字或设置项。

我们这么做，是为了避免维护项目模板的麻烦以及从过时的项目模板中创建新项目可能导致的缺陷。

使用图 17-1 所示的用户界面创建一个新的限界上下文的过程大致如下：

1）点击“Read”按钮，读入作为模板已有的限界上下文的生成配置文件的信息。

2）然后在“BC Root Directory”输入框中，输入想要创建的新的限界上下文（项目）的根目录的路径。

3）在标签“BC Name(PascalCase.Plz)”右边的文本框中，输入需要创建的新的限界上下文的名称。这个名称必须是 PascalCase 风格的（如果不是，会提示输入错误），一般由“组织名称”与“软件名称”两部分以点分的形式组成，比如：Lingyuqudong.Crm。

4）检查需要创建的新限界上下文的其他选项，视需要进行修改。比如修改测试数据库的连接 URL、用户名、密码等。然后，点击“Gen. Config File”按钮，创建新的限界上下文的生成配置文件。

5）点击“Create BC”按钮，根据上一步的生成配置文件，创建出新的限界上下文（项目）。

6）点击“Watch”按钮，运行 DDDML 模型目录监视器程序。这个程序会监视新创建的限界上下文的 DDDML 模型目录（该目录用于存放描述领域模型的 DDDML 文件，一般命名为“dddml”，位于项目根目录下）。当该目录中的文件发生变化时，监视器程序会调用代码模板转换引擎，生成或更新项目中与模型相关的源代码。

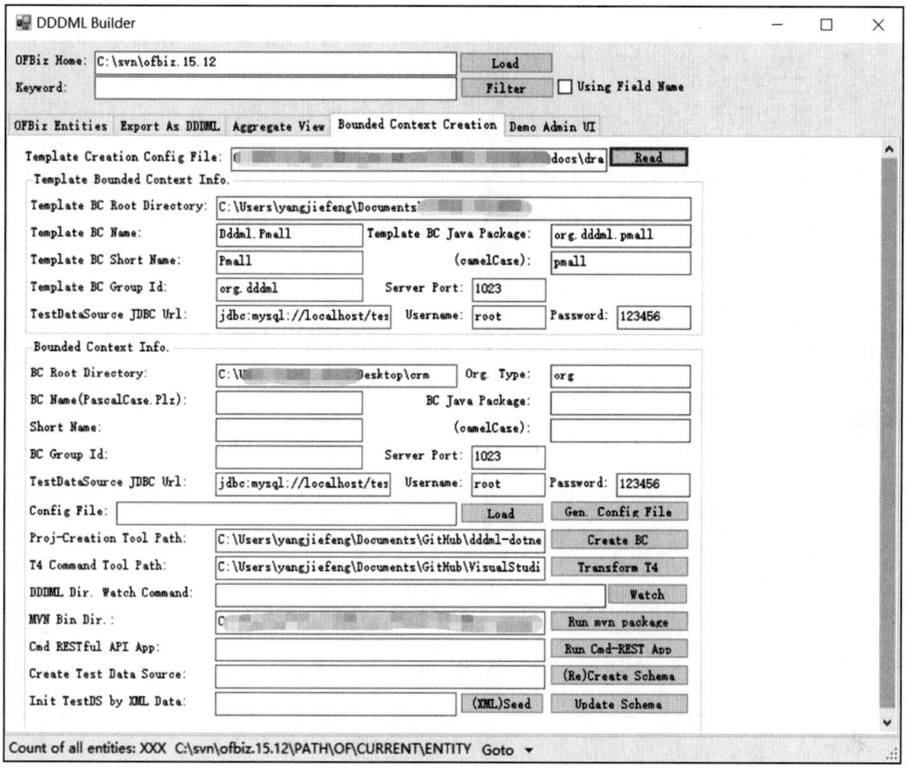

图 17-1　创建新的限界上下文（DDDML 项目）

17.1.3　从 OFBiz 中“借鉴”数据模型

目前 DDDML Builder 工具仅支持从开源项目 OFBiz 的源代码中搜索数据模型，但我们的理想是构建一个包罗万象的模型库。模型库中的模型以“限界上下文”进行分组，每个限界上下文的模型可能来源于各行各业、不同领域的开源软件项目。

OFBiz 的数据模型是 ER 范式的，使用 XML 描述。下面尝试从 OFBiz 中选择一个实体，转换为 DDDML 模型，导入到上面新创建的限界上下文（Lingyuqudong.Crm）中。

切换到如图 17-2 中所示的“OFBiz Entities”标签页。确保在“OFBiz Home”输入框中正确地输入了 OFBiz 源代码所在目录的路径，点击“Load”按钮，载入 OFBiz 的实体模型信息。

在“Keyword”输入框中输入 StatusItem，敲回车键或点击“Filter”按钮，以 StatusItem 作为关键字过滤实体。然后点击左边实体树形视图的 StatusItem 结点，查看该实体在 OFBiz 中的实体模型定义（以 XML 格式描述），以及在 OFBiz 源代码目录中存在的该实体的数据（XML 格式），结果如图 17-3 所示。

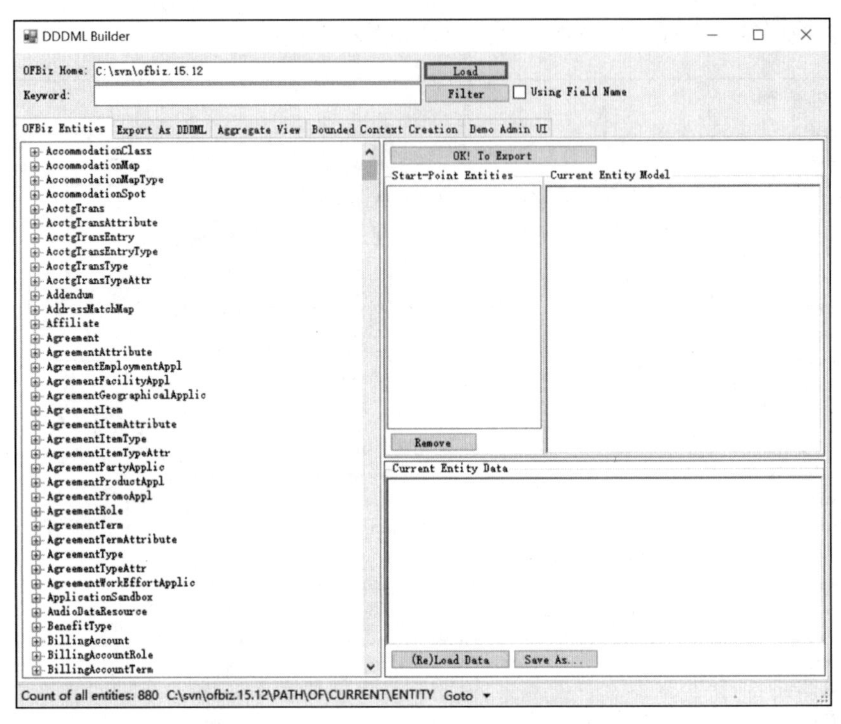

图 17-2 载入 OFBiz 的实体模型信息

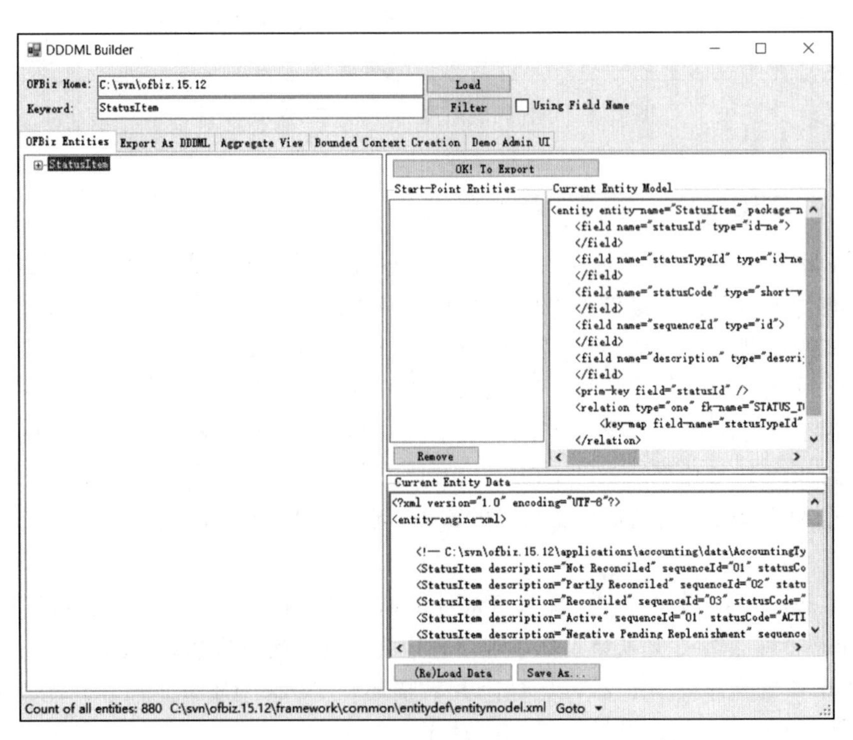

图 17-3 以 StatusItem 作为关键字过滤 OFBiz 实体

点击“Save As...”按钮，可以保存实体的数据文件。这里可以将其保存到新创建的限界上下文根目录下的 Data 目录中，命名为 StatusItemData.xml，以便后面测试的时候可以使用它。

然后，使用鼠标将树形视图的 StatusItem 结点拖入“Start-Point Entities”列表，结果如图 17-4 所示。

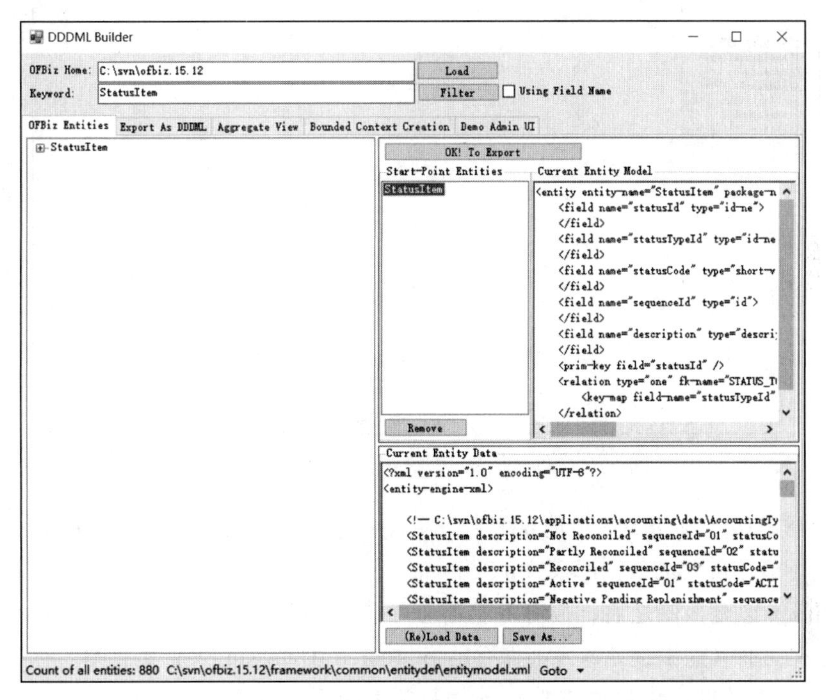

图 17-4 将 StatusItem 结点拖入“Start-Point Entities”列表

点击“OK! To Export”按钮，进入另外一个标签页（该标签页提供将实体模型导出为 DDDML 文件的功能），如图 17-5 所示。

这里假设我们并不希望导出与 StatusItem 实体存在关联的 StatusType 实体，可以将图 17-5 下方的树形视图的 StatusType 结点拖入“Excluded Entities”输入框，将其排除。

然后，点击“Convert!”按钮，将选中实体（这里只有一个 StatusItem）转换为 DDDML 文档并导出到新创建的限界上下文的 DDDML 模型目录中。DDDML 模型目录监视器程序在检测到目录中的文件发生变化后，会自动生成或更新模型相关的源代码。

17.1.4 构建项目并运行应用

切换回“Bounded Context Creation”标签页，点击“Run mvn package”按钮，使用 Maven[⊖] 工具构建项目。

⊖ 见 http://maven.apache.org/。

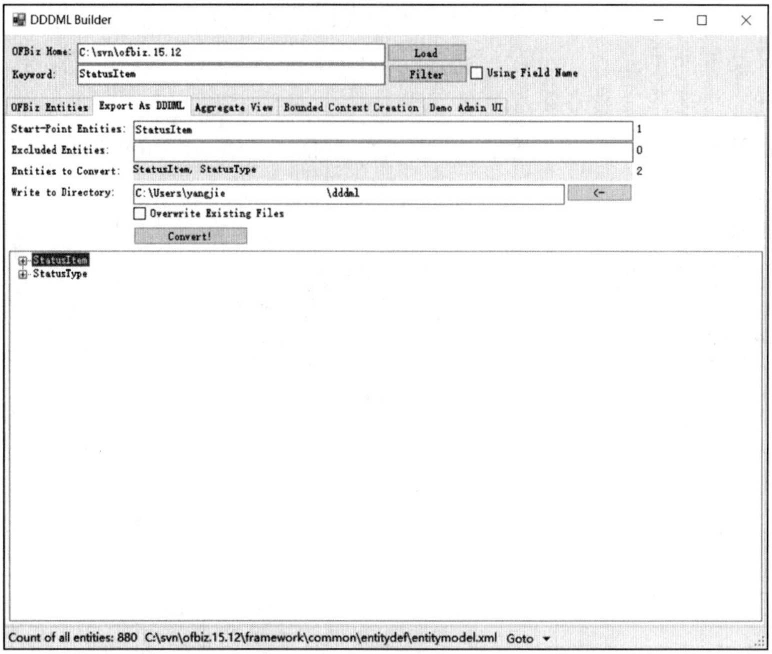

图 17-5 将实体导出为 DDDML 文件的标签页

在看到弹出构建成功的提示信息之后，关闭提示窗口，点击“(Re)Create Schema”按钮，创建运行应用需要的数据库模式（Schema）。

在 Schema 创建成功之后，接着可以点击“(XML)Seed”按钮，导入在 Data 目录中保存的实体数据文件（这里会导入之前保存的 StatusItemData.xml 文件的内容）。

在看到弹出“初始化数据成功”的信息提示之后，关闭提示窗口，然后点击“Run Cmd-REST App”，启动新创建的限界上下文的 RESTful API 服务。

打开浏览器，在地址栏输入如下命令：

```
http://localhost:1023/api/StatusItems
```

应该可以看到如图 17-6 所示的页面，证明我们已经可以通过 HTTP GET 请求获取已导入的 StatusItem 实体的数据。

17.1.5 使用 HTTP PUT 方法创建实体

我们可以试试使用 HTTP PUT 方法创建 StatusItem 实体。向以下 URL：

```
http://localhost:1023/api/StatusItems/TEST_STATUS_1
```

发送 HTTP PUT 请求，请求的 JSON 消息体如下：

```
{
    "statusTypeId": "TEST_STATUS",
```

```
        "statusCode": "TEST STATUS CODE",
        "sequenceId": "01",
        "description": "Test status"
    }
```

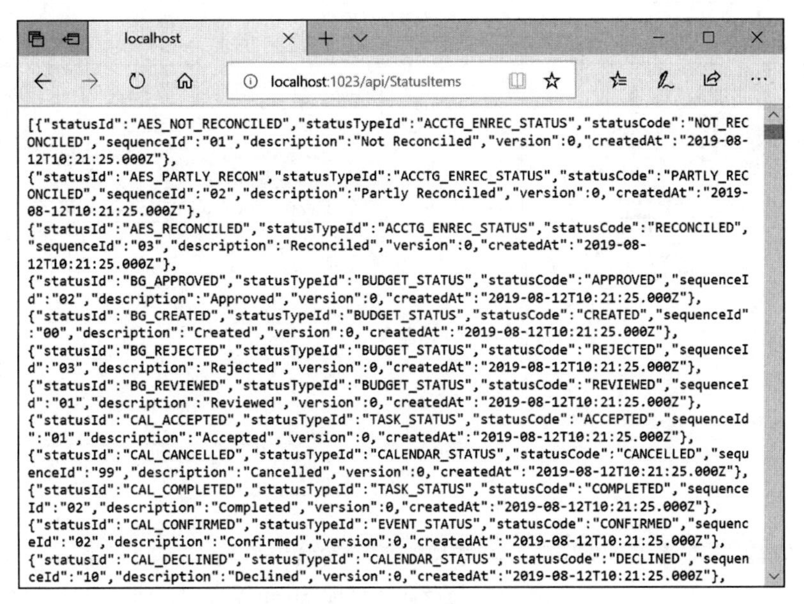

图 17-6　通过 HTTP GET 请求获取 StatusItem 实体的数据

应该可以得到从服务端返回的状态码为 200 的响应。然后，在浏览器地址栏输入如下 URL：

```
http://localhost:1023/api/StatusItems/TEST_STATUS_1
```

可以获得类似如下的响应消息体：

```
{"statusId":"TEST_STATUS_1","statusTypeId":"TEST_STATUS","statusCode":"TEST
   STATUS CODE","sequenceId":"01","description":"Test status","version":0,
   "createdAt":"2019-08-13T03:17:18.000Z"}
```

这说明我们已经成功创建了一个新的 StatusItem 实例。

17.1.6　给聚合增加方法

切换到“Aggregate View”标签页，确保在“DDDML Directory or Project File”输入框中输入的是之前新创建的限界上下文的 DDDML 模型目录的路径，点击“Load”按钮加载上下文的模型信息。

在“Aggregate Name”下拉列表中选中“StatusItem”这个聚合，点击“View”按钮，结果如图 17-7 所示。

鼠标右键点击左边的聚合树形视图中的任意结点，在弹出的快捷菜单中选择“Add Method”，如图 17-8 所示。

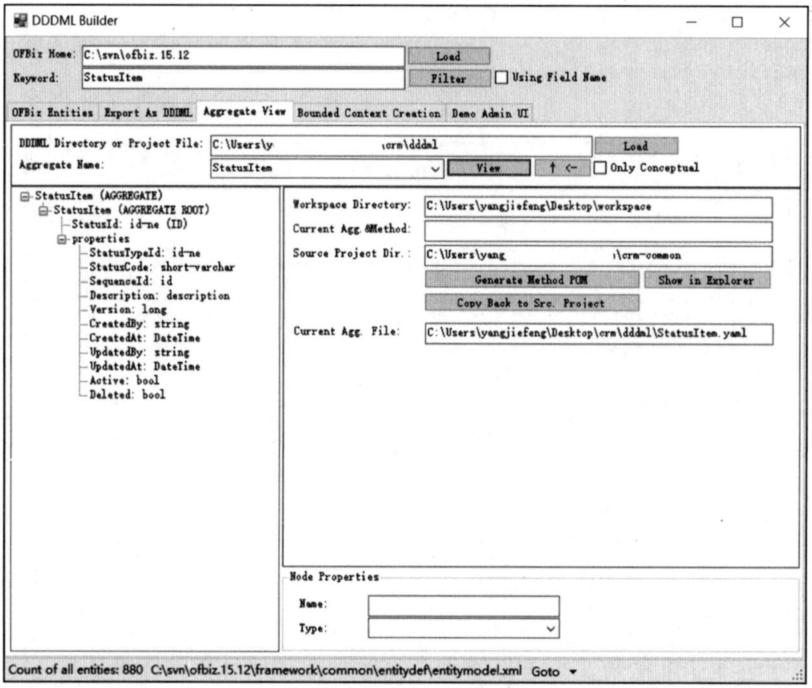

图 17-7 查看聚合 StatusItem

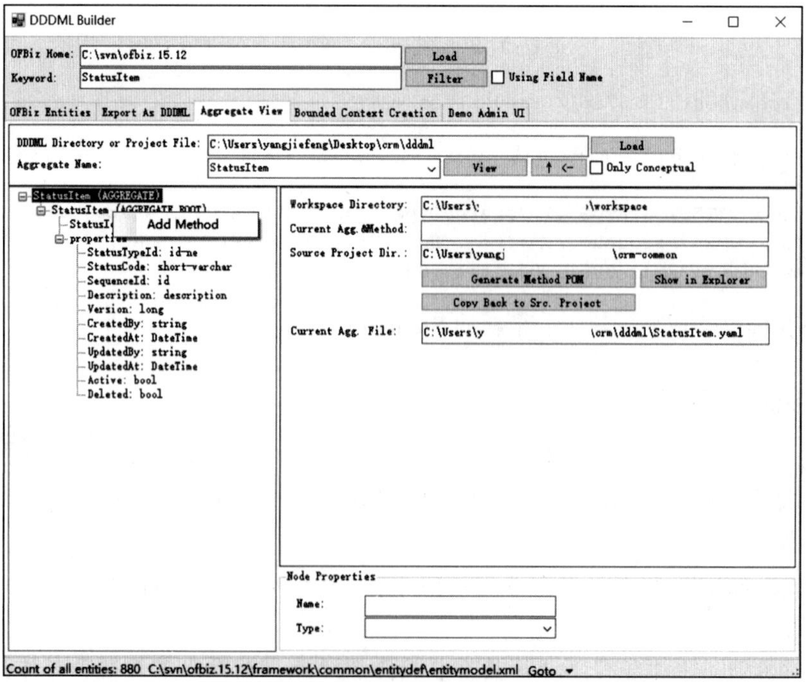

图 17-8 快捷菜单 Add Method

现在，为实体添加的方法名为 ChangeCode。该方法的参数只有一个，参数名为 Code，其类型选择为 short-varchar。添加方法的界面如图 17-9 所示。

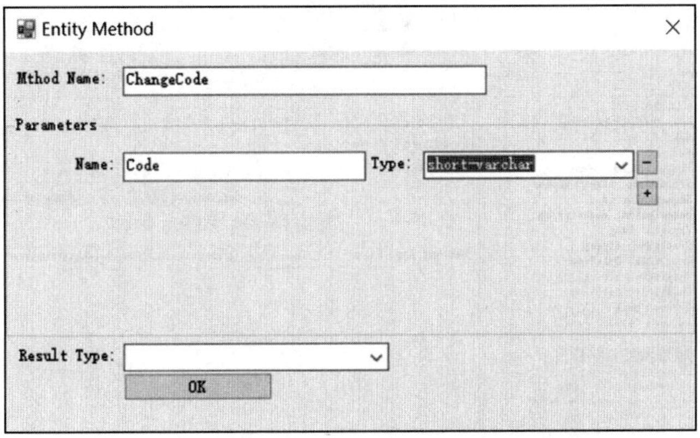

图 17-9　给 StatusItem 添加方法 ChangeCode

在这个类型下拉列表中，可以看到 OFBiz 抽象的各种基础类型（值对象），虽然这些类型仍然有点“技术化”，但是这表明为一个限界上下文构建一套领域基础类型是可行的。这些类型之所以能够映射到具体语言的实现，是因为存在（我们已经事先编写好的）如下的类型定义信息：

```
typeDefinitions:
    id:
        sqlType: VARCHAR(20)
        cSharpType: string
        javaType: String
    short-varchar:
        sqlType: VARCHAR(60)
        cSharpType: string
        javaType: String
    long-varchar:
        sqlType: VARCHAR(255)
        cSharpType: string
        javaType: String
    # …
```

点击添加方法窗口的“OK”按钮，返回前一个窗口，应该可以看到 ChangeCode 方法已经添加好了，如图 17-10 所示。

接下来，就是实现 ChangeCode 方法的业务逻辑了。

1. 实现实体方法的业务逻辑

确保左边聚合树形视图中的“ChangeCode”结点被选中，在“Workspace Directory”中输入你想要的工作空间目录的路径，这个目录用来存放实现该方法业务逻辑的 Maven 项目（“Method POM”）。

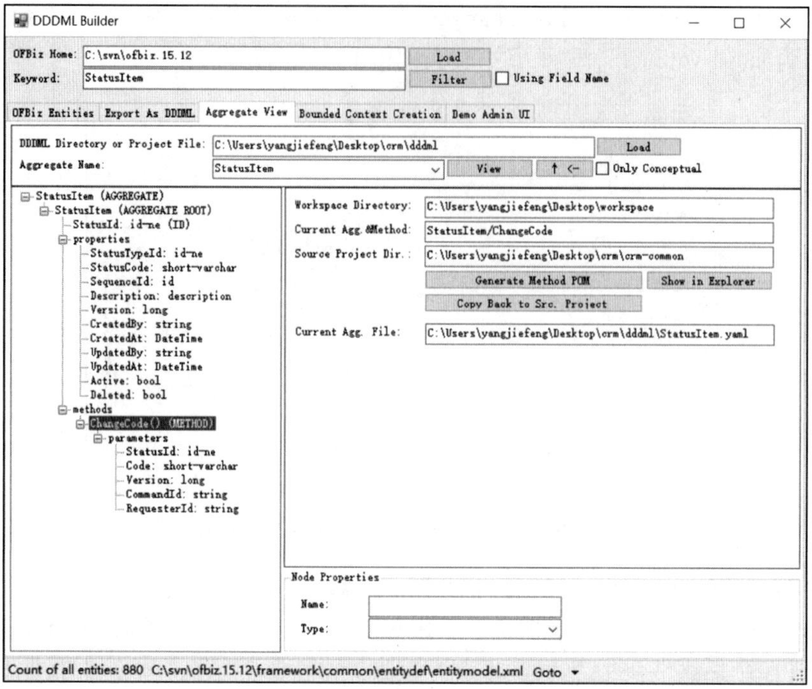

图 17-10 添加了 ChangeCode 方法的 StatusItem

点击“Generate Method POM”按钮，应该可以看到“Maven 项目已生成”的提示信息。

点击“Show in Explorer”，可以打开系统的文件浏览器直接定位到该项目的 POM 文件。

可以使用你喜欢的 IDE，比如 IntelliJ IDEA，打开这个 Maven 项目。找到如下文件：src/main/java/org/lingyuqudong/crm/domain/statusitem/ChangeCodeLogic.java，你需要在这个文件中编写 StatusItem.ChangeCode 方法的业务逻辑。

这个 ChangeCodeLogic 类中的 verify 方法可以暂时先不管它：

```
public static void verify(StatusItemState statusItemState, String code,
    VerificationContext verificationContext) {
}
```

在它的 mutate 方法中需要填入 ChangeCode 方法“修改 StatusItem 的状态”那部分的业务逻辑代码，示例如下：

```
public static StatusItemState mutate(StatusItemState statusItemState,
    String code, MutationContext<StatusItemState, StatusItemState.
    MutableStatusItemState> mutationContext) {
    StatusItemState.MutableStatusItemState mutableStatusItemState =
        mutationContext.createMutableState(statusItemState);
```

```
        mutableStatusItemState.setStatusCode(code);
        return mutableStatusItemState;
    }
```

但是，笔者更喜欢如下的函数式编程风格：

```
    public static StatusItemState mutate(StatusItemState statusItemState,
        String code, MutationContext<StatusItemState, StatusItemState.
        MutableStatusItemState> mutationContext) {
        return new StatusItemState() {
            @Override
            public String getStatusId() {
                return statusItemState.getStatusId();
            }

            @Override
            public String getStatusTypeId() {
                return statusItemState.getStatusTypeId();
            }

            @Override
            public String getStatusCode() {
                return code;
            }
            // 省略其他代码
        };
    }
```

你可以试着在 IDE 中编译、测试这个方法。想要对这个方法做个单元测试？可以简单地在这个文件中写一个静态的 main 方法，然后执行一下看看，这里连单元测试框架都不需要。

现在，我们将实现好的方法逻辑复制到 DDDML 项目，只需要点击 DDDML Builder 中的“Copy Back to Src. Project”按钮即可。

如果 DDDML Builder 是一个在线的工具，那么这一步应该是将代码上传到服务器——如果资源允许，其实我们特别想基于 DDDML 构建一个 Serverless 平台。

2. 测试添加的方法

关闭之前启动的 RESTful API 服务。点击“ Run mvn package”按钮，重新编译、打包项目。然后点击“Run Cmd-REST App”按钮，确保 RESTful API 服务已经重新启动。

发送 HTTP PUT 消息到如下 URL：

```
http://localhost:1023/api/StatusItems/TEST_STATUS_1/_commands/ChangeCode
```

这个 PUT 请求的 JSON 消息体是：

```
{
    "code": "NEW TEST STATUS CODE",
```

```
    "version": 0
}
```

如果得到 200 状态码的回应，则说明方法已经调用成功。

然后在浏览器地址栏输入如下 URL：

```
http://localhost:1023/api/StatusItems/TEST_STATUS_1
```

获得类似的响应消息：

```
{"statusId":"TEST_STATUS_1","statusTypeId":"TEST_STATUS","statusCode":"NEW TEST
    STATUS CODE","sequenceId":"01","description":"Test status","version":1,
    "createdAt":"2019-08-13T03:17:18.000Z","updatedAt":"2019-08-
    13T05:57:05.000Z"}
```

可以看到，这个 StatusItem 的 statusCode 属性已经更新（已经被修改为“NEW TEST STATUS CODE”）。

17.1.7 生成限界上下文的 Demo Admin UI

切换到“Demo Admin UI”标签页，点击“<- From Created BC”按钮，快速输入最近创建的限界上下文的信息，如图 17-11 所示。

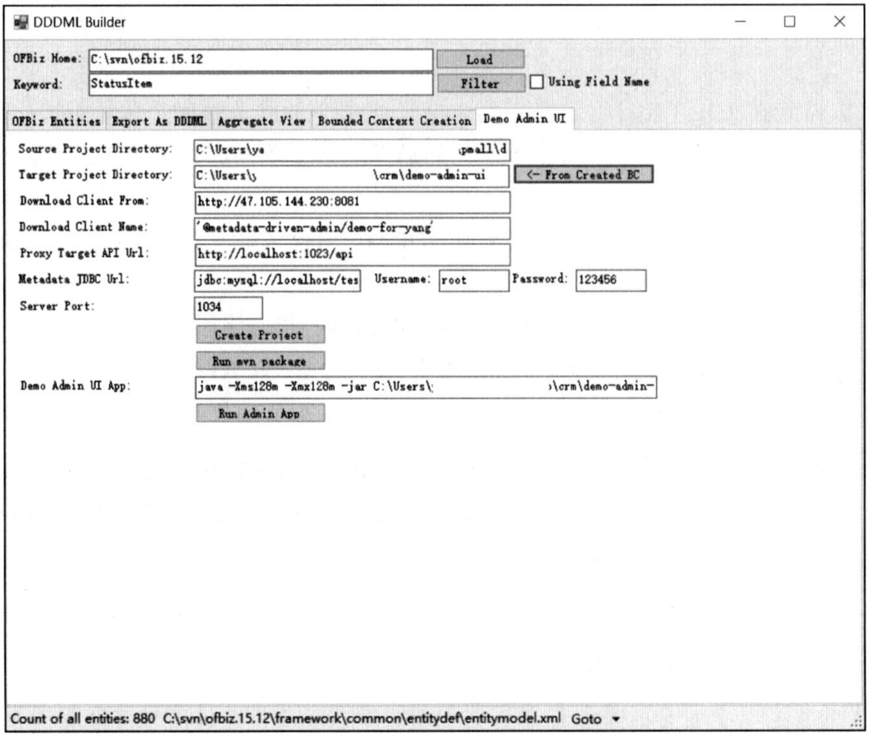

图 17-11 创建 Demo Admin UI 的标签页

点击“ Create Project”按钮，生成这个 Demo Admin UI 的项目，这个项目是独立于之前生成的 RESTful API 服务项目的。

看到创建项目成功的提示后，点击“Run mvn pacakge”，编译、打包这个项目。

看到打包成功的提示后，点击“Run Admin App”，运行这个 Demo Admin UI 项目。

打开浏览器，地址栏输入 http://localhost:1034，进入 Admin UI。点击“未分类菜单”下的“/StatusItems”子菜单，浏览显示页面如图 17-12 所示。

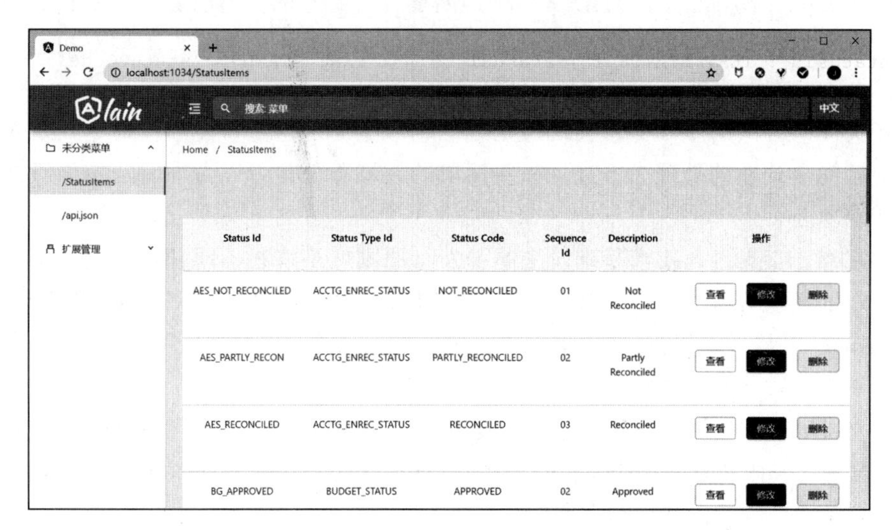

图 17-12　Demo Admin UI 中的 StatusItem 列表

17.1.8　让不同层级的开发人员各尽其能

想要控制好复杂应用软件的质量，我们需要更明确的分工，让不同能力的人干不同的事情。通过上面使用 DDDML Builder 的演示，也许你已经看到了这样的可能性：使用 DDDML 和基于 DDDML 的工具，可以将复杂应用软件的开发任务进行合理分解，让能力处于不同层级的开发人员各尽其能。

1. 初级开发人员做两件事

初级开发人员只需要（也只能）做两件事：

- 参与以 DDDML 描述的领域模型的设计。DDDML 文件可以手动编写，也可以通过图形化设计器来产生。领域模型的构建、维护领域模型的概念完整性需要整个团队的参与。领域模型使用独立的 DDDML 文件进行描述，和其他代码文件有效隔离，便于团队进行管理和评审。
- 编写实体的方法的实现逻辑。

初级开发人员不需要掌握越来越复杂的 IDE，不需要了解 Maven 这样的项目管理工具的诸多“高级”用法，不需要了解 IoC、AOP、ORM、Web MVC 等开发框架，基本上只需要掌握初级的编程语言语法，就可以承担相当部分业务逻辑的编码工作。

2. 高级开发人员应该做的

我们把这样的开发任务留给高级开发人员：

- 封装高质量的领域基础类型类库。像 Joda Time、Joda Money 这样的类库绝不是初级开发人员短时间内可以写出来的。在很多领域我们可能都需要这样的类库。有了这样的类库，我们在 DDDML 文档中声明属性、参数的类型时就有了更具表现力的选择，而不是只能使用类似 string、int、long、boolean 这些基本类型。初级开发人员基于这些类库实现业务逻辑也会少犯很多错误。
- 在实体的方法的基础上，实现跨聚合的领域服务。这里可能涉及最令开发人员头痛的最终一致性的处理。不过，一些简单的领域服务也可以考虑留给初中级开发人员实现。
- DDDML 工具链、技术基础设施的开发。原则就是将在不同领域中重复碰到的共性问题的解决方案“下沉”到 DDDML 的规范、工具链以及相关的技术基础设施中。比如我们已经做过的对账务模式的初步支持、对树结构的支持等。
- 其他更有挑战性的开发任务。

也就是说，一个应用的业务逻辑需要被切分到不同的地方：领域基础类型（它们属于值对象）的方法；实体的方法；跨聚合的服务。坦白地讲，我们认为很多初级程序员一开始可能仅具备把第二件事情做好的能力。

17.2 以统一语言建模

笔者所在的技术团队曾经想过开发一个叫作“词汇表”的 App。我们开发这个 App 的目的，是想帮助开发团队在开发应用时更容易地构建和维护一个“词汇表”。同样遗憾的是，由于资源不足，这个 App 也是做了个开头就放到一边去了。

为什么我们想要这个 App 呢？因为它能解决最难的事情：

在计算机科学中只有两件难事：清除缓存以及命名问题。

对于大多数开发人员来说，命名问题比清除缓存还要难。在 Quora 网站上有过“程序员最难的任务”的投票，半数程序员认为最难的事情是“Naming things”。

要想提高代码质量，好的命名至关重要。

笔者在国内程序员写的代码中看到过很多奇奇怪怪的命名。比如，用“Hair”表示“发送（Send)”的“发”。不过，这毕竟是少数，但是，词性（名词、动词、形容词、副词等)、名词单复数形式的使用错误就非常普遍了。这大概与我们的母语有关。中文的很多词语的词性是很灵活的，需要放到特定的上下文中才能确定。而我们要使用名词的复数形式时，一般只需要在名词的单数形式的后面加一个“们”字就可以了，有的时候“们”都可以没有。比如，“小伙伴们来吃饭”这句话完全可以简化为“小伙伴来吃饭”。

对很多软件开发团队来说，都有必要给自己负责开发的每个应用弄一个“单词表”，大伙儿经常拿出来看一看，像中考、高考、过四六级背单词一样。

当然，语法问题虽然重要，更重要的是，我们可以通过讨论“命名问题”来对领域建模。所谓的领域建模，某种程度上就是努力寻找那些“好名字”的过程。DDD 所说的“统一语言”可以体现为一个词汇表。

下面介绍我们想做的这个 App 都有什么功能。

- 我们可以在 App 中创建多个“上下文”。什么是“上下文”？也许你可以去了解一下 DDD 中“限界上下文”的概念。
- 我们可以在上下文中记录“笔记”。我们还想要开发一些聊天机器人程序，把这些聊天机器人添加到工作微信群、QQ 群里面，机器人自动从群聊中抓取聊天消息作为笔记。
- 每个上下文中存在一个“词汇表”。词汇表中的每一个词条的英文形式是它的 ID，并且我们要求必须存在对应的中文翻译。当我们编辑词条时，App 会根据当前上下文中存在的笔记智能地给出提示。

为了开发这个应用，我们需要使用如下技术：

- 使用“中文分词”技术，将笔记中的中文句子分解为词语，作为词汇表的词条的备选。
- 使用中英文翻译服务。在我们录入词条的英文形式后，App 给出可能的中文翻译供用户选择，反过来也可以。
- 使用代码搜索服务。当我们选中某个词条，或者在某些地方选中某个词语时，App 会显示这个词语在实际的软件源代码中是怎么被使用的。像 SearchCode.com 网站就可以提供代码搜索 API[⊖]。

我们在使用这个 App 寻找好名字的过程中——特别是通过查看使用了这些名字的代码，会自然而然地学习到更多的领域知识和其他人的建模经验，加深对领域的认知。

我们还希望有了这个词汇表 App 之后，它可以与我们制作的 DDDML 工具结合起来使用。比如，与图形化的 DDDML 设计器集成。当设计器中需要输入聚合名称的时候，设计器可以在词汇表的数据库中查找那些名词性的词条，为用户提供自动完成功能。我们也希望有工具可以检查 DDDML 文档描述的领域模型的关键概念——那些关键的对象、服务、方法、状态的名字——是否都进入了词汇表并且得到了准确的定义。

这样，当我们使用 DDDML 工具生成大量的实现代码时，这些代码中的名字都会和词汇表保持一致。开发人员在以后扩展或修改这些代码的时候，也会自然而然地受到影响，沿用正确的命名方法。通过这些做法，我们可以有效地保证代码和名字背后的领域模型之

⊖ 参见 https://searchcode.com/api/。

间存在映射关系。

如果 DDDML 文档使用的各种名字都是正确的，那么我们使用 DDDML 工具生成的用户界面上的文本元素在默认情况下就具备良好的可读性。比如，假设产品（Product）实体有个名为 SupportDiscontinuationDate（支持终止日期）的属性，那么我们的 DDDML 工具为这个属性生成的标签（Label）文本可能是“Support Discontinuation Date”，这样的文本是可以直接在 UI 上使用的。

总之，命名问题真的很重要，为了找到那些好名字并且用好它们，值得我们多付出一些努力。

附录 Appendix

DDDML 示例与缩写表

DDDML 示例：Package

```
aggregates:
    # ---------------------------------
    Package:
        immutable: true
        implements: [Article]

        id:
            name: PackageId
            type: long

        properties:
            RowVersion:
                type: long

            PackageType:
                type: PackageType
            PackageParts:
                itemType: PackagePart

            RootPackageParts:
                itemType: PackagePart
                isDerived: true
                filter:
                    CSharp: "e => e.ParentPackagePartId == 0"
                    Java: "e -> e.getParentPackagePartId() == null ||
                        e.getParentPackagePartId().equals(0L)"
```

```
reservedProperties:
    version: RowVersion

# ----------------------------
entities:

    # ----------------------------
    PackagePart:
        implements: [Article]
        id:
            name: PartId
            type: long
        globalId:
            name: PackagePartId

        properties:
            RowVersion:
                type: long
            PackagePartType:
                type: PackagePartType
            ParentPackagePartId:
                referenceType: PackagePart
                referenceName: ParentPackagePart
            ChildPackageParts:
                itemType: PackagePart
                inverseOf: ParentPackagePart

        reservedProperties:
            version: RowVersion

# ----------------------------
enumObjects:
    PackageType:
        baseType: int
        values:
            Piece:
                intValue: 1
            Box:
                intValue: 2
            BigBox:
                intValue: 3

    PackagePartType:
        baseType: int
        values:
            Piece:
                intValue: 1
            Box:
                intValue: 2
            Lot:
                intValue: 4
```

```
# ---------------------------------
superObjects:
    Article:
        properties:
            SerialNumber:
                type: string
            MaterialNumber:
                type: string
            CustomerNumber:
                type: string
            WorkOrderNumber:
                type: string
            LotNumber:
                type: string
            Rank:
                type: string
            Version:
                type: string
            Quantity:
                type: int
                notNull: true
            IsMixed:
                type: bool
```

DDDML 示例：Party

```
aggregates:

    Party:
        tableName: PARTY
        # --------------------------
        discriminator: PartyTypeId
        discriminatorValue: "*"
        inheritanceMappingStrategy: tpcc
        polymorphic: true
        # --------------------------
        id:
            name: PartyId
            columnName: PARTY_ID
            type: id
        properties:
            PartyTypeId:
                columnName: PARTY_TYPE_ID
                type: id
            ExternalId:
                columnName: EXTERNAL_ID
                type: id
            PreferredCurrencyUomId:
                columnName: PREFERRED_CURRENCY_UOM_ID
```

```
            type: id
        Description:
            columnName: DESCRIPTION
            type: very-long
        StatusId:
            columnName: STATUS_ID
            type: id
        CreatedDate:
            columnName: CREATED_DATE
            type: date-time
        CreatedByUserLogin:
            columnName: CREATED_BY_USER_LOGIN
            type: id-vlong
        LastModifiedDate:
            columnName: LAST_MODIFIED_DATE
            type: date-time
        LastModifiedByUserLogin:
            columnName: LAST_MODIFIED_BY_USER_LOGIN
            type: id-vlong
        DataSourceId:
            columnName: DATA_SOURCE_ID
            type: id
        IsUnread:
            columnName: IS_UNREAD
            type: indicator
    reservedProperties:
        active: Active
        createdBy: CreatedByUserLogin
        createdAt: CreatedDate
        updatedBy: LastModifiedByUserLogin
        updatedAt: LastModifiedDate
        deleted: Deleted
        version: Version

    subtypes:

        LegalOrganization:
            discriminatorValue: "LegalOrganization"
            properties:
                TaxIdNum:
                    type: string

        InformalOrganization:
            discriminatorValue: "InformalOrganization"
            abstract: true

            subtypes:

                Family:
                    discriminatorValue: "Family"
                    properties:
```

```
                    Surname:
                        type: string
                methods:
                    ChangeSurname:
                        parameters:
                            NewName:
                                type: string

# --------------------------
metadata: {}
```

DDDML 示例：Person

```
# -----------------------
Person:
    id:
        name: PersonId
        type: PersonId
    properties:
        BirthDate:
            type: DateTime
            description: 出生日期
        Titles:
            itemType: string
        Email:
            type: Email
        YearPlans:
            itemType: YearPlan

    methods:
        # -----------------------
        ChangeEmail:
            parameters:
                NewEmail:
                    type: Email
                # 下面这些都不是必需的
                # PersonId:
                #   type: PersonId
                #   isAggregateId: true
                # PersonVersion:
                #   type: long
                #   isAggregateVersion: true
                # CommandId:
                #   type: string
                #   isCommandId: true
                # RequesterId:
                #   isRequesterId: true

    entities:
```

```
# -----------------------
YearPlan:
    id:
        name: Year
        type: int
    outerId:
        name: PersonId
    globalId:
        name: YearPlanId
    properties:
        Description:
            type: string
            length: 500
        MonthPlans:
            itemType: MonthPlan

    entities:
        # -----------------------
        MonthPlan:
            id:
                name: Month
                type: int
            # outerIds:
                # PersonId:
                    # referenceType: Person
                # Year:
                    # referenceType: YearPlan
            globalId:
                name: MonthPlanId
            properties:
                Description:
                    type: string
                    length: 500
                DayPlans:
                    itemType: DayPlan

            entities:
                # -----------------------
                DayPlan:
                    id:
                        name: Day
                        type: int
                    outerIds:
                        PersonId:
                            referenceType: Person
                        Year:
                            referenceType: YearPlan
                        Month:
                            referenceType: MonthPlan
                    globalId:
```

```
                    name: DayPlanId
                properties:
                    Description:
                        type: string
                        length: 500

# ------------------------------
valueObjects:

    # ------------------------------
    PersonalName:
        properties:
            FirstName:
                type: string
                description: First Name
                length: 50
            LastName:
                type: string
                description: Last Name
                length: 50

    # ------------------------------
    PersonId:
        properties:
            PersonalName:
                type: PersonalName
            SequenceId:
                type: int
```

缩写表

英文缩写	英文	中文译文及解释
DDD	Domain-Driven Design	领域驱动设计
DOM	Document Object Model	文档对象模型
DSL	Domain-Specific Language	领域专用语言
JSON	JavaScript Object Notation	JavaScript 对象标记
OOA	Object-Oriented Analysis	面向对象分析方法
OOD	Object-Oriented Design	面向对象设计
UML	Unified Modeling Language	统一建模语言或标准建模语言
XML	Extensible Markup Language	可扩展标记语言
YAML	YAML Ain't Markup Language	其名直译过来是“YAML 不是标记语言”。其实 YAML 使用的是一种递归且戏谑的命名方法，它就是一种标记语言
BDD	Behavior-Driven Development	行为驱动开发
ES	Event Sourcing	事件溯源。指的是这样一种程序设计模式：它保证所有对应用系统的状态的变更都被存储到一个事件的序列中

推荐阅读

架构真经
互联网技术架构的设计原则
SCALABILITY RULES

软件架构设计
实用方法及实践
DESIGNING SOFTWARE ARCHITECTURES
A Practical Approach

SOA架构
服务和微服务分析及设计
（原书第2版）
SERVICE-ORIENTED ARCHITECTURE

WILEY
雾计算
技术、架构及应用

Big Data Technical System
大数据技术体系详解
原理、架构与实践

MANNING
Microservices Patterns
微服务架构设计模式

企业级业务架构设计
方法论与实践
ENTERPRISE BUSINESS ARCHITECTURE DESIGN

O'REILLY
云原生基础架构
构建和管理现代可扩展基础架构的模式及实践
Cloud Native Infrastructure
Justin Garrison Kris Nova 著

软件架构建模和仿真
Palladio方法
Modeling and Simulating Software Architectures
The Palladio Approach

推荐阅读

架构真经：互联网技术架构的设计原则（原书第2版）

作者：（美）马丁 L. 阿伯特 等 ISBN：978-7-111-56388-4 定价：79.00元

《架构即未来》姊妹篇，系统阐释50条支持企业高速增长的有效而且易用的架构原则

唐彬、向江旭、段念、吴华鹏、张瑞海、韩军、程炳皓、张云泉、李大学、霍泰稳　联袂力荐